Dirk Brockmann

Survival of the Nettest

DIRK
BROCKMANN

# SURVIVAL OF THE NETTEST

## Wie die Natur durch Kooperation unsere Welt gestaltet

dtv

2. Auflage 2026

Tumblingerstraße 21, 80337 München
produktsicherheit@dtv.de

Umschlaggestaltung: Rothfos & Gabler, Hamburg
Umschlagmotive: Private Collection © Purix Verlag Volker Christen / Bridgeman Images; Private Collection Photo © NPL – DeA Picture Library / Bridgeman Images; Private Collection Prismatic Pictures / Bridgeman Images
Abbildungen: S. 21: © Sidney Harris; alle anderen: © Autor
Gesetzt aus der Minion Pro
Satz: Fotosatz Amann, Memmingen
Druck und Bindung: CPI books GmbH, Leck
Printed in Germany · ISBN 978-3-423-28465-3

Für Buchsen und Suse

*Das Einzige, das die Menschheit retten wird, ist Kooperation.*
Bertrand Russell (1872–1970)

# INHALT

# AUSSERIRDISCHE PERSPEKTIVEN

## Wer Yin sieht, muss auch Yang sehen

*Unendliche Vielfalt in unendlichen Kombinationen.*
Mr Spock, Erster Offizier – USS Enterprise

Stellen Sie sich vor, Sie sind Mitglied einer außerirdischen Intelligenz. Ihre extraterrestrische Kultur ist fortgeschritten und technologisch in der Lage, weit entfernte Sonnensysteme zu besuchen und zu erforschen. Sie sind Teil eines Expeditionsteams, das unser Sonnensystem erreicht und aus sicherer Distanz inspiziert. Einer der Planeten weckt Ihre Neugier: die Erde, die anders als die anderen mit einer Biosphäre ausgestattet ist. Sie lebt. Sie justieren Ihre Teleskope, Messgeräte und Sensoren und protokollieren, dass sehr viele, außerordentlich unterschiedliche Lebensformen zu beobachten sind. Sie werden schnell zu dem Schluss kommen, dass sich alles Leben grob in drei Kategorien einteilen lässt: Der überwältigende Teil, ca. 80 Prozent der sichtbaren Biomasse an Land, ist grün. Als hoch entwickelter Alien werden Sie sofort auf photosynthetische Aktivität schließen, also die Nutzung des Sonnenlichts als Energiequelle. Sie werden auch notieren, dass diese Lebensformen meist tief im Boden verankert sind. Bei genauerer Untersuchung dieser Wurzeln entdecken Sie die zweite, etwas unscheinbare und rätselhafte Klasse von Lebensformen, die den Boden mit netzwerkartigen, fadenförmigen Strukturen durchziehen. Vereinzelt wachsen aus ihnen stielartige, mit Hüten versehene Organe, die aus den Böden ausbrechen und kleinste Partikel an ihr Umfeld abgeben. Auch diese Klasse von Organismen scheint extrem divers. Offenbar betreiben diese Lebensformen keine Photosynthese. Sie verstehen zunächst nicht, wie diese Organismen sich ernähren, und so beschäftigen Sie sich lieber mit der dritten Kategorie von Lebewesen. Vertreter dieser Gattungen sind agil, sie bewegen sich und kommen in fantastischen Formen und Größen vor. Sie reagieren schnell auf Reize, und einige Spezies besitzen Extremitäten zur Fortbewegung, andere können sogar fliegen, viele leben an Land, aber noch viel mehr in den Meeren, die einen Großteil der Erdoberfläche ausmachen.

Als Außerirdischer werden Sie das irdische Leben in diese drei Reiche – Pflanzen, Pilze und Tiere – aufteilen. Wir nehmen einmal an, dass Ihre Instrumente nicht ausreichen, um aus dem All das mikrobiologische Leben der Erde, Bakterien, Archaeen, Viren, Einzeller, zu erfassen. Die Tiere, die so diverse Verhaltensweisen an den Tag legen, haben es Ihnen besonders angetan. Offenbar sind sie, wie die Pilze, nicht in der Lage, Energie aus dem Sonnenlicht zu gewinnen. Um an Energie zu kommen, fressen sie andere Tiere, Pflanzen oder Pilze. Viele Tiere haben zwei Öffnungen, eine zur Nahrungsaufnahme und am anderen Ende eine für Ausscheidungen. Außerdem besitzen die meisten Arten symmetrische Körper, sie haben eine fast identisch gespiegelte linke und rechte Seite. Sie notieren allerdings auch einige Ausnahmen von dieser Regel.

Nach längerer Beobachtung fällt Ihnen eine Tierart besonders auf. Vertreter dieser Art kommen in verschiedenen Farbnuancen vor (hell, dunkel, bräunlich, rötlich, ocker, gelblich etc.), haben in etwa die gleichen Proportionen und ein ähnliches Erscheinungsbild. Die Art lebt offenbar nur an Land, sie kommt außerordentlich zahlreich überall auf dem Planeten vor und hat unterschiedliche, hochkomplexe Sozialstrukturen, Kolonien und Gemeinschaften entwickelt. Sie beobachten, wie sich zwei Individuen gegenüberstehen und Informationen austauschen, Kommunikation scheint bei dieser Art hoch entwickelt und ein elementarer Teil des sozialen Gefüges zu sein. Sie kommen zu der Erkenntnis, dass diese Lebensform eine Art Zivilisation ausgebildet hat. Hier und da leben diese Tiere in kleineren Gruppen von einigen Hundert oder Tausend, aber auch in sehr großen Kolonien mit vielen Millionen Individuen auf engstem Raum. Alle gehen eilig ihrem Tagesgeschäft nach. Die Art hat Staatsstrukturen, die sich oft über große Distanzen ausdehnen und viele Kolonien vereinen. Es wird Ihnen klar, dass innerhalb der Kollektive einzelne Gruppen oder Individuen unterschiedliche Aufgaben lösen und verschiedenen Aktivitäten nachgehen. Gerade in besonders großen Kolonien scheint die Aufgabenteilung hochdifferenziert, verschiedene Rollen und stark ausgeprägte soziale Hierarchien halten eine Ordnung aufrecht. Auch technologisch ist die Art viel weiter als andere Lebensformen. Komplexe Gebäudestrukturen, Straßen und Transportsysteme sind zu erkennen. Es gibt eine organisierte Müllabfuhr, Friedhöfe für die Verstorbenen, Kranke werden versorgt und gesund gepflegt. Um Heranwachsende kümmern sich nicht nur die leiblichen Eltern, sondern auch andere, speziell dafür ausgebildete Individuen. Besonders fasziniert Sie die Wechselwirkung dieser Spezies mit anderen Lebensformen des Planeten. Die Spezies pflegt aufwändige Gärten, betreibt Landwirtschaft und Viehzucht, sie hält sogar Haustiere, die spazieren geführt oder herumgetragen werden, wie Sie amüsiert beobachten.

Praktisch in allen Gesellschaften und Staaten dieser Lebensform spielt das Militär eine wichtige Rolle. Sie sind entsetzt, als Sie feststellen müssen, dass die Art trotz der bisher notierten zivilisatorischen Errungenschaften außerordentlich aggressiv ist und Krieg führt. In Feldzügen zwischen verschiedenen Kolonien werden oft keine Gefangenen gemacht, sondern die feindlichen Truppen niedergemetzelt. Kriege gegen die eigenen Artgenossen hatten Sie bisher bei keiner anderen Tierart beobachtet. Oft geht es bei diesen gewalttätigen Auseinandersetzungen um die Erweiterung des eigenen Territoriums und Invasion in benachbarte Staaten. Überfallartig dringen riesige Heere von Zehn- bis Hunderttausenden Individuen in andere Gebiete ein und zerstören alles, was ihnen im Wege steht. Oft wird bei diesen Überfällen die Brut der Opferkolonie entführt, vereinzelt beobachten Sie Sklaverei, und sogar Selbstmordattentäter entdecken Sie, die sich in feindlichem Territorium in die Luft sprengen. Allerdings registrieren Sie auch, wie gesunde Krieger Verletzte der eigenen Armee zurück in ihr eigenes Terrain bringen, um sie dort zu versorgen. Das alles würden Sie, die außerirdische Intelligenz, bei der Rückkehr zu Ihrem Heimatplaneten von der Erde, dem Planeten der Ameisen, berichten.

Ich hoffe inständig, dass Sie beim Lesen in meine kleine Falle getappt sind. Obwohl die Beschreibung sicher auch auf uns Menschen als Spezies passt, ist sie nicht weniger treffend für diverse Ameisenarten. Wanderameisen führen brutalste Invasionskriege, Blattschneiderameisen pflegen riesige Pilzgärten, die sie mit Pflanzenfutter (sogar mit Antibiotika) versorgen, andere stehlen die Brut konkurrierender Arten und versklaven sie, viele Ameisen kümmern sich um ihre Kranken, halten Haustiere und ja, sogar explodierende Selbstmordattentäterinnen gibt es. Zu viel will ich an dieser Stelle noch nicht verraten, doch es lohnt sich weiterzulesen.

Die Expedition des Außerirdischen soll zweierlei verdeutlichen. Zum einen, dass es aufschlussreich ist, neue Perspektiven einzunehmen, zum anderen, dass wir dabei unsere anthropozentrische Brille absetzen sollten, damit kein verzerrtes Bild entsteht und wir neutral beobachten können.

Meines Erachtens haben wir neue Perspektiven bitter nötig. Wir sind gut beraten, wenn wir uns als Individuen wie in Gruppen mehr Mühe geben, die Sichtweisen anderer nachzuvollziehen. Wir leben in einer krisenbehafteten Zeit, in der Bevölkerung wächst die Angst vor den Folgen der Klimakatastrophe, vor weiteren Kriegen und massiven Migrationsprozessen, vor der Destabilisierung westlicher Demokratien, vor dem zunehmenden Einfluss von Autokraten und dem scheinbar unaufhaltsamen Rechtsruck. Wie kann es gelingen, angemessen auf diese Krisen zu reagieren, neue Antworten zu formulieren oder innovative Lösungen zu entwickeln? Vermutlich nicht durch die Optimierung alter Rezepte und in der Vergangenheit bewährter Methoden. Es ist mitunter frustrierend, dass in der Politik immer wieder die gleichen, dabei gegensätzlichen Lösungsstrategien vorgeschlagen werden: Individualismus gegen Kollektivismus, freier Markt gegen staatliche Regulation, das Recht des Einzelnen gegen das Recht der Gemeinschaft.

Interessanterweise kann man dabei immer wieder beobachten, wie Gesellschaftsformen und politische Richtungen sowie Lösungsvorschläge durch vermeintlich fundamentale und erfolgreiche Prozesse der Natur begründet werden. Wettbewerb ist ein gutes Beispiel. Wettstreit ist ohne Zweifel ein wichtiges Prinzip der Natur – Survival of the Fittest, Struggle for Life, Wettbewerb belebt das Geschäft. Wettkampf ist die treibende Kraft natürlicher Auslese, so weiß man seit Darwin. Durch Wettbewerb werden erfolgreiche Prozesse, Konzepte und Ideen selektiert, sie setzen sich durch, weil sie besser funktionieren, agiler adaptieren und die Gesamtsituation verbessern. Durch Wettbewerb werden die besten Lösungen gefunden, Innovation wird durch Wettbewerb erzeugt.

Das ist im Grundsatz zwar nicht falsch, aber unvollständig. Es fehlt die Hälfte. Vielleicht sogar etwas mehr. Natürlich sind die

Schlüsselmechanismen der Darwin'schen Evolutionstheorie in der Natur wirksam und zentral: der Wettstreit um Ressourcen, die fantastischen Optimierungen verschiedener Arten auf ihre Umgebung, die ihren Erhalt gewährleisten. Allgegenwärtig ist Darwins »Struggle for Life« – der Kampf ums Überleben. Ohne ihn hätte sich Leben auf der Erde nicht entwickelt.

Aber das ist eben nur die eine Seite der Medaille. Wenn man natürliche Evolutionsprozesse genauer unter die Lupe nimmt (besser funktioniert ein Mikroskop), ergibt sich ein vollständigeres Bild der fundamentalen Prozesse und Eigenschaften der Natur. Neue Erkenntnisse, Technologien und Messmethoden insbesondere in der Mikrobiologie, der Ökologie, der Biodiversitätsforschung und der Virologie haben dazu beigetragen. Zum einen wird klar, dass die Biosphäre neben der fortschreitenden Evolution, dem ewigen Kommen und Gehen einzelner Spezies, durch sehr stabile »Design«-Prinzipien gekennzeichnet ist. Diese Designs veränderten die Biosphäre nach-

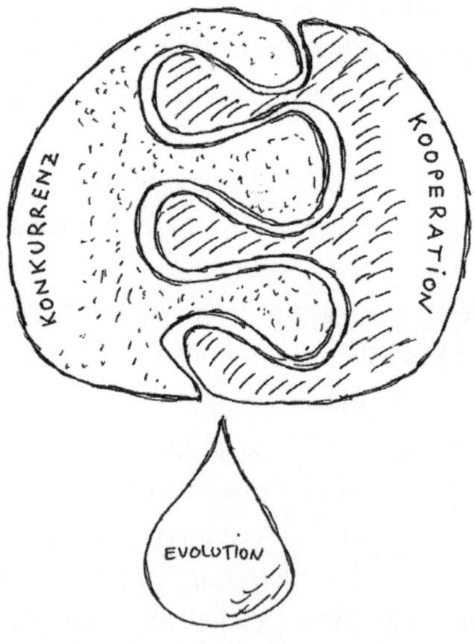


Evolution entsteht an den Schnittstellen zwischen Konkurrenz und Kooperation.

haltig und irreversibel. Fast ausnahmslos sind diese natürlichen Innovationen außerordentlich resilient und robust, sie überdauerten Jahrmilliarden und existieren heute noch. Viele dieser »Erfindungen«* der Evolution werden wir in den nächsten Kapiteln kennenlernen, die meisten haben diverse Eis- und Heißzeiten der Erdgeschichte, verschiedenste Atmosphären, Weltklimazustände und Biosphären überlebt.

Außerdem liefert die Wissenschaft immer mehr Evidenz, dass neben den klassischen Mechanismen der Darwin'schen Evolutionslehre – Konkurrenz und Survival of the Fittest – enge Symbiosen unter den Lebewesen die Biosphäre dominieren. Kooperative Symbiosen sind zwar den meisten geläufig, wir kennen sie zwischen Bienen und Blütenpflanzen und haben Bilder von Vögeln vor Augen, die in geöffneten Mäulern von Krokodilen sitzen und sie von Parasiten befreien. Für gewöhnlich werden diese Symbiosen allerdings als biologisches Nischenphänomen betrachtet, als Spielerei und Ausnahme von der Regel bezüglich Konkurrenz und Wettstreit.

Immer mehr verfestigt sich jedoch ein anderes Bild biologischer und ökologischer Systeme: Kooperative Symbiosen sind die Regel, nicht die Ausnahme. Kein Tier, keine Pflanze kommt ohne sie aus. Und das war schon immer so. Alle komplexen Lebewesen stehen in engen, kooperativen Symbiosen mit Hunderten, manchmal Tausenden Arten von Mikroorganismen. Kooperative Verbindungen zwischen Lebewesen sind tiefgreifend, elementar und allgegenwärtig, sie bilden das Fundament des Lebens, wie mittlerweile erkannt wird. Typischerweise haben neue, symbiotische Beziehungen in der Erdgeschichte zu Innovationen geführt und neue Designs hervorge-

* An dieser Stelle sei angemerkt, dass der Begriff »Erfindung« typischerweise die Intention einer Person impliziert. Das ist natürlich bei den Erfindungen der Natur nicht so. Auch wenn der Begriff nur annähernungsweise passt, wollen wir ihn in Ermangelung eines passenderen Begriffs in diesem Buch verwenden.

bracht. Konkurrenz und Kooperation sind in diesem erweiterten Bild keine antagonistischen Kräfte in der Evolution. Vielmehr ergänzen sie sich. Während Konkurrenz und Wettbewerb zwischen ähnlichen Akteuren graduell optimieren, liefert Kooperation unterschiedlichster Organismen Innovationen, ganz neue Strukturen und oftmals rapide, irreversible Veränderungen.

Weil wir in unserem Denken aber immer noch stark durch die klassischen Elemente der Darwin'schen Evolutionslehre geprägt sind und dazu neigen, Konkurrenz und Wettbewerb als primäre Mechanismen zu verstehen, die auf die Schnelle dringend notwendige Lösungsansätze für die drängenden Fragen unserer Zeit liefern, liegt der Fokus hier auf der anderen, eher unbekannten Seite der Medaille. *Survival of the Nettest* ist ein Buch über die kooperativen Innovationskräfte der Natur. Es dient dem Ziel, die Wahrnehmung grundlegender Prozesse der Natur zu erweitern und in der Folge besser zu verstehen, wie die Natur Neues hervorbringt. Kooperation wird dabei nicht als wichtigstes Naturgesetz postuliert und in Opposition zu Darwin und zur Konkurrenz gestellt. Vielmehr wird in den folgenden Kapiteln anhand vieler Beispiele und hoffentlich unbekannter Perspektiven erklärt, wie diese beiden Kräfte ineinandergreifen und unterschiedliche Beiträge zu evolutionären Prozessen liefern.

Die Probleme und Krisen unserer Zeit lassen sich nicht mehr durch graduelle Optimierung oder mit etablierten Rezepten lösen. Wir brauchen Innovation. Aber diese lässt sich nicht durch das klassische Mantra »Innovation durch Wettbewerb« herbeiorakeln. Wenn wir die Natur als Lehrmeisterin akzeptieren, müssen wir auf Kooperation und Diversität setzen.

# DARWINS DILEMMAS

## Was in der schwarzen Kiste versteckt ist

*Nothing in Biology Makes Sense*
*Except in the Light of Evolution.*
Theodosius Dobzhansky,
Evolutionsbiologe (1900–1975)

Einer der besten Zeitungscartoons, wie ich finde, stammt von Sidney Harris und wurde vor Jahren im *New Yorker* publiziert. Zwei ältere Wissenschaftler, leicht zu erkennen an der etwas gebückten Haltung, stehen tief konzentriert vor einer Kreidetafel. Es müssen theoretische Physiker sein. Die Tafel ist mit komplizierten mathematischen Gleichungen gefüllt, Zahlen, Brüchen und griechischen Symbolen. Offenbar versuchen die beiden ein epochales wissenschaftliches Problem zu knacken. Im Mittelpunkt der Herleitung steht allerdings in großen Buchstaben der Satz »Then a miracle occurs«, »Dann geschieht ein Wunder«. Einer der Wissenschaftler zeigt ruhig auf den zentralen

»Herleitungsschritt« und kommentiert: »I think you should be more explicit here in step two«, »Ich glaube, Sie müssen hier im zweiten Schritt etwas expliziter sein.« Vielen Wissenschaftlerinnen und Wissenschaftlern ist der Cartoon aus Tagungsvorträgen bekannt. Insbesondere in der theoretischen Physik, die wie keine andere Disziplin auf mathematischen Gerüsten fußt, ist die Zeichnung sehr populär. Der Cartoon zeigt humorvoll, dass bei der Konstruktion wissenschaftlicher Theorien oftmals Lücken entstehen, weil zum Beispiel die experimentellen Befunde fehlen, die notwendige Technologie noch nicht entwickelt ist und man sich auf die Intuition verlässt, Annahmen macht oder im Extremfall einfach Teile der Gesamttheorie auslässt. Selbst exzellente Wissenschaftler nehmen in tiefer Überzeugung auch mal eine Lücke in ihrer Theorie in Kauf.

So wie die beiden Cartoon-Wissenschaftler mag sich Charles Darwin (1809–1882) in den letzten Jahren seines Lebens gefühlt haben. Darwin gilt als Begründer der Evolutionstheorie, der wissenschaftlichen Erklärung der Entstehung der Arten durch Variation und natürliche Auslese. Sein 1859 erschienenes Hauptwerk *On the Origin of Species by Means of Natural Selection, or the Preservation of Favoured Races in the Struggle for Life,** kurz auch *The Origin of Species*, *Die Entstehung der Arten*, ist wahrscheinlich das einflussreichste naturwissenschaftliche Werk aller Zeiten. Darwins Evolutionstheorie gehört zu den größten intellektuellen Leistungen der Neuzeit. Ihr Einfluss auf Biologie, Sozialwissenschaften, gesellschaftliche Veränderungen, Grundüberzeugungen und Entwicklungen ist immens. Nicht selten landet Charles Darwin in Rankings der größten Wissenschaftler auf dem ersten Platz.

Die Darwin'sche Evolutionslehre ist außerordentlich plausibel, sie ist heutzutage ebenso Bestandteil des Biologieunterrichts wie Ver-

* Die erste deutsche Übersetzung *Über die Entstehung der Arten im Thier- und Pflanzen-Reich durch natürliche Züchtung, oder Erhaltung der vervollkommneten Rassen im Kampfe um's Daseyn* erschien 1860.

Cartoon aus dem *New Yorker* von Sidney Harris.

"I THINK YOU SHOULD BE MORE EXPLICIT HERE IN STEP TWO."

erbung. Alle Lebewesen erzeugen Nachkommen. Die genetische Information der Eltern wird an sie weitergegeben. Durch Vermischung der Erbinformationen beider Eltern und Mutationen zeigen die Nachkommen Variabilität in ihren Merkmalen. Sind die neuen Merkmalsvariationen besser an die Umwelt angepasst, werden die Träger dieser Merkmale in der übernächsten Generation mehr Nachkommen erzeugen, damit haben sie einen Wettbewerbsvorteil und eine höhere Überlebenswahrscheinlichkeit. Das Prinzip der natürlichen Auslese. Es passt alles zusammen. Alles ganz rund.

Normalerweise denkt man bei Evolution und Entstehung neuer Arten an Prozesse, von denen wir nichts mitbekommen, weil sie sehr langsam, graduell über Jahrtausende und Jahrmillionen ablaufen. Während der Covid-19-Pandemie konnten wir Evolution allerdings live erleben. Zunächst breitete sich eine »Original«-Virusvariante aus, die Wuhan-Variante. Weil Viren, insbesondere RNA-Viren wie das Coronavirus, schnell mutieren, entstanden umgehend neue Varianten von SARS-CoV-2. Das Infektionsgeschehen übernahmen Varianten, die besser an uns als Wirt angepasst waren. Zunächst kam die Alpha-Variante, dann Beta, beide wurden von Delta verdrängt. Das griechische Alphabet wurde von der Pandemie im Stakkato aufgesagt, bis hin zu Omikron und verschiedenen Subvarianten. Die schlechter angepassten Varianten starben aus. Darwin'sche Evolution live. Survival of the Fittest. Weil Darwins Evolutionstheorie in der beschriebenen Kurzform so viele Beobachtungen erklärt, übersieht man leicht, dass ein paar fundamentale Fragen unbeantwortet bleiben. Er selbst war, wie wir gleich erfahren werden, mit seiner Theorie nie ganz zufrieden. Darwin hielt sie für lückenhaft. Das hat ihn bis zu seinem Tode genervt.

## DIE NATURALISTEN

Um einerseits den revolutionären Charakter der Evolutionstheorie und andererseits auch ihre Probleme zu verstehen, müssen wir den Kontext ihrer Entstehung unter die Lupe nehmen. Wir müssen uns die Evolution der Evolution anschauen. Tauchen wir also ein in die Mitte des 19. Jahrhunderts. Lernen wir Charles Darwin und einige seiner Mitstreiter kennen. Europa, insbesondere Großbritannien, verwandelte sich zu Darwins Zeit rasend schnell. Die industrielle Revolution entfaltete sich besonders stark im Vereinigten Königreich. Von vielen wird dieses Viktorianische Zeitalter auch als Großbritanniens »Imperiales Jahrhundert« bezeichnet. Das Land war die führende Wirtschaftsmacht der Welt, technologischer, gesellschaftlicher und wissenschaftlicher Fortschritt explodierten. Wohlhabende, gebildete Menschen entwickelten Reisefieber und gingen auf

Entdeckungstouren. Der Berliner Naturforscher Alexander von Humboldt (1769–1859) bereiste Südamerika, die USA und Asien und war schon zu Lebzeiten eine Berühmtheit. Die Wienerin Ida Pfeiffer (1797–1858) legte auf ihren Weltreisen mehr als 200 000 Kilometer zurück, ihre Reiseberichte wurden in der gehobenen Gesellschaft zu Bestsellern. Auch für den jungen Charles Darwin sollte seine mehrjährige Weltreise mit der HMS *Beagle* ein Schlüsselerlebnis werden.

Charles Darwin war wie Humboldt ein Naturalist oder Naturforscher. Der Begriff Naturkunde war Ende des 18. bis Anfang des 20. Jahrhunderts sehr weit gefasst, abgesehen von Politik oder kirchlichen Fragen gehörten selbst gesellschaftliche, ökonomische und soziale Themen oft zum Repertoire der Naturalisten. Hauptsächlich beschäftigten sie sich allerdings mit der Natur: Botanik, Zoologie, Geologie, Geografie, Mineralogie. Der Begriff Biologie, der erst 1766 geprägt wurde, war noch nicht in Mode. Anders als Experimentalisten gewannen Naturalisten ihre Erkenntnisse hauptsächlich aus genauen Naturbeobachtungen und nicht im Labor. Für diese Naturbeobachter waren Reisen die wichtigste Informationsquelle, sie machten Notizen, erstellten Zeichnungen, sammelten Pflanzen, Tiere, Mineralien, Fossilien und versuchten Zusammenhänge zu verstehen, aus Ähnlichkeiten Gesetzmäßigkeiten herzuleiten. Noch heute zeugen Museen wie das Natural History Museum in London oder das Naturkundemuseum in Berlin von den Aktivitäten der Naturalisten des 19. Jahrhunderts.*

Zu Darwins Zeit erklärte man sich die Artenvielfalt der Tier- und Pflanzenwelt durch die biblische Schöpfungsgeschichte: Gott schuf alle Tier- und Pflanzenarten praktisch gleichzeitig, wobei die maximale Diversität und Vielfalt erreicht wurde, jede Art füllt ihre Nische und passt genau in das Gesamtgefüge. Dass sich Arten über die Zeit verändern oder aussterben und neue Arten entstehen, war kein Teil

* Kleine Randnotiz: Der Generaldirektor des Naturkundemuseums in Berlin, Prof. Johannes Vogel, ist mit Sarah Darwin verheiratet, einer Ururenkelin von Charles Darwin.

der Story. Auch unter Wissenschaftlern war Kreationismus Mainstream. Die Evidenz aber wuchs, dass etwas mit dem etablierten Bild nicht stimmen konnte. Zahlreiche Fossilien zeugten von Arten, die längst ausgestorben waren. Um 1820 wurden die ersten Dinosaurierskelette ausgegraben. Darwin war nicht der einzige Wissenschaftler seiner Zeit, der sich mit dem Problem befasste.

Dem französischen Naturalisten Jean-Baptiste de Lamarck (1744–1829) wird die Entwicklung der ersten systematischen, durch Naturbeobachtungen entwickelten, in sich konsistenten Evolutionstheorie zuerkannt. Lamarck war der Auffassung, dass sich Arten über die Zeit wandeln können. Er nannte den Prozess Transmutation. Lamarck zufolge versuchen einzelne Tiere, sich an ihre Umwelt anzupassen, und verändern sich dabei individuell und graduell. Wie ein Muskel, der durch Training und physische Arbeit wächst. Diese während eines Lebens stattfindenden Änderungen und Anpassungen, so Lamarck, werden an die Nachkommen weitergegeben, die somit von

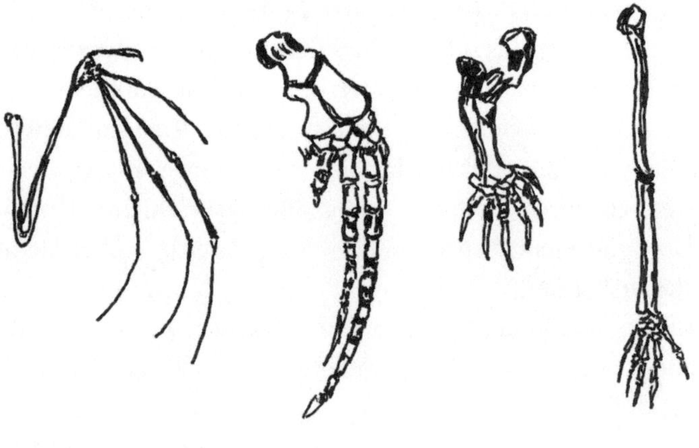

Sichtbare Transmutationen: die Armskelette der Fledermaus (ganz links), des Wals, des Maulwurfs und des Menschen.

Anfang an optimierte Merkmale haben. Diese *Vererbung erworbener Eigenschaften* ist zentraler Bestandteil des später nach ihm benannten Lamarckismus. Lamarcks Theorie war also eher eine Erklärung für die graduelle Verwandlung und Transformation existierender Arten als eine Theorie zur Entstehung neuer Arten. Lamarck publizierte seine Theorie 1809, im Geburtsjahr Darwins.

## DARWINS DREI SÄULEN

Schon als junger Mensch machte Darwin sich ähnliche Gedanken. Als er 1831 seine Weltreise antrat, war er gerade einmal 22 Jahre alt und entwickelte in dieser Zeit seine eigene Evolutionstheorie. Darwins Wissen über die anatomischen und physiologischen Ähnlichkeiten verschiedener Tier- und Pflanzenarten sowie über Fossilien, seine Kenntnisse über Tier- und Pflanzenzucht waren Basis seiner Theorie, für die er auf seinen Reisen zahllose weitere Belege und Indizien sammelte. Im Kern postulierte Darwin, dass Evolution, die Wandlung und Entstehung neuer Arten, durch das Zusammenspiel von drei universell wirkenden Kräften entsteht.

Zum einen erzeugt jede Art durch Fortpflanzung viele Nachkommen, die in ihrer Erscheinung den Vorfahren ähneln. Erst das macht ja die Definition einer Art sinnvoll. Ein Frosch bekommt keine Esel, auch nicht umgekehrt. Die Merkmale einer Art werden an die nächste Generation weitergegeben und vererbt. Darwin wusste zwar noch nicht, wie das funktioniert, aber die Beobachtungen waren evident. Typischerweise ist die Anzahl der Nachkommen, die pro Individuum und Lebensspanne gezeugt werden, viel größer als eins. Eine ungebremste Fortpflanzung aber würde die Gesamtpopulation einer ausgewählten Art exponentiell explodieren lassen, wie ein kurzes Beispiel illustriert: Eine Fruchtfliege wiegt ungefähr ein Milligramm, ein Weibchen produziert in ihrer Lebensspanne von 20 bis 30 Tagen ca. 500 bis 600 Eier. Würden sich in jeder Generation alle Eier zu erwachsenen Fliegen entwickeln, die wiederum je 500 bis 600 Nachkommen zeugten, ergäbe sich nach nur einem Jahr eine gigantische Fruchtfliegenpopulation mit der Gesamtmasse unseres Planeten. Darwin selbst stellt in seinem Werk einige dieser lustigen Rechnungen an. Folglich existieren begrenzende Faktoren, die den Fruchtfliegen (und allen anderen Arten) Einhalt gebieten. Weil die zur Fortpflanzung notwendigen Ressourcen begrenzt sind oder eine Art selbst Ressource (Futter) für eine andere Art darstellt, entsteht automatisch ein Wettstreit, nicht nur zwischen Individuen einer Art, sondern auch zwischen Arten, die auf dieselben Ressourcen zugreifen. Darwin nannte das den »Struggle for Life«, also den »Kampf ums Überleben«. Nur Individuen, die am besten an ihre Umwelt angepasst sind, überleben und können sich vermehren. Dieses zweite wichtige Konzept war für Darwin so zentral, dass es im Titel seines Hauptwerks auftaucht. Besonderen Einfluss auf Darwin hatte hier der britische Ökonom Thomas Robert Malthus (1766–1834), dessen Arbeiten Darwin bewunderte. Malthus wurde durch sein Bevölkerungsgesetz bekannt, wonach die Bevölkerung eines Landes exponentiell wächst, die notwendigen Ressourcen aber (zum Beispiel aus der Landwirtschaft und Lebensmittelproduktion) nur linear. Somit kommt es zwangsläufig zu Engpässen, diese führen zu gesellschaftlichen Spannungen, Unruhen oder sogar zum Kollaps einer Gesellschaft, was wiederum das Bevölkerungswachstum hemmt. Dieses malthusische Prinzip legte Darwin seiner Theorie zugrunde. Das ist erwähnenswert, weil hier schon früh ein ökonomisches Prinzip einen Fingerabdruck in einer naturwissenschaftlichen Theorie hinterlassen hat.

Drittens postulierte er, dass die Nachkommen einer Art immer ein gewisses Maß an Variation in den vererbten Merkmalen aufweisen. Darwin ging zunächst davon aus, dass diese Variationen klein und zufällig sind. In der Generation der Nachkommen erzeugen Individuen mit besser an die Umwelt angepassten Merkmalsvariationen logischerweise mehr Nachkommen und dominieren nach einigen Generationen das Gesamtgeschehen. Im Wettstreit um dieselben Ressourcen überleben die am besten angepassten Arten, die weniger angepassten werden verdrängt und sterben aus. Der wesentliche Unterschied zu Lamarck ist, dass die Variation Darwin zufolge zufällig ist, also nicht in irgendeiner Weise durch erworbene Erfahrung in die optimierte Richtung zielt. Darwins Zeitgenosse, der Sozialwissenschaftler Herbert Spencer (1820–1903), der Darwins Ideen später auf sozialwissenschaftliche Prozesse übertrug, prägte das Konzept »Survival of the Fittest«, das Darwin in späteren Auflagen seiner Werke übernahm. Darwin verstand unter dem Begriff »fit« »passend«. Im Deutschen wird die Phrase manchmal, und leider komplett falsch, als »Überleben des Stärkeren« aufgefasst, was Darwin nie so meinte. Darwin schrieb explizit: »Bei der Evolution gewinnt nicht der Stärkste, der Größte oder der Schnellste, sondern die Spezies, die sich am schnellsten anpassen kann.«

Für Darwin lag die natürliche Auslese auf der Hand, und sie ist sicher auch das am einfachsten zu verstehende Prinzip. Kleine Variationen in Merkmalen führen zu kleinen Wettbewerbsvorteilen und summieren sich über die Generationen, bis eine evolvierte Art keine Ähnlichkeit mehr mit ihrer ursprünglichen Art hat. Darwin hatte wie Lamarck langsame, graduelle Änderungen existierender Arten im Sinn. Tatsächlich ist in dieser Hinsicht der Titel seines Werks *Die Entstehung der Arten* etwas irreführend. Darwins Evolutionstheorie beschreibt lediglich die graduelle Änderung bestehender Merkmale und damit den stetigen Wandel und nicht, wie neue Arten mit völlig neuen Merkmalen entstehen. Es kann nur selektiert werden, was schon da ist. Obwohl Darwin überzeugt war, dass alle Lebensformen einen einzigen Ursprung hatten, thematisiert er interessanterweise an keiner Stelle die Herausbildung neuer Arten direkt.

## AND THEN A MIRACLE OCCURS

Darwin irritierten bis zu seinem Lebensende einige Schwachstellen seiner Theorie. Zum einen war da die Frage, nach welchem Mechanismus die notwendigen Variationen entstehen und an die

Nachkommen weitergegeben werden. Das war für Darwin der »Dann geschieht ein Wunder«-Zwischenschritt, er hatte noch keine Ahnung von Chromosomen, Genen, DNA und genetischen Mutationen.

Zweitens ließ sich das Prinzip des graduellen Wandels nicht mit wichtigen Befunden zur Artenvielfalt in Einklang bringen. Darwin war geologisch auf der Höhe seiner Zeit, er kannte die Fossilienfunde und wusste so, dass im Laufe der Evolution viele Arten ausgestorben waren. Ihm war auch bekannt, dass vor etwa 540 Millionen Jahren im Kambrium viele Arten ganz plötzlich in erdgeschichtlich relativ kurzer Zeit entstanden sind, während man in tieferen (älteren) Gesteinen keine Fossilien finden konnte. Heute spricht man von der kambrischen Explosion, als in wenigen Millionen Jahren praktisch alle heute existierenden Tierstämme zum ersten Mal auftraten. Darwin war klar, dass dieses Geschehen nicht durch graduelle Evolution erklärbar ist. In seinem Werk schreibt er dazu:

> *»Wenn meine Theorie richtig, so müssten unbestreitbar schon vor Ablagerung der ältesten silurischen Schichten eben so lange oder noch längere Zeiträume, wie nachher, verflossen, und müsste die Erd-Oberfläche während dieser ganz unbekannten Zeiträume von lebenden Geschöpfen bewohnt gewesen seyn.*
> *Was nun die Frage betrifft, warum wir aus diesen weiten Primordial-Perioden keine Denkmäler mehr finden, so kann ich darauf keine genügende Antwort geben. […]*
> *Diese Thatsache muss fürerst unerklärt bleiben und wird mit Recht als eine wesentliche Einrede gegen die hier entwickelten Ansichten hervorgehoben werden.«**

* Darwin, Charles: *Über die Entstehung der Arten durch natürliche Zuchtwahl*, übersetzt von Heinrich Georg Bronn, 1. Auflage, E. Schweizerbart'sche Verlagshandlung und Druckerei, Stuttgart, 1863, S. 338.

Außerdem war auch Darwin klar, dass komplexe Organe vieler Lebewesen, wie zum Beispiel das Auge, nur schwer durch graduelle Entwicklung und als die Summe zufälliger Variation und Selektion erklärbar sind, weil die notwendigen Zwischenstufen keine Wettbewerbsvorteile böten und folglich nicht selektiert würden. Darwin schrieb dazu:

> *»Die Annahme, dass sogar das Auge mit allen seinen der Nachahmung unerreichbaren Vorrichtungen, um den Focus den manchfaltigsten Entfernungen anzupassen, verschiedene Licht-Mengen zuzulassen und die sphärische und chromatische Abweichung zu verbessern, nur durch Natürliche Züchtung zu dem geworden seye, was es ist, scheint, ich will es offen gestehen, im höchsten möglichen Grade absurd zu seyn.«*[*]

Lag es an diesen offenen Fragen, warum zwischen Darwins Ideen um 1830 und der Veröffentlichung seines Werks mehr als ein Vierteljahrhundert verging? Vielleicht wären sie nie publiziert worden, hätte nicht Alfred Russel Wallace (1823–1913) die wissenschaftliche Bühne betreten. Er war wie Darwin Naturalist. Wallace, so weiß man heute, entwickelte unabhängig von Darwin seine eigene Evolutionstheorie, die auf denselben Annahmen beruht. Und wie Darwin hatte Wallace seinen Heureka-Moment während einer Weltreise. Von Ternate, einer kleinen Insel, die heute zu Indonesien gehört, schickte er 1858 ein Manuskript mit dem Titel »Über die Neigung der Varietäten, sich unbegrenzt vom ursprünglichen Typus zu entfernen« über Umwege an Charles Darwin. Der erkannte die Ähnlichkeit der beiden Abhandlungen, was ihn etwas unter Druck setzte, seine Evolutionstheorie endlich zu veröffentlichen. Letztlich wurden die Schriften zeitgleich publiziert. Wallace und Darwin sind so ebenbürtige Erfinder der Evolutionstheorie. Wallace wurde später zu einem glühen-

* Ebd., S. 212.

den Verfechter Darwins und prägte selbst den Begriff »Darwinismus« für die Entstehung der Arten durch natürliche Auslese. So hat er vermutlich dazu beigetragen, dass außerhalb von Fachkreisen sein eigener Name im Kontext der Evolutionslehre praktisch unbekannt ist.

Auch wenn ihre Theorien deckungsgleich waren, hoben beide unterschiedliche Aspekte hervor. Während Darwin den »Kampf ums Überleben« in den Fokus stellte, betonte Wallace die durch Selektion erwirkte Anpassung an die Umwelt. Wallace gab diesem Umwelteinfluss einen viel höheren Stellenwert. Es sollte jedoch ein ganzes Jahrhundert dauern, bis die wichtige Rolle der Umwelt auf Evolutionsprozesse in den Vordergrund rückte.

## MODERN SYNTHESIS

Bis zum Ende des 19. und noch in den ersten beiden Jahrzehnten des 20. Jahrhunderts war der Darwinismus hochumstritten. Dass Evolution stattfindet, war zwar akzeptiert. Als unbewiesen aber galt, dass natürliche Auslese ihr Motor ist.

Ende des 19. Jahrhunderts führte der österreichische Mönch Gregor Mendel (1822–1884) systematische Experimente mit Kreuzungen von Erbsenpflanzen durch. Er entdeckte, dass die Vererbung bestimmter Merkmale, wie zum Beispiel der Blütenfarbe oder der Schotenform, festen Regeln folgt, und schloss daraus, dass sie durch »diskrete Informationspakete« bestimmt wird, die er Faktoren bzw. Elemente nannte. Später wurde der Begriff Gen geprägt, den Mendel noch nicht benutzte.

Mendels Experimente waren reproduzierbar, heute noch sind die nach ihm benannten Regeln Bestandteil des Biologieunterrichts. Mendel gilt als Begründer der Genetik. Seine Ergebnisse publizierte er 1866, allerdings blieben sie lange unbeachtet und waren beispielsweise Darwin und Wallace unbekannt. Erst 1900 wurden sie wiederentdeckt, als der niederländische Biologe Hugo Marie de

Dachten sich die Evolutionstheorie aus: Alfred Russel Wallace (1823–1913) und Charles Robert Darwin (1809–1882).

Vries (1848–1935) ähnliche Experimente durchführte und im Rahmen seiner Forschung auf Mendels Publikation aufmerksam wurde. Dank der frühen Erfolge der Populationsgenetik im ersten Drittel des 20. Jahrhunderts konnte sich der von Darwin und Wallace formulierte Prozess der natürlichen Selektion etablieren. Die Synthese zwischen ihrer Evolutionstheorie und der Vererbungslehre Mendels war so fundamental, dass man den Begriff »Modern Synthesis«, im Deutschen »synthetische Evolutionstheorie«, dafür prägte.

Zur selben Zeit etwa wurde Lamarcks Idee der Vererbung erworbener Eigenschaften verworfen. In bahnbrechenden Experimenten konnte der deutsche Genetiker August Weismann (1834–1914) zeigen, dass nur die Gene in den Keimzellen eines Organismus, also den Samen- und Eizellen, neu gemischt und in verschiedenen Kombinationen an die nächste Generation weitergegeben werden. Aus den Genen entsteht der Organismus, eine Wirkung des Organismus auf die Gene existiert demzufolge nicht. Man sprach vom Genotyp und Phänotyp eines Organismus. Der Genotyp beschreibt die abstrakte genetische Information, den vererbbaren Bauplan. Der Phänotyp steht für den fertigen Organismus, also die Umsetzung des Bauplans. Die vermeintlich finale Vervollständigung der Theorie kam mit der Entdeckung der DNA als Träger der Erbinformation durch Rosalind Franklin, James Watson und Francis Crick 1953. Seit dieser Zeit ist klar, dass die Erbinformation aller Lebewesen, vom kleinsten Bakterium bis zum Menschen, auf langen Kettenmolekülen, der DNA, kodiert ist. Einzelne Abschnitte der DNA entsprechen den von Mendel postulierten Elementen, den Genen. Wir wissen, dass Mutationen in unseren Genen zu Variation führen können. Genome verschiedener Arten und Individuen unterscheiden sich auf molekularer Ebene in der Abfolge des genetischen Codes der DNA. Ähnlichkeiten zwischen Genomen führen zu Ähnlichkeiten im Phänotyp. Eineiige Zwillinge sind oft schwer zu unterscheiden, die Verwandtschaft zwischen Eltern und ihren Kindern ist häufig offenkundig. Je unterschiedlicher die DNA, desto unterschiedlicher der Phänotyp eines Organismus. Das menschliche Genom ähnelt dem eines Schimpansen viel mehr als dem einer Heuschrecke oder einer Tulpe.

Der synthetischen Evolutionstheorie zufolge finden Variation und Selektion auf verschiedenen Ebenen statt. Variation wird genetisch erzeugt und führt zu unterschiedlichen Phänotypen, auf deren Ebene die Selektion erfolgt.

## DIE SCHWARZE KISTE

Die Theorie scheint schlüssig und vollständig. Bei genauerer Betrachtung fällt allerdings auf, dass etwas Zentrales fehlt, ein Zwischenglied. Ähnlich wie im anfangs erwähnten Cartoon findet »irgendwo in der Mitte« ein Wunder statt, auf das die synthetische Evolutionsbiologie und Populationsgenetik nicht eingehen: Wie genau wird aus dem Bauplan der Organismus? Man sah den Bauplan und einen fertigen Organismus, verstand aber die Sprache nicht, in der dieser Bauplan verfasst war, und wie die Umsetzung, der Bau selbst, stattfand. Heute wissen wir schon etwas mehr, aber längst nicht alles. Aus den Genen der DNA werden nach einem genauen Rezept Proteine synthetisiert. Das menschliche Genom besteht aus etwa 23000 Genen, die ca. 100000 Proteine kodieren. Diese komplexen Biomoleküle sind die biologischen Bausteine und chemischen Arbeitstiere des Lebens. Das Zusammenspiel der Proteine regelt die Entstehung, das Wachstum und das Handeln eines Organismus.

Dass Gene Proteine kodieren, verlagert die zentrale Frage der Formentstehung aber nur. Wie aus einer befruchteten Eizelle ein komplexer Organismus gebaut werden kann, ist weiter unbeantwortet. Dazu müsste man das biochemische Orchester der Proteine genau verstehen und wie sich aus dem Netzwerk und den Kaskaden biochemischer Reaktionen alles entwickelt. Selbst wenn wir genau wüssten, welche 100000 Proteine ein menschliches Genom kodiert, würde kein Mensch dabei rauskommen, wenn wir diese 100000 Zutaten in einem Kessel zusammenrührten.

Die frühen Populationsgenetiker maßen diesem Rätsel keine große Bedeutung bei, es wurde quasi in die Entwicklungsbiologie ausgelagert. Die synthetische Evolutionstheorie beruht auf der Annahme, dass das halt irgendwie passiert – »Then a miracle occurs«.

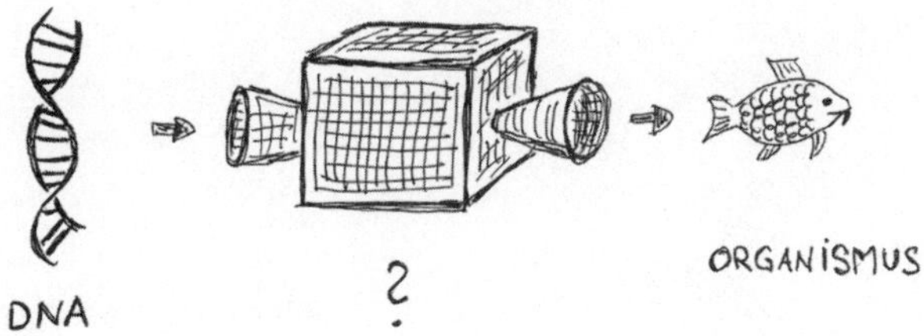


DNA geht durch die schwarze Kiste und es entsteht ein Organismus.

Letztendlich komme es nur darauf an, welche Gene sich in einem Genpool durchsetzen. Diese Schwäche wurde und wird manchmal heute noch von Neodarwinisten etwas leichtfertig abgetan. In ihrer traditionellen Auslegung beinhaltet die synthetische Evolutionsbiologie eine »Black Box«, deren Funktionsweise sie als gegeben hinnimmt.

Die frühen Erfolge der Populationsgenetik verschleierten, dass »Modern Synthesis« und Neodarwinismus immer noch nicht das Problem lösen, das schon Darwin erkannt hatte: Wie findet Innovation in der Evolution statt? Wie entstehen Strukturen wie das Auge,

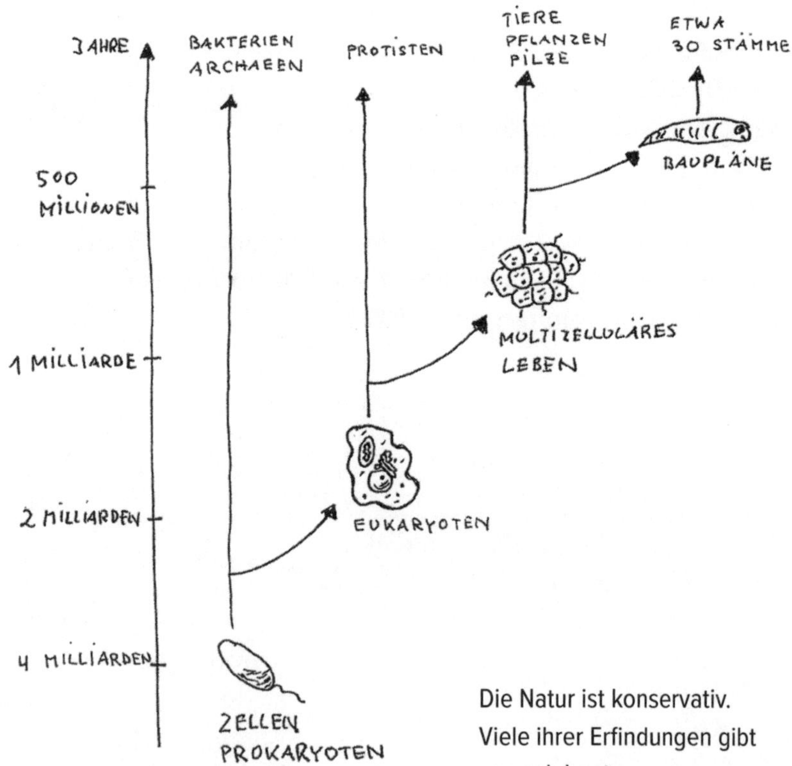


Die Natur ist konservativ. Viele ihrer Erfindungen gibt es noch heute.

wie kam es zu dem plötzlichen Auftreten neuer, komplexer Tierarten in der kambrischen Explosion? Kleine Änderungen in der DNA durch Mutationen führen zu kleinen Änderungen in den Proteinen und ziehen im Netzwerk biochemischer Reaktionen kleine Änderungen nach sich. Wenn durch die Summe dieser kleinen Änderungen neue Strukturen entstehen, wo sind dann die Überreste der Zwischenstufen in den Fossilien? Diese Fragen, die Darwin noch intensiv beschäftigten, traten leider in den Hintergrund, es entwickelte sich der »gen-zentrische« Blick auf die Evolution. Aus dieser Sicht ist der Organismus selbst nur ein Werkzeug, eine Kapsel, die durch den Bauplan so konzipiert ist, dass ein Gen nicht ausstirbt. Der Organismus ist für das Gen da. Diese Sichtweise trieb zum Beispiel der Evolutionsbiologe und Neodarwinist Richard Dawkins in seinem Bestseller *The Selfish Gene*, *Das egoistische Gen* von 1976 auf die Spitze.

## WANDEL UND KONSERVIERUNG

Leben existiert seit ca. 4,28 Milliarden Jahren auf der Erde. Man schätzt, dass in dieser Zeit bis zu vier Milliarden Arten lebten, von denen bis heute mehr als 99 Prozent ausgestorben sind, manchmal durch zeitlich punktuelle Massenaussterben, so etwa vor ca. 60 Millionen Jahren, als die Dinosaurier verschwanden. Alles ist permanenter Wandel. So weit macht das alles Sinn. Aber das ist nur die halbe Geschichte. Neben dem Wandel, dem Kommen und Gehen der Arten und einzelner Organismen, die geboren werden und sterben, hat die Evolution außerordentlich erfolgreiche Innovationen hervorgebracht, die teilweise über Jahrmilliarden nicht wieder verschwunden sind. Die ersten Lebensformen hatten Ähnlichkeiten mit Bakterien, also einfachen Zellen, deren Erbgut aus DNA bestand und die sich durch Zellteilung vermehrten. Bakterien evolvierten und existieren bis heute (sie dominieren sogar die Biosphäre, wie wir noch erfahren werden). Vor etwa 3,4 bis 2,9 Milliarden Jahren erfand die Evolution oxygene Photosynthese, den biochemischen Prozess, bei dem aus Sonnenlicht Energie gewonnen und Sauerstoff als Reaktionsprodukt erzeugt wird. Etwas später entwickelte sich »atmendes« Leben, das den Sauerstoff zur Verbrennung organischen Materials als Energiequelle nutzte. Die ersten Einzeller mit komplexer Zellstruktur und Vorläufer der Tiere, Pflanzen und Pilze betraten vor ca. 2,2 Milliarden Jahren die Bühne und existieren seitdem in ungeheurer Artenvielfalt. Die kambrische Explosion brachte eine enorme Biodiversität komplexer Tiere mit hochdifferenzierten Bauplänen. Fast alle der 36 heute existierenden Tierstämme entwickelten sich damals in kürzester Zeit und blieben in ihren zentralen Strukturmerkmalen unverändert. Sogenannte lebende Fossilien haben sich über Hunderte von Millionen Jahren kaum gewandelt, die Krokodile etwa seit 200 Millionen Jahren oder seit 400 Millionen Jahren der Quastenflosser, der als längst ausgestorben galt und 1938 wiederentdeckt wurde. Störe sahen vor 200 Millionen Jahren so aus wie heute. Pfeilschwanzkrebse bevölkern seit 450 Millionen Jahren unseren Planeten. Die Liste ist lang. Neben permanentem Wandel zeichnet sich die Evolution folglich auf allen Ebenen durch erstaunlich robuste Konservierung erfolgreicher Konzepte aus, die auch massive Umweltänderungen überlebten.

Außerdem erklärt die traditionelle Evolutionstheorie nur mit Mühe die enorme Biodiversität. Wieso gibt es so viele Arten? Wieso sind viele außerordentlich unterschiedliche Biotope so artenreich? Seit einem Jahrhundert stellen sich Naturalisten diese Frage. Insbesondere die Artenvielfalt tropischer Regenwälder ist unfassbar. In den Regenwäldern des Amazonas ist die Pflanzenvielfalt gigantisch. Im Durchschnitt findet man auf einem Quadratkilometer nur ein Exemplar einer Pflanzenart. Etliche Evolutionsbiologen erklären Artbildung und Diversität wie Darwin selbst hauptsächlich mit geografischen Grenzen und anderen äußeren Faktoren, die Populationen voneinander trennen, sodass sie eigenständige Evolutionslinien bilden. Aber reicht das aus? Die klassischen Mechanismen der Evolution beinhalten schließlich auch schon das am Beispiel von SARS-CoV-2 beschriebene Konkurrenzausschlussprinzip. Der russische Mikrobiologe Georgi Gause (1910–1986) zeigte, dass zwei verschiedene Arten, die auf dieselbe Ressource angewiesen sind (also beispielsweise ein ähnliches Nahrungsspektrum haben), nie dauerhaft dieselbe ökologische Nische besetzen können.

Werden Populationen räumlich getrennt, müsste man annehmen, dass die einzelnen Gruppen sich zwar voneinander unterscheiden, aber innerhalb einer Population Homogenität herrscht. Das entspricht aber nicht der Realität. Der Biologe und Begründer der modernen Ökologie George Hutchinson (1903–1991) formulierte in diesem Kontext das berühmte Plankton-Paradoxon, wonach in marinen Ökosystemen eine deutlich höhere Diversität des photosynthetischen Planktons beobachtet wird, als man erwarten würde, nachdem ganz viele Arten dort die gleiche ökologische Nische besetzen und nicht räumlich voneinander getrennt sind. Bis heute wird diskutiert, wie diese planktonische Artenvielfalt zustande kommen kann, im Kapitel »Nette Viren« werden wir einen Erklärungsversuch unternehmen.

## REBELLION

Trotz all dieser offenen Fragen war die dogmatische Seite der Neodarwinisten bis in die 70er-Jahre etabliert und hat sich neuen Entwicklungen widersetzt. Doch vor allem nach der Jahrtausendwende änderte sich die Lage rapide, als nachgewiesen wurde, dass erst die Wechselwirkung der Gene untereinander die Form eines Organismus bestimmt. Die Forschung der deutschen Entwicklungsbiologin und Nobelpreisträgerin Christiane Nüsslein-Volhard an Embryonen der Fruchtfliege zeigte, dass die komplexe Architektur einer Fliege nur durch das wechselseitige An- und Ausschalten verschiedener Gene entstehen kann. Außerdem wurde experimentell immer deutlicher, dass äußere Bedingungen auf dem Weg vom Genom zum ausgewachsenen Organismus eine fundamentale Rolle spielen können. Gerade bei komplexen Lebewesen wie Tieren und Pflanzen modulieren Umwelteinflüsse, welche Gene aktiv und welche inaktiv sind. Es entwickelte sich so die evolutionäre Entwicklungsbiologie, auch kurz »Evo-Devo« genannt. Eine ihrer Pionierinnen ist die amerikanische Evolutionsbiologin und Insektenforscherin Mary Jane West-Eberhard. Sie trat sehr früh für eine »erweiterte synthetische Evolutionstheorie« ein und fasste in ihrem Hauptwerk viele Beispiele zusammen, wie Organismen trotz identischer Genome einen anderen Phänotyp ausbilden und welch starken Einfluss die Umgebung ausübt. Es waren nicht mehr nur die Gene, die den Organismus steuern, der Organismus steuert auch die Gene! Einer der bekanntesten Vertreter dieser Ansicht ist der britische Biologe und Physiologe Denis Noble, der als Begründer der Systembiologie gilt. Systembiologie ist die systemische Betrachtung komplexer biologischer Phänomene, die Rückkopplungs- und Netzwerkstrukturen ins Zentrum stellt. In seinem 2008 erschienenen Buch *The Music of Life* stellt er den radikalen, genzentrierten und engen Blickwinkel der Neodarwinisten infrage. Er kritisiert die anthropozentrische Aufladung der neodarwinistischen

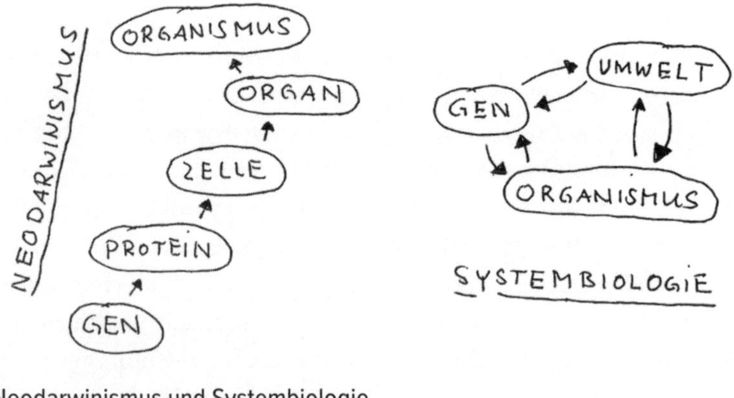


Neodarwinismus und Systembiologie.

Argumentation und die einseitige Betonung von Kontrolle, Macht und Wettstreit. Stattdessen rückt Noble den Organismus in den Vordergrund und sieht die Gene eher als Werkzeugkiste, die einem Organismus zur Verfügung steht.

Die größte Verfechterin eines erweiterten Blickwinkels auf Evolutionsprozesse und eine Verlagerung des Fokus von Konkurrenz und Kampf ums Überleben auf Kooperation und Diversität war die Evolutions- und Mikrobiologin Lynn Margulis (1938–2011). Margulis war eine wissenschaftliche Rebellin. 1966 publizierte sie die Theorie der Endosymbiogenese. In Alltagssprache übertragen bedeutet dieser Fachbegriff: »Prozess, bei dem ein Einzeller einen völlig anderen Einzeller verschluckt, beide symbiotisch verschmelzen, ihre Fähigkeiten teilen, kooperieren und fortan eine ganz neue Art bilden.« Innovation durch Kooperation. Klingt etwas verrückt. Aber laut Margulis sollen so vor etwa 2,2 Milliarden Jahren die einzelligen Vorfahren aller Tiere, Pflanzen und Pilze entstanden sein. Endosymbiogenese liegt demnach der Erfindung ganzer Domänen und neuen Evolutionslinien zugrunde. Wir werden im Kapitel »Asgard« noch mehr über diesen wichtigen Schritt in der Evolution erfahren.

Margulis war der Auffassung, dass die Betonung von Konkurrenz in Evolutionsprozessen die Realität verzerrt. Sie schrieb einmal: »Life did not take over the globe by combat, but by networking«, »Das Leben eroberte den Erdball nicht durch Kampf, sondern durch Netzwerken.« Kooperation und Netzwerke werden wir im nächsten Kapitel genauer kennenlernen, wenn wir in die Welt der Bakterien eintauchen. Wir werden erkennen, dass die Rebellin richtiglag.

# KLEINE HELFER

## Sie sind sie, nicht Sie

*Wir waren nie Individuen.*
Jan Sapp, Wissenschaftshistoriker

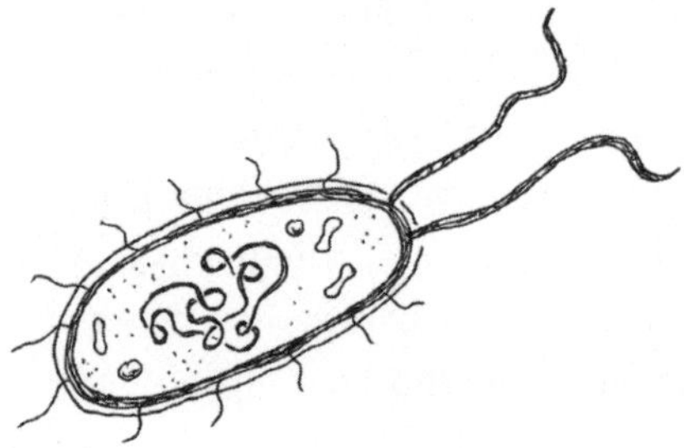

Isaac Newton (1643–1727) war ein Arschloch. So jedenfalls der Titel der Biografie *Newton – Wie ein Arschloch das Universum neu erfand* von Florian Freistetter. Als theoretischer Physiker empfehle ich dieses sehr unterhaltsame Buch ausdrücklich. Als ich 1989 an der Duke University in den USA Physik studierte, die Vorlesung »Klassische [also Newton'sche] Mechanik« hörte, beschrieb mein damaliger Professor Larry Evans die Charaktereigenschaften Newtons diplomatischer: »Newton wasn't the kind of guy you'd want to go out and have a beer with«, »Newton war nicht der Typ, mit dem man ein Bier trinken geht.«

Isaac Newton war kein angenehmer Zeitgenosse, er konnte nicht mit Kritik umgehen, war missgünstig, hinterhältig, intransparent, geizig, hartherzig, hasserfüllt und brutal. Er lieferte sich Fehden mit berühmten Zeitgenossen wie Robert Hooke (1635–1703). Ihm klaute Newton zum Beispiel die Idee, dass die Gravitationskraft mit dem inversen Abstandsquadrat zweier Körper abnimmt, um damit (ohne Hooke zu erwähnen) die Kepler'schen Gesetze der planetaren Bewegung zu erklären. Mit seinem deutschen Mathematiker-Rivalen Gottfried Wilhelm Leibniz (1646–1716) lieferte er sich einen erbitterten Streit, wer von beiden die Infinitesimalrechnung erfunden hatte. Dabei nutzte Newton seine Stellung als Präsident der Royal Society, um Leibniz im Vereinigten Königreich zu diskreditieren. Die Infinitesimalrechnung war einer der größten konzeptionellen Fortschritte in der Mathematik und erlaubte Rechnungen, die davor unmöglich waren. Heute wissen wir, dass Newton deutlich früher als Leibniz darauf gekommen war. Sein Wissen hielt er aber geheim, um es als Einziger nutzen zu können. Dennoch war Isaac Newton ein Genie, das die Welt veränderte. Albert Einsteins Büro schmückte ein Newton-Porträt. Einstein hielt Newtons Entwicklung der Infinitesimalrechnung, seine Theorie zur Gravitation und sein Fundament zur Mechanik für den größten intellektuellen Fortschritt, der auf eine einzige Person zurückgeht. Wir kennen das Klischee von Genie und Wahnsinn. Genie und Arschloch ist weniger geläufig, scheint aber auch in regelmäßigen Abständen aufzutreten.

## DER KOCH

Ein anderes prominentes Beispiel ist Robert Koch (1843–1910). Was Newton für die Physik ist, ist Koch für die Infektionsforschung, die medizinische Mikrobiologie oder sogar für die Medizin allgemein. Koch gilt neben Louis Pasteur (1822–1895) und Ferdinand Julius Cohn (1828–1898) als Begründer der Mikrobiologie. Koch und Pasteur waren maßgeblich für die Entwicklung der Bakteriologie Ende des 19. und Anfang des 20. Jahrhunderts. Koch war wie Newton ein Genie und Multitalent. Zu Kochs Zeit setzte sich langsam, gegen die Widerstände des wissenschaftlichen Establishments, die Keimtheorie durch. Diese besagt, dass viele Krankheiten bei Mensch und Tier durch Mikroorganismen verursacht werden. Was heutzutage jedem Kind bekannt ist,

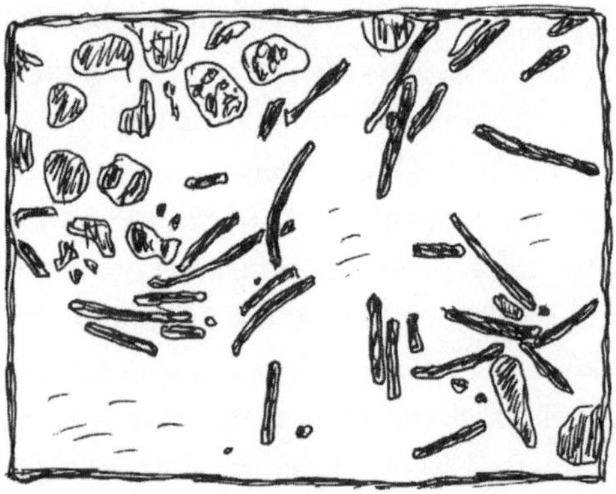

Das erste Foto bakterieller Krankheitserreger hat Koch geschossen. Die Stäbchen zeigen den Erreger Bacillus anthracis.

war damals eine revolutionäre Ansicht, die zum Beispiel Louis Pasteur vertrat. Robert Koch allerdings gelang es als Erstem, einen bakteriellen Krankheitserreger zu isolieren und in glasklaren, reproduzierbaren Experimenten nachzuweisen, dass bestimmte Bakterien eine bestimmte Krankheit auslösen. 1867 isolierte er *Bacillus anthracis,* den Erreger von Anthrax, auch Milzbrand genannt. Auf Nährmedien konnte er diese Bakterien kultivieren und zeigen, dass damit infizierte Tiere Milzbrand entwickelten. Es gelang ihm, aus den erkrankten Tieren den Erreger wieder zu isolieren. Neben seinen Entdeckungen verbesserte er die Mikroskopietechnik seiner Zeit substanziell. Er war 1877 auch der Erste, der einen Krankheitserreger fotografierte.[1]

Seine Methode, Bakterien in kleinen Schälchen auf festen Nährböden zu kultivieren, wurde von seinem Assistenten Julius Petri verfeinert, die nach ihm benannten Petrischalen werden noch heute, 150 Jahre später, praktisch unverändert in biologischen und medizinischen Laboren verwendet. Kurze Zeit nach der Entdeckung von Anthrax widmete sich Koch der Tuberkulose und stellte die Entdeckung des verantwortlichen Erregers *Mycobacterium tuberculosis* 1882 auf einem Kongress in Berlin vor.

Diese Präsentation gilt bis heute als eine der einflussreichsten in der gesamten Medizingeschichte. An Tuberkulose starben Ende des

19. Jahrhunderts etwa 15 Prozent aller Menschen in Europa. Somit ist es nicht verwunderlich, dass Kochs Entdeckung ihn schlagartig weltweit berühmt machte. Er stellte die Koch'schen Postulate zum Nachweis von bakteriellen Krankheitserregern auf. Sie sind für die medizinische Bakteriologie, was die Newton'schen Gesetze für die klassische Physik sind. Koch läutete die »goldene Ära« der Mikrobiologie ein. In den letzten drei Jahrzehnten seines Lebens identifizierten er und viele seiner später gleichfalls erfolgreichen Schüler etwa 20 Erreger von damals schlimm wütenden Infektionskrankheiten. Unbestritten hat Kochs Wissenschaft viele Millionen Menschenleben gerettet. Dennoch war auch er ein schwieriger Zeitgenosse. Besonders der Konflikt mit dem ebenso berühmten Louis Pasteur ist legendär. Letzterem warf er zweifelhafte wissenschaftliche Expertise vor und prangerte seine Ergebnisse an, schließlich sei Pasteur kein Mediziner und habe keine Ahnung. Koch versuchte gegen Tuberkulose ein Medikament zu entwickeln, das Tuberkulin, und probierte es an seiner zweiten Frau Hedwig Koch aus (als sie noch seine Geliebte war). In ihrer Autobiografie berichtet sie, dass ihr Gatte sie sinngemäß aufforderte: »Nimm das mal, es wird sehr schmerzhaft. Sterben wirst du daran aber wahrscheinlich nicht.« Obwohl Tuberkulin nicht wie erhofft funktionierte, die ersten Behandelten sogar starben, war das Interesse daran groß. Koch aber wollte die Rezeptur zunächst geheim halten, um als Einziger davon finanziell zu profitieren. Erst unter dem wach-

Petrischale mit Nährsubstrat – auch heute noch sehr beliebt.

senden Druck der Öffentlichkeit gab er sie preis. Das alles wurde zum Tuberkulinskandal. Kochs Intoleranz gegenüber abweichenden Ansichten war besonders ausgeprägt. Für ihn waren Bakterien Krankheitserreger, die es abzutöten galt. Andere Forschungen zum Thema, breitere, vielschichtigere Perspektiven? Davon wollte Koch nichts wissen. Bis heute sind wir durch seine Sicht auf Mikroben geprägt.

Parallel zum Koch'schen Dogma »Bakterien = Krankheitserreger« entwickelte sich aber in den Niederlanden die Delfter Schule, die eine ganz andere Position vertrat. Unter der Leitung des russischen Mikrobiologen Sergei Winogradski (1856–1953) und des Niederländers Martinus Beijerinck (1851–1931) interessierte man sich dort viel stärker für ökologische Funktionen und die Rolle, die Mikroben bei der Umsetzung organischen Materials spielen und somit das Fundament allen Lebens bilden. Sie erforschten, wie Bakterien beim Gärungs- und Fäulnisprozess aus totem organischem Material wieder Nährboden herstellen. Winogradski und Beijerinck betonten also die wichtigen kooperativen Funktionen der Mikroorganismen für funktionierende, vernetzte Ökosysteme.

Die enormen Erfolge Kochs bei der Bekämpfung von Infektionskrankheiten führten aber dazu, dass seine Schüler als Mikrobiologen die einflussreichen akademischen Positionen besetzten, Fördergelder bekamen, Editoren und Herausgeber der wissenschaftlichen Zeitschriften wurden, sodass sich letztendlich ihre Sichtweise als wissenschaftlicher Mainstream durchsetzte: Bakterien verursachen Krankheiten, sie müssen durch Hygiene und Antibiotika bekämpft und am besten ausgerottet werden. Noch heute haben Bakterien gesellschaftlich einen schweren Stand, die meisten Menschen halten sie für unsympathische Organismen und Krankheitserreger.

Glücklicherweise hat sich diese Einschätzung seit der Jahrtausendwende verändert. Kochs Dogma zerbröselt und wird teilweise ins Gegenteil verkehrt. Um diese Revolution gänzlich nachvollziehen zu können, müssen wir diese kleinen faszinierenden Lebewesen näher kennenlernen.

## PROKARYOTEN UND EUKARYOTEN

Im Biologieunterricht lernt man, dass alle Lebewesen aus biologischen Zellen bestehen. Vom Einzeller bis zum Menschen. Sie und ich bestehen aus etwa 37 Billionen Zellen, gewachsen aus einer einzigen befruchteten Eizelle. Das sind 37 000 000 000 000 Zellen, also eine beträchtliche Anzahl.

Tiere, Pflanzen und Pilze klassifiziert man aufgrund ihrer Zellstruktur als Eukaryoten, was übersetzt so viel heißt wie »richtiger Kern«. Zu den Eukaryoten gehört auch die außerordentlich artenreiche Gruppe der Protisten, diverse Einzeller mit komplexer Zellstruktur, die einen wesentlichen Teil der eukaryotischen Artenvielfalt ausmachen.

Eukaryotische Zellen besitzen einen Zellkern, quasi eine Zelle in der Zelle, die das Erbgut, die DNA, in Form von Chromosomen gut verpackt enthält. Zellen sind in der Regel klein. Eine pflanzliche Zelle hat typischerweise einen Durchmesser von 0,01 bis 0,1 Millimeter. Gewöhnliche tierische Zellen sind noch kleiner.

Im Vergleich zu den Eukaryoten sind die Bakterien einfacher strukturiert. Sie haben keinen Zellkern und gehören deshalb zu den Prokaryoten, übersetzt »Vor«-Kern. Sie sind in der Regel auch noch viel kleiner, 0,001 bis 0,01 Millimeter. Damit Sie sich diese Zahlen nicht merken müssen: Die Größenverhältnisse zwischen Pflanzenzellen, tierischen Zellen und Bakterien sind wie Einfamilienhaus, PKW und Suppenkelle.

Bakterielle DNA schwimmt lose als langes, zu einem Ring geschlossenes Kettenmolekül im Zellinneren umher. Aufgrund ihres vergleichsweise simplen Bauplans postulierte man ganz richtig, dass die Prokaryoten zu den ersten Lebensformen gehörten, also »vor« den Eukaryoten unsere Erde bewohnten. Außerdem vermehren sie sich ganz anders. Während bei Eukaryoten sexuelle Fortpflanzung populär ist (zwei Keimzellen vereinen ihr Erbgut und schaffen so Nachkommen), teilen sich Bakterien einfach in zwei genetisch identische Kopien. Und das geht oft viel schneller als bei Eukaryoten. Ein Bakterium der Art *Escherichia coli*, kurz *E. coli*, das zum Beispiel in Ihrem Darm lebt, teilt sich unter optimalen Bedingungen alle 20 Minuten.

Aus den Prokaryoten hat sich im Laufe der Evolution alles andere Leben entwickelt. Heute geht man davon aus, dass die ersten biologischen Zellen, die vor etwas mehr als vier Milliarden Jahren entstanden, strukturell den modernen Bakterien stark ähnelten. Da Eukaryoten erst seit 2,2 Milliarden Jahren existieren, regierten Bakterien die Biosphäre also etwa zwei Milliarden Jahre ganz allein. Die Hälfte der biologischen Erdzeitalter bevölkerten ausschließlich Prokaryoten die Erde und formten die Biosphäre.

Trotz der starken Unterschiede teilen Pro- und Eukaryoten eine universelle Eigenschaft: den genetischen Code, die DNA. Obwohl dieser Code natürlich bei jedem Lebewesen anders ist, ist die Art und Weise, wie aus dem genetischen Bauplan ein Lebewesen entsteht, gleich. Die DNA einer Zelle besteht aus einem oder mehreren sehr

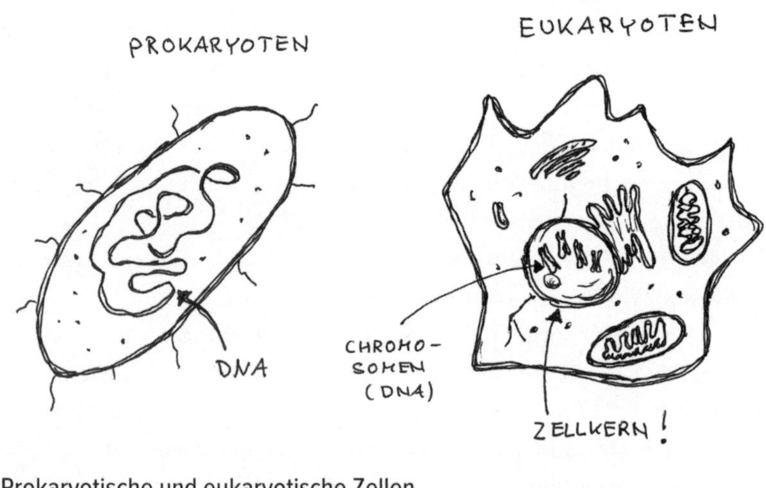


Prokaryotische und eukaryotische Zellen.

langen Kettenmolekülen. Die Kettenglieder sind chemische Bausteine, die Nukleotide Adenin, Thymin, Guanin und Cytosin bilden sozusagen ein Alphabet aus vier Buchstaben A, T, G und C. Diese Nukleotide können in beliebiger Reihenfolge aneinandergekettet werden und bestimmen den genetischen Code. Beim Menschen umfasst dieser Code 3,2 Milliarden »Buchstaben«. Klingt viel? Das entspricht nur etwa 800 Megabyte an Speicherplatz auf einem elektronischen Gerät. Auf dem neuesten iPhone wäre Platz für das Genom von 1250 Menschen. Das Erbgut eines durchschnittlichen Bakteriums wie *E. coli* hat etwa 4,6 Millionen Buchstaben, ist also rund 700-mal kleiner als das eines Menschen. Tatsächlich besteht jedes DNA-Kettenmolekül aus zwei Einzelsträngen, die wie ein Reißverschluss ineinander verzahnt sind, wobei jeweils passende Zähne ineinandergreifen, A mit T und G mit C, sodass zum Beispiel die Folge AAGCGTA des einen Strangs mit TTCGCAT zusammenpasst. Das Ganze bildet dann die DNA-Doppelhelix, weil die Kette um ihre eigene Achse verdreht ist.

Bei allen Lebewesen enthält dieser Code die Instruktionen für die Herstellung der Proteine. Dabei wird zunächst aus einem Abschnitt

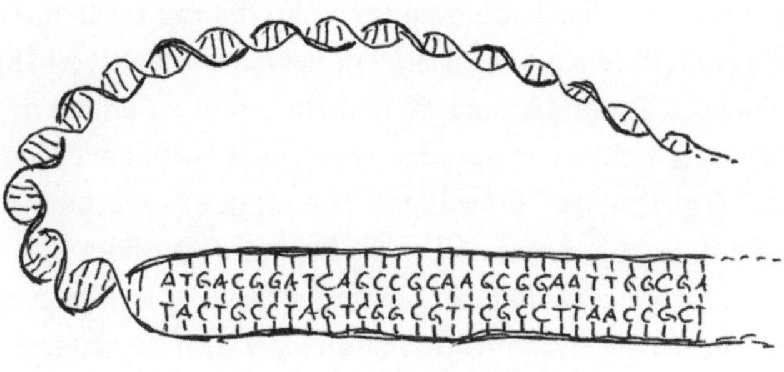


Die Doppelhelix der DNA mit genetischem Code. Das Alphabet besteht aus den Buchstaben A, C, G, T.

der DNA, einem Gen, ein verwandtes Kettenmolekül, die RNA, synthetisiert. Den Prozess nennt man Transkription. Kleine biochemische Maschinen, die Ribosomen (bitte auf Spickzettel notieren oder auswendig lernen, das Wissen wird später noch benötigt), lesen dann den RNA-Codeschnipsel und synthetisieren daraus ein passendes Protein. Diesen Prozess bezeichnet man als Translation. Zellen sind zu einem großen Anteil aus Proteinen aufgebaut. Diese biochemisch aktiven Moleküle steuern und regulieren alle Abläufe in den Zellen. In einer Zelle gibt es extrem viele Ribosomen. In einem einzigen Bakterium sind bis zu 10 000 Ribosomen aktiv, in menschlichen Zellen bis zu einer Million permanent damit beschäftigt, aus den RNA-Ketten Proteine zu bilden. Dieser Prozess »DNA wird zu RNA wird zu Protein« ist universell und für alle Lebewesen gleich. Deshalb besitzen alle Lebewesen, ohne Ausnahme, Ribosomen.

## REALITÄTSCHECK

Die Aufteilung aller Lebewesen in die zwei fundamentalen Domänen Pro- und Eukaryoten wurde 1962 etabliert. Jedes Lebewesen konnte man hübsch in die eine oder andere Kategorie einsortieren. Zu dieser Zeit kannte man allerdings viel mehr Spezies der Eukaryoten, weil man Tiere, Pflanzen und Pilze auch ohne Mikroskop sehen kann. Schon über 150 Jahre hatte man versucht, die zahlreichen Arten zu klassifizieren, in Abstammungslinien, Verwandtschaftsverhältnissen, evolutionären Stammbäumen festzuhalten und zu erklären, welche Art wohl aus welcher entstanden war. Diese Bäume wurden durch genaue Vergleiche der Phänotypen erstellt, des Körperbaus und anderer sichtbarer Merkmale. Über die Evolution der Bakterien wusste man eigentlich nichts, man kannte vergleichsweise wenige Arten und die meisten davon waren Krankheitserreger. Um sie genauer zu untersuchen, mussten Wissenschaftler sie zunächst auf passenden Nährmedien kultivieren, was aber bei vielen Prokaryoten schwierig, bei manchen sogar unmöglich war.

Das änderte sich nach der Entdeckung der DNA und dem technischen Fortschritt, der folgte, schlagartig. Es wurde möglich, die DNA zu isolieren, chemisch zu vervielfältigen, den Code zu lesen und zu dokumentieren. Jetzt konnte man auf genetischer Ebene Lebewesen und Spezies vergleichen und über die Ähnlichkeit des Erbguts Abstammungslinien und Verwandtschaftsverhältnisse bestimmen.

1977 kam dann der große Knall.[2] Der Biochemiker Carl Woese (1928–2012) analysierte und verglich mit der neuen Technik RNA-Ketten verschiedenster Spezies von Prokaryoten und Eukaryoten. Dabei bemerkte er, dass die ausgewählten Spezies sich nicht in zwei, sondern in drei klar voneinander unterschiedene Gruppen aufteilen ließen. Die Prokaryoten setzten sich nämlich aus zwei Untergruppen zusammen, die sich voneinander so stark unterschieden wie jede einzelne von den Eukaryoten! Genetisch gab es also nicht zwei, sondern drei Hauptdomänen des Lebens.

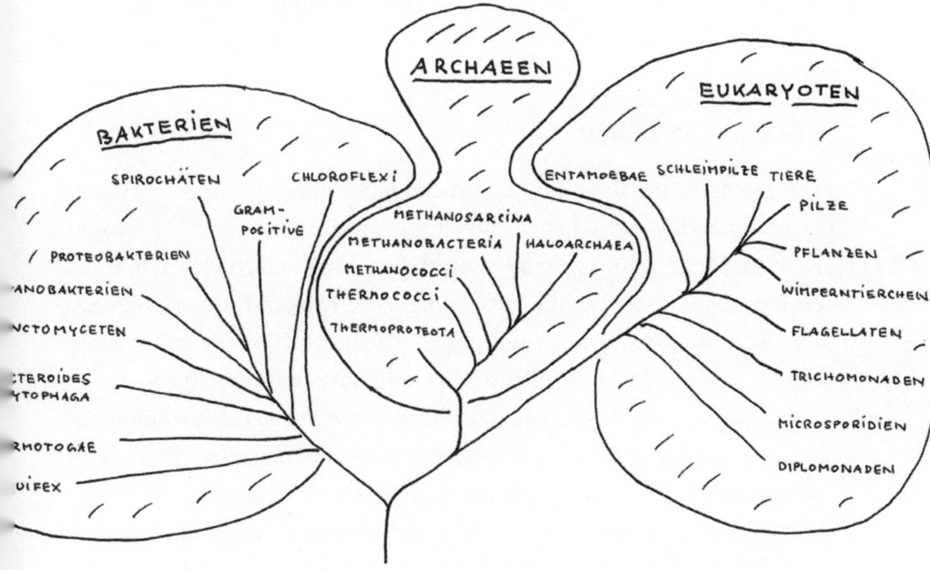


Die drei Domänen des Lebens.

Eine der von Woese identifizierten Prokaryotenklassen bestand ausnahmslos aus methanogenen Prokaryoten, die sich unter extremen Bedingungen entwickeln, ohne Sauerstoff in heißen Quellen oder im Darm von Kühen, wo sie als Stoffwechselprodukt Methan, ein leicht brennbares Gas, produzieren. Woese war der Auffassung, dass diese extremen Habitate, in denen sie gedeihen, denen der Erde vor drei bis vier Milliarden Jahren glichen, und taufte sie deshalb Archaebacteria, heute werden sie als Archaeen bezeichnet. Woeses Entdeckung wurde zunächst nicht ernst genommen, einige prominente Mikrobiologen und Evolutionsbiologen seiner Zeit nannten ihn »crank«, »verrückt« – auch weil seine Folgerungen auf der Analyse von sehr »exotischen« Prokaryoten beruhten.

Heute weiß man, dass Woese richtiglag. Tatsächlich trennten sich die Evolutionslinien der Bakterien und Archaeen schon sehr früh, vor etwa 3,5 Milliarden Jahren. Relativ neu ist die Erkenntnis, dass Archaeen nicht nur in unwirtlichen Lebensräumen vorkommen, sondern überall zu finden sind. Sogar in Ihrem Nabel und Ihrer Mundhöhle.

## ÜBERALLESKÖNNER

Die zweite große Revolution kam mit einer neuen Technik, der Metagenomik. Bis zur Jahrtausendwende konnte DNA nur untersucht werden, wenn man viel davon herstellte. Man extrahierte DNA aus einem Organismus, stellte aufwändig viele Kopien her und sequenzierte diese. Das war teuer und dauerte lange. Mit metagenomischen Methoden wurde es möglich, DNA einfach aus Umweltproben herauszufiltern, sie zu sequenzieren und aus einzelnen Molekülen die Spuren der dort lebenden Spezies zu rekonstruieren. Auf einen Schlag erhielt man so genetische Fingerabdrücke aller in der Probe vorkommenden Arten. Die ersten metagenomischen Analysen waren überraschend. Nahezu jede Umweltprobe zeigte eine unfassbar hohe Diversität an Mikroben, die Bakterien- und Archaeenvielfalt war überall viel größer als ursprünglich angenommen. Praktisch jede Probe enthielt einen substanziellen Anteil von Mikroben, die noch gar nicht katalogisiert waren. Man kennt mittlerweile etwa eine Million verschiedene Bakterienarten. Schätzungsweise liegt diese Anzahl allerdings weit unter der tatsächlich existierenden Diversität, eine 2016 durchgeführte Studie deutet darauf hin, dass es bis zu einer Billion Bakterienarten geben könnte.[3] Zum Vergleich: Von den Insekten, die 80 Prozent der tierischen Biodiversität ausmachen, sind etwa eine Million Spezies katalogisiert, und man schätzt, dass etwa 30 Millionen Insektenarten existieren.

Wie aber definiert man »Spezies« überhaupt bei den Prokaryoten? Der berühmte Evolutionsbiologe Ernst Mayr (1904–2005) beschrieb Spezies als Gruppe von Organismen, deren Mitglieder gemeinsam Nachkommen zeugen. Diese Definition ist natürlich aus der Beobachtung von Tieren, Pflanzen und Pilzen abgeleitet, großen, komplexen Organismen, die sich sexuell fortpflanzen. In diesem recht eng begrenzten Anwendungsspektrum klingt das ganz plausibel. Da die Fortpflanzung bei Bakterien und Archaeen allerdings über Teilung und nicht über Paarung stattfindet, kann diese konventionelle Speziesdefinition hier nicht verwendet werden. Also muss man gene-

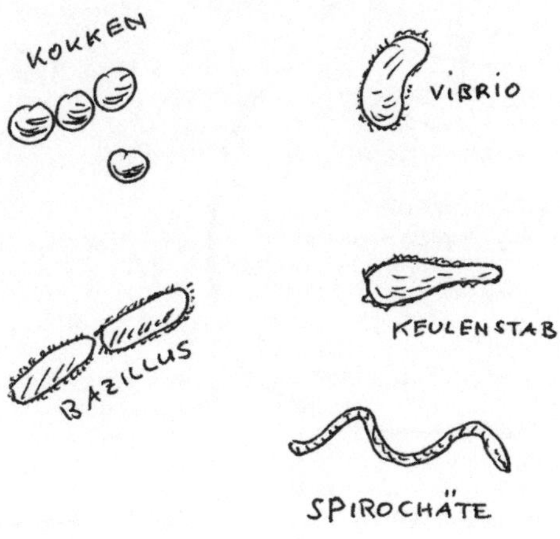


Bakterien haben verschiedene Formen.

tische Unterschiede als Vergleichsgröße heranziehen. Aber wie stark müssen zwei bakterielle Erbgüter sich gleichen, um sie als eine Art zu bezeichnen? In der mikrobiologischen Genetik hat man mehr oder weniger willkürlich die »operational taxonomic unit (OTU)« eingeführt, also die operationale taxonomische Einheit, die das Spezieskonzept ersetzt. Zwei Prokaryoten gehören zur selben OTU, wenn ihre Genome zu mehr als 97 Prozent identisch sind. Zum Vergleich, das Genom des Menschen und das des Schimpansen sind zu 98 bis 99 Prozent identisch. Der Speziesbegriff, man merkt schon, wird im prokaryotischen Universum an den Kanten weich, Abgrenzungen können nur willkürlich gezogen werden.

Aus dieser enormen prokaryotischen Diversität kann man einen revolutionären Schluss ziehen. Wir kennen heute etwa 1400 bakterielle Krankheitserreger. Folglich machen nur die allerwenigsten Prokaryoten Menschen oder Tiere krank. Pathogene Bakterien sind die Ausnahme. Bis heute ist übrigens keine einzige pathogene Archaeenart erfasst. Das ist außerordentlich erstaunlich, wenn man bedenkt, dass die Archaeen eine ganze Domäne des Lebens ausmachen.

Mithilfe von Metagenomik stellte man fest, dass Mikroben überall zu finden sind, auch an den unwirtlichsten Orten. Im Waldboden,

Die meisten Spezies der Prokaryoten sind keine Krankheitserreger.

in der Tiefsee, in der Antarktis, in superheißen Quellen, in und auf anderen Tieren und Pflanzen. Ein paar Beispiele gefällig? *Methanopyrus kandleri* ist eine Archaeenart, die sich am liebsten bei Temperaturen bis zu 122 Grad fortpflanzt und das in einer Tiefe von 2000 Metern an hydrothermalen Quellen, einer für »gewöhnliche« Organismen hochtoxischen Umgebung. Bakterien der Gattung *Thiobacillus* hat man unter kilometerdicken Eisschichten in Seen der Antarktis entdeckt, wo sie seit Millionen von Jahren isoliert in totaler Dunkelheit gedeihen. Die Archaee *Sulfolobus acidocaldarius* findet man in säurehaltigen, 90 Grad heißen Quellen im Yellowstone Nationalpark in den USA. Selbst in Uranminen und im ehemaligen Reaktor in Tschernobyl oder den Kühlsystemen aktiver Atomkraftwerke stößt man auf *Deinococcus radiodurans*. Wie der Name schon andeutet, hält dieses recht robuste Bakterium extrem hohe, für andere Lebewesen tödliche Dosen radioaktiver Strahlung aus. Ein Mensch stirbt bei einer Strahlendosis höher als 6 Gray. *Deinococcus radiodurans* überlebt locker eine Dosis von 10 000 Gray, also das 1600-Fache. Radioaktivität ist so schädlich, weil sie die DNA zerstört, den Bauplan der Zellen. Das Bakterium hat eine Methode entwickelt, beschädigte DNA-Segmente schnell wieder zu reparieren. Wirklich exotisch wird es bei *Desulforudis audaxviator*. Diese Bakterienart ist endolithisch, was so viel heißt wie »im Stein«. Die Art lebt in 1,5 bis drei Kilometer tiefen Gesteinen in der Erdkruste. Dort gibt es praktisch keine Energiequelle, die von Lebewesen genutzt werden könnte. Die Bakterien sind chemotroph. Alles, was sie zur Energiegewinnung benötigen, erhalten sie aus anorganischem Material in den Gesteinen. Zum Überleben müssen sie beispielsweise Sulfate in Sulfid umwandeln. Die dafür notwendige Energie bekommen sie aus der radioaktiven Strahlung ihrer Umgebung. Sie nutzen die Kernenergie! Dort unten verläuft alles etwas langsamer. Die Replikationszeit mancher Endolithen, die tief im Erdinnern leben, wird auf bis zu 10 000 Jahre geschätzt,[4] das ist 262 Millionen Mal langsamer als die Replikationszeit von *E. coli*. Also ein sehr, sehr großer zeitlicher Unterschied. Verlangsamten Sie Ihren Herzschlag (etwa ein Schlag pro Sekunde) um den gleichen Faktor, so würde Ihr Herz alle 8,3 Jahre einmal schlagen. Im Jahr 2000 entdeckten Wissenschaftler in einem 250 Millionen Jahre alten Salzkristall ein Bakterium, das noch Lebenszeichen zeigte.[5] Es gilt als das älteste bekannte Lebewesen. 185 Millionen Jahre bevor die Dinosaurier ausstarben, wurde das Bakterium eingeschlossen und hat so überlebt. Man bekommt das Gefühl, das Leben auf einem anderen Planeten zu dokumentieren. Was mich zum letzten Beispiel bringt: *Chroococcidiopsis*. Anders als die bisherigen Beispiele, die sich allesamt auf bestimmte extreme Bedingungen bezogen haben, ist *Chroococcidiopsis* so eine Art Alexander von Humboldt unter den Bakterien. Es ist überall zu Hause und kann alles. Es lebt in Gebirgen, im Eis der Antarktis, in Wüsten, Salzseen, heißen Quellen und wie *Desulforudis audaxviator* in Steinen. Es beherrscht Photosynthese, hält hohe radioaktive Strahlung aus, kann Stickstoff binden, eine biochemische Meisterleistung, die nur wenige Lebewesen beherrschen. Tatsächlich wird diskutiert, ob *Chroococcidiopsis* nicht vielleicht ein geeigneter Kandidat wäre, den Mars zu besiedeln, das Bakterium braucht fast nichts und hält alles aus.

Die Bakterien und die Archaeen hatten über zwei Milliarden Jahre Zeit, ungestört von anderen, komplexeren Lebewesen jede noch so ungemütliche Nische der Erde zu erobern und sich anzupassen. Im Laufe der Zeit haben sie eine unfassbare Palette von speziellen Fähigkeiten entwickelt, um Energie zur Vermehrung zu gewinnen. Stoffwechsel ist das Schlagwort. Wir wissen, wie das bei Pflanzen und Tieren funktioniert. Pflanzen gewinnen Energie aus Sonnenlicht, holen sich als organischen Baustoff Kohlenstoff aus dem $CO_2$ der Atmosphäre und produzieren Sauerstoff als Nebenprodukt ihres Stoffwechsels. Tiere und Menschen atmen den Sauerstoff ein und »verbrennen« organische Nahrungsmittel zur Energiegewinnung, dabei produzieren sie $CO_2$. Dieser Kreislauf ist den meisten geläufig.

Prokaryoten können das auch alles, aber noch viel, viel mehr. Sie sind die Alchemisten des Lebens. 25 Prozent aller Prokaryoten kommen ohne Sauerstoff aus, Louis Pasteur nannte das »Leben ohne

Luft«. Da die Erdatmosphäre erst mit der Erfindung der oxygenen Photosynthese vor etwa drei Milliarden Jahren langsam mit Sauerstoff angereichert wurde, war vorher alles prokaryotische Leben anaerob. Tatsächlich ist Sauerstoff für viele noch heute lebende Prokaryoten außerordentlich toxisch. Viele Bakterien sind Gärer. Statt mithilfe von Sauerstoff Nahrungsmittel zu verbrennen, verwenden sie andere organische Substanzen. Milchsäurebakterien und Clostridien beispielsweise vergären Zucker und ähnliche Nährstoffe zu Milchsäure bzw. Buttersäure.

Chemoautotrophe (auto = selbst, troph = ernähren) Bakterien nutzen statt Sonnenlicht andere anorganische Substanzen wie Wasserstoff, Ammoniak oder Schwefelwasserstoff als Energiequelle und wie die Pflanzen $CO_2$ als Baustoff. Vielleicht haben Sie schon einmal davon gehört, dass durch den Klimawandel zu viel Methan freigesetzt wird, das im sibirischen Permafrost lagert. Methan ist ein Treibhausgas wie $CO_2$, nur leider etwa 30-mal effektiver. Wird die Erde wärmer, wird mehr Methan freigesetzt, was wiederum den Treibhauseffekt und damit die Erderwärmung verstärkt. Auch Rinderzucht ist hierbei ein Problem. Auf der Erde leben etwa eine Milliarde Rinder, jedes einzelne Tier »rülpst« jedes Jahr 100 Kilogramm Methan in die Atmosphäre. Damit verursacht die Rinderzucht allein 14,5 Prozent aller Treibhausgasemissionen. Das ganze Methan stammt von Archaeen, die in den Mägen der Kühe und anderer Wiederkäuer zu Hause sind und als einzige Organismen Methan in ihrem Stoffwechsel produzieren. Niemand sonst kann das. Dieser Stoffwechsel ist uralt. Die Methanogenese ist vor ca. 3,5 Milliarden Jahren entstanden. In dieser Zeit regierten die methanogenen Archaeen die Erde und formten ihre Atmosphäre. Würden Sie unsere Erde von damals aus dem All betrachten, Sie würden sie nicht wiedererkennen. Die Erde war nicht der blaue Planet, den wir kennen. Die methanangereicherte Atmosphäre färbte unseren Planeten eher rötlich-orange. Wir wissen heute, dass die Archaeen die Biosphäre damals stabilisierten. Das heute gefährliche Treibhausgas Methan war zu der Zeit essenziell, um die Erde warm zu halten, die Sonne hatte nämlich vor vier Milliarden Jahren nur etwa 70 Prozent der heutigen Strahlkraft. Ohne die Archaeen wäre die Erde zu einem Eisklotz abgekühlt. Die Archaeen waren die ersten Organismen, die das Erdklima biologisch regulierten. Wenn Sie also eine Kuh rülpsen hören, denken Sie immer daran, dass die Organismen, die für den Rülpser verantwortlich sind, vor vier Milliarden Jahren die uns bekannte Biosphäre überhaupt erst möglich gemacht haben.

Kommen wir von den Kühen zu den Hülsenfrüchten. Zunächst ist neben den vielen »ü«s und der Tatsache, dass viele Menschen sie lecker finden, keine größere Gemeinsamkeit zu erkennen, richtig? Weit gefehlt, denn genau wie die Kühe nicht ohne ihre Methanarchaeen leben könnten, gäbe es ohne Bakterien keine Hülsenfrüchte, keine Linsen, Erbsen oder Bohnen. Hülsenfrüchte werden von Bakterien der Gattung *Rhizobium* mit Stickstoff versorgt. Für Lebewesen gehört Stickstoff (N) neben Kohlenstoff (C), Sauerstoff (O), Wasserstoff (H), Schwefel (S) und Phosphor (P) zu den wichtigsten chemischen Elementen, den sogenannten Großen 6.

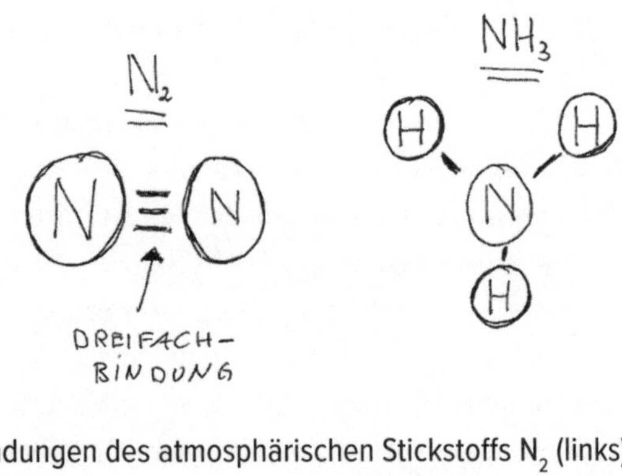


Die drei Bindungen des atmosphärischen Stickstoffs $N_2$ (links) sind nur sehr, sehr schwer zu knacken. Viel einfacher ist das beim Ammoniak $NH_3$, bei dem das Stickstoffatom nur durch drei einzelne, schwache Bindungen an Wasserstoff geknüpft ist.

Die Atmosphäre besteht zu 78 Prozent aus gasförmigem molekularem Stickstoff, kurz $N_2$. Die 2 bedeutet, dass sich ein Stickstoffmolekül aus zwei chemisch gebundenen Stickstoffatomen zusammensetzt. Lebewesen müssen irgendwie an diesen Stickstoff kommen. Die Gewinnung von Stickstoff aus dem flüchtigen Gas $N_2$ bezeichnet man als Stickstofffixierung. Das Problem: Die chemische Bindung in $N_2$ ist so stark, dass sie kaum geknackt werden kann. Nur bei extrem hohen Energien, zum Beispiel bei Blitzentladungen, wird sie aufgelöst, und es kann Ammoniak, $NH_3$, entstehen. Aus dieser Verbindung kann der Stickstoff leichter gelöst werden. Der ganze atmosphärische Stickstoff steht Lebewesen also nur dann zur Verfügung, wenn sie in der Lage sind, Blitze zu erzeugen. Die industrielle Gewinnung von Stickstoff ist sehr schwierig. Entwickelt wurde sie erst 1911 von Nobelpreisträger Fritz Haber (1868–1934). Das Haber-Bosch-Verfahren* benötigt allerdings sehr hohe Temperaturen und hohen Druck. Bis heute ist die Gewinnung bei normalen Temperaturen und normalem Luftdruck extrem schwierig. Was wir noch nicht können, haben Prokaryoten vor ca. 3,2 Milliarden Jahren erfunden. Rhizobium und andere Prokaryoten bringen es durch ein ausgeklügeltes System biochemischer Reaktionen fertig, atmosphärischen Stickstoff zu gewinnen. Allerdings gedeihen stickstofffixierende Bakterien nur in sauerstoffarmen Umgebungen, mit wenigen Ausnahmen sind sie anaerob. Das war vor 3,2 Milliarden Jahren kein Problem, denn Sauerstoff war damals rar. Heute leben Stickstoffbakterien vor Sauerstoff geschützt, zum Beispiel in den Wurzeln von Hülsenfrüchten. Als Gegenleistung versorgen sie diese mit Stickstoff. Stickstofffixierung ist bis heute den Bakterien vorbehalten und wurde im Laufe der Evolution nur ein einziges Mal erfunden. Allein durch diese Symbiosen zwischen Pflanzen und stickstofffixierenden Bakterien werden jährlich ca. 90 Millionen Tonnen Stickstoff in den biologischen Kreislauf einge-

* Das Verfahren ist auch nach Carl Bosch benannt, weil er die notwendigen Hochdruckverfahren dazu entwickelte.

bracht. Jedes Stickstoffatom in Ihrem Körper wurde einst von einem Bakterium fixiert.

Auch die im letzten Kapitel erwähnte oxygene Photosynthese wurde von Bakterien erfunden. Kein anderer Prozess, keine andere Innovation hat die Erde und Biosphäre stärker verändert als diese Erfindung, bei der reiner molekularer Sauerstoff $O_2$ entsteht und in die Atmosphäre abgegeben wird. Heute liegt der Sauerstoffgehalt der Atmosphäre bei 21 Prozent. Vor der oxygenen Photosynthese betrug er 0 Prozent. Es gab einfach keinen Sauerstoff. Erst die kleinen grünen Cyanobakterien entwickelten den photosynthetischen molekularen Apparat. Cyanobakterien enthalten Chlorophyll, das bis heute die Pflanzen grün färbt. Die Cyanobakterien waren extrem erfolgreich, sie konnten die permanente riesige Energiequelle der Sonne anzapfen. Über den Zeitraum von etwa 600 bis 1000 Millionen Jahren reicherten sie die Atmosphäre mit Sauerstoff an. Da Sauerstoff für die meisten Lebewesen toxisch war (insbesondere für die stickstofffixierenden anaeroben Bakterien), führte das zum größten Massenaussterben in der Geschichte unseres Planeten. Andererseits machte die Anreicherung der Atmosphäre mit Sauerstoff die Entstehung atmender Lebensformen überhaupt erst möglich. Mit der Dominanz der Cyanobakterien verwandelte sich die Erde vollständig und war nicht wiederzuerkennen.

Noch heute bestimmen die Cyanobakterien unser Leben und die Stabilität der gesamten Biosphäre. *Prochlorococcus marinus* hat so kleine Zellen, dass diese Art erst 1986 beschrieben wurde. Doch so unscheinbar sie sein mag, es gibt sie in allen Meeren der Welt. Tatsächlich hält die kleine Cyanobakterie einen Rekord. Von keiner Spezies gibt es mehr Individuen. Eigentlich sind es sogar zwei Rekorde. Denn von keiner anderen Spezies ist die Stabilität der Biosphäre so abhängig wie von *Prochlorococcus.* Sie allein stellt ca. 20 bis 30 Prozent des atmosphärischen Sauerstoffs her. Ungefähr jeder vierte Atemzug, den Sie machen, versorgt Sie mit Sauerstoff, der von *Prochlorococcus marinus* erzeugt wurde.

Prokaryoten machen übrigens, auch wenn sie so klein und unscheinbar sind, einen substanziellen Teil der Biomasse aus. Robert Koch, Louis Pasteur, selbst Winogradski und Beijerinck hätten wahrscheinlich gestaunt. 70 Prozent der marinen Biomasse sind bakteriell, etwa 10 Prozent tragen Archaeen bei. Fische liegen nur etwa bei einem Prozent. Wenn man von den Landpflanzen mal absieht, die etwa 80 Prozent der gesamten Biomasse der Welt ausmachen, steuern Prokaryoten mehr als die Hälfte der verbleibenden 20 Prozent bei.

Das Fazit: Prokaryoten sind überall, können biochemisch alles, werden sehr alt, sind unfassbar zahlreich, sie waren die Ersten, bewohnen die Erde seit mehreren Milliarden Jahren, haben sie global und nachhaltig verändert und überhaupt erst die Bedingungen geschaffen, dass sich komplexeres Leben bilden konnte. Für Prokaryoten ist jede Umgebung auf diesem Planeten ein potenzielles Habitat, jede noch so heiße Quelle in der Tiefsee, jede Wüste, jedes Eismeer, jeder Stein. Die Evolution der Prokaryoten schafft es, in jede noch so exotische Umwelt einzudringen und sich dort einzurichten.

## NEUE HABITATE

Als im Laufe der Evolution komplexeres Leben entstand, waren diese neuen Lebewesen aus Sicht der Bakterien einfach nur neue Habitate, die man besiedeln konnte. Der einzige Unterschied: Die neuen Heime lebten selbst. Kein Tier, keine Pflanze, kein Pilz, nicht einmal die einzelligen Protisten haben sich in einer prokaryotenfreien Zone entwickelt. Komplexes multizelluläres Leben entstand vor etwa 600 bis 800 Millionen Jahren, alle heute existierenden Tiergattungen entwickelten sich in der kambrischen Explosion vor 540 Millionen Jahren, wie wir im letzten Kapitel gelernt haben. All diese komplexen Lebewesen mussten sich mit den Prokaryoten, die schon Milliarden Jahre die Welt regierten und ihre Habitate gestalteten, arrangieren. Von Beginn an besiedelten Bakterien und Archaeen die neuen komplexen Lebewesen. Sie fanden Wege, um auf ihrer Oberfläche, in ihrem Verdauungstrakt, sogar in den körpereigenen Zellen zu gedeihen. Jede Tier- und Pflanzenart muss symbiotisch mit Bakterien und Archaeen zusammenleben. Wie diese Symbiosen allerdings ausgestaltet sind, kann sehr unterschiedlich sein.

Das Wort Symbiose wird oft missverstanden, besonders wenn es in einem nicht biologischen Kontext verwendet wird. Mit dem Begriff beschrieb der Botaniker Heinrich Anton de Bary (1831–1888) das Zusammenleben verschiedener Lebewesen in engem Kontakt, eine Wertung ist damit nicht verbunden. Zum Beispiel leben Parasiten symbiotisch, obwohl sie ihrem Wirt keinen Vorteil verschaffen. Gemeinhin denkt man bei Symbiose an obligaten Mutualismus. Das ist eine spezielle Form von Symbiose, bei der beide Partner gut füreinander sind und ohne einander nicht überleben können. Die Stärke dieser Abhängigkeit kann aber variieren bis zum fakultativen Mutualismus, bei dem die Kooperation optional ist, beide Partner können zusammen kooperativ leben, aber auch getrennt.

Wenn man bedenkt, dass die ersten Tiere, Pflanzen und Pilze in der Gegenwart von Millionen prokaryotischen Spezies entstanden sind, sagt einem der gesunde Menschenverstand, dass Bakterien als Krankheitserreger eher die Ausnahme sein müssen. Denn welchen Vorteil hätte es evolutionär, das – aus Sicht der Bakterien und Archaeen – eigene Habitat zu schwächen oder gar zu zerstören? Könnte es nicht vielmehr so sein, dass Prokaryoten, die ein komplexes Lebewesen besiedeln und sich an die Nischen des neuen Habitats anpassen, dieses stabilisieren oder so gestalten, dass sie selbst eine optimale Umgebung vorfinden und damit das Überleben der Gesamtheit aus komplexem Lebewesen und Prokaryoten sichern? Wir reden immerhin über Organismen, deren Innovationen wie Methanogenese, Photosynthese und Stickstofffixierung die ganze Erde umgestaltet haben. Und ist es nicht viel plausibler, dass die komplexen Lebensformen sich im Gegenzug die biochemischen Fähigkeiten der Prokaryoten zunutze machten, um diese nicht erst selbst erfinden zu müssen? Das meinte Lynn Margulis mit: »Life did not take over the globe by combat, but by networking.«

Stellen wir uns einmal kurz die Alternativen vor. Variante 1: Komplexe Lebewesen entstehen. Weil sie komplex sind, können sie sich nur langsamer an ihre Umgebung anpassen als Bakterien und Archaeen. Aus Sicht der Bakterien und Archaeen sind diese neuen komplexen Vielzeller erst mal ein Haufen organisches Material, das zum Beispiel als Nahrungsquelle dienen könnte. Im Wettstreit um Ressourcen könnten Bakterien die komplexen Lebewesen gar nicht zum Zuge kommen lassen und sie immer gleich verputzen. Tatsächlich können Bakterien organisches Material gut zersetzen. Wieso sich also auf totes Material beschränken? Hätten Prokaryoten diese eher aggressive Einstellung gehabt, gäbe es keine Tiere, Pflanzen und Pilze, was nicht der Realität entspricht.

Variante 2: Komplexe Lebewesen und Prokaryoten liegen seit 600 bis 800 Millionen Jahren in einem Wettrüsten. Die prokaryotischen und eukaryotischen Domänen bekämpfen sich und bisher hält sich das die Waage, weil jede Seite immer neue Methoden findet, die andere in Schach zu halten. Dieses Bild wird in unserem Kampf gegen bakterielle Krankheitserreger gern bemüht. Immer wieder erfinden wir neue Antibiotika, die wiederum sehr schnell Resistenzen entwickeln. So langsam begreifen wir allerdings, dass wir so keine Chance haben, weil wir immer mehr multiresistente Keime züchten und mit der Entwicklung neuer Antibiotika einfach nicht mithalten können. Wir sind viel zu langsam. Erinnern wir uns an Darwin: »Bei der Evolution gewinnt nicht der Stärkste, der Größte oder der Schnellste, sondern die Spezies, die sich am schnellsten anpassen kann.« Würden Attacke und Konflikt die Beziehung zwischen Menschen, Tieren, Pflanzen und Pilzen auf der einen Seite und Bakterien und Archaeen auf der anderen dominieren, hätten Erstere nicht den Hauch einer Chance. Folglich bleibt nur eine Interpretation: Komplexe Lebewesen und Prokaryoten koexistieren mit ganz wenigen Ausnahmen friedlich oder sie kooperieren aktiv.

## HOLOBIONTEN

In seinem Bestseller *Sapiens. Eine kurze Geschichte der Menschheit* beschreibt der israelische Schriftsteller Yuval Noah Harari, wie die Menschen vor etwa 10 000 Jahren anfingen, Getreide anzubauen. Das erforderte harte Arbeit, Wälder mussten gerodet werden, um Felder anzulegen. In gebückter Haltung wurde gesät und geerntet, eine Stellung, für die unser Körperbau als Jäger und Sammler nicht gemacht war. Wir reden in diesem Kontext davon, dass die Menschen das Getreide, etwa Weizen, domestizierten, so wie auch andere Nutzpflanzen und -tiere, beispielsweise Schafe, Ziegen, Geflügel. Harari lädt seine Leser zu einer alternativen Perspektive ein: Hat nicht der Weizen den Menschen domestiziert? Zu diesem Schluss könnten die Aliens aus dem ersten Kapitel kommen. Weizen ist durch die Domestizierung des Menschen zur erfolgreichsten Pflanze aller Zeiten geworden. So kann man das auch sehen. Wir sind diese Perspektive nur nicht gewohnt, weil wir meinen, als Krone der Schöpfung hier die Entscheidungen zu treffen. Hararis Gedankenexperiment ist wichtig, weil es die anthropozentrische Sichtweise relativiert und man dann neutraler beobachten kann.

Mensch (links) und Weizen (rechts). Wer hat wen domestiziert?

Ganz ähnlich verhält es sich mit der prokaryotischen Perspektive, dass komplexe Lebensformen eben nur potenzielle Habitate für Mikroorganismen sind, die besiedelt und bewohnt, verändert und gesteuert werden können. Wie im letzten Kapitel schon angedeutet, bekommt diese Sichtweise seit der Jahrtausendwende immer mehr Gewicht in der Biologie, der Mikrobiologie, der Medizin und der Evolutionstheorie. Im ersten Jahrzehnt der 2000er explodierte die Forschung auf dem Gebiet der Symbiosen zwischen Tieren, Pflanzen und Mikroben. Der Begriff »Mikrobiom« wurde geprägt für die in einem Wirtsorganismus ansässigen Mikroorganismen. Mittlerweile wissen die meisten Menschen, dass die Darmflora ein für unsere Gesundheit wichtiges Organ ist und dass Bakterien nicht nur schlecht sind. Dennoch fällt es uns schwer, uns selbst als Habitat für Mikroorganismen zu sehen. Wenn man verstanden hat, wie tiefgreifend und weitreichend die Symbiosen mit Mikroorganismen sind, wird das leichter. Außerdem wird dann klar, dass Kooperation die fundamentale Kraft ist, die Lebewesen verbindet, die es ihnen ermöglicht, auf veränderte Bedingungen schnell zu reagieren und Vielfalt und Diversität zu generieren.

Die Mikrobiologen Ilana Zilber-Rosenberg und Eugene Rosenberg stellten 2008 in einem Übersichtsartikel zum ersten Mal das Hologenom-Konzept vor.[6] Sie wiederbelebten den von Margulis 30 Jahre zuvor geprägten Begriff »Holobiont« für die Gesamtheit des Wirtsorganismus und all seine mikrobiologischen Symbionten. Das Hologenom-Konzept fasst vier generell gültige Beobachtungen zusammen:

1. Alle Tiere und Pflanzen sind Wirt zahlreicher und hochdiverser Konsortien von Mikroorganismen. In den meisten Fällen ist das gesamte Genom der Mikroorganismen deutlich größer als das des Wirtsorganismus.
2. Die Mikroorganismen werden zielgerichtet an die Nachkommen eines Wirtsorganismus weitergegeben, also wie die Gene vererbt.

3. Die Mikroben und der Wirt wechselwirken auf vielfältige Weise, die Gesundheit, Fitness, Physiologie und Verhalten des gesamten Holobionten beeinflusst.
4. Ein Holobiont kann durch Veränderungen in der Zusammensetzung der Mikroorganismen sehr viel schneller adaptiv auf Umweltveränderungen reagieren als ein Organismus ohne mikrobiologische Partner.

Die Folgerungen aus diesen Befunden sind nicht weniger fundamental als die der Darwin'schen Evolutionslehre:

1. Natürliche Selektion findet bei Pflanzen und Tieren nicht auf der Ebene der Wirtsorganismen und damit in ihren Genomen statt, sondern auf der des gesamten Holobionten, dem Konsortium vieler Lebewesen. Es werden also in erster Linie *kooperative Beziehungen* zwischen und mit Mikroorganismen selektiert.
2. Mikroorganismen spielen eine Schlüsselrolle bei der Entstehung neuer Pflanzen- und Tierarten.

Die klassische Evolutionstheorie fußt auf den biologischen Einheiten Spezies und Individuum. Wie schon erwähnt ist die Einheit »Spezies« im Reich der Mikroorganismen aufgrund ihrer Fortpflanzung durch einfache Teilung bereits aufgeweicht. Das Hologenom-Konzept verwässert nun auch das Prinzip des Individuums. Wenn jeder sichtbare Organismus in Wirklichkeit seit jeher ein Konsortium von Lebewesen ist, müssen wir anfangen, über Organismen anders nachzudenken. Der Wissenschaftshistoriker Jan Sapp und die Evolutionsbiologen Scott Gilbert und Alfred Tauber fassten diese Erkenntnisse und ihre Konsequenzen 2008 in dem Artikel *A Symbiotic View of Life: We Have Never Been Individuals* zusammen.[7]

Um zu begreifen, wie umfassend der Einfluss unserer mikrobiologischen Partner ist, machen wir uns ein Bild von uns selbst. Nach neuesten Erkenntnissen leben in unserem Darm ca. 6000 verschie-

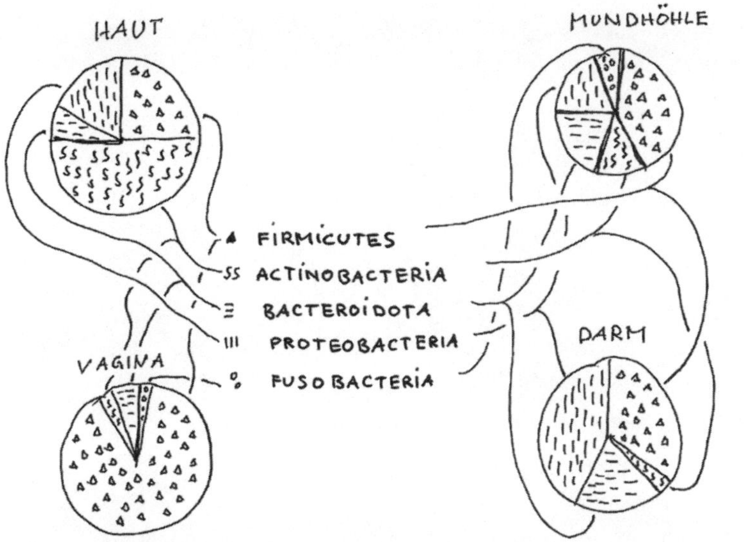


Mikrobielle Gattungen an verschiedenen Orten auf und in unserem Körper.

dene Bakterien und Archaeenarten, in unserer Mundhöhle sind es noch mal 1500 unterschiedliche Spezies, auf unserer Haut etwa 1000. In den verschiedenen Regionen in und auf unserem Körper existieren unterschiedliche mikrobiologische Biotope.

Sind wir nun Mensch oder Mikrobe? Ein Mensch besteht, wie schon erwähnt, aus 37 Billionen menschlichen Zellen. Die Anzahl der Bakterien und Archaeen unseres Mikrobioms ist etwa genauso groß, wahrscheinlich noch größer. Mit der Zellenanzahl als Maßstab sind wir also eher Bakterie als Homo sapiens. Schauen wir auf die Genome. Das menschliche Genom besteht aus etwa 23 000 humanen Genen. Das gesamte Mikrobiom enthält etwa neun Millionen verschiedene Gene, also ein Verhältnis von 390 zu 1! Das ist keine Ausnahme. Bei den meisten Tieren schwankt dieses Verhältnis zwischen 50 und 500 zu 1. Genetisch und damit biochemisch sind wir also

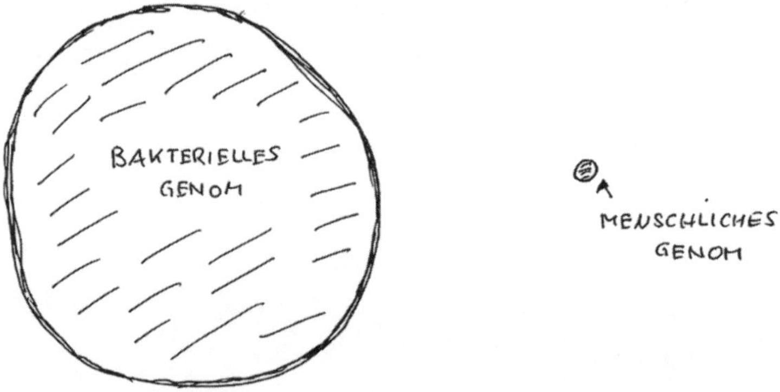


Der menschliche Holobiont ist genetisch eher bakteriell.

deutlich mehr Bakterie als Mensch. Einzig beim Gewicht können wir noch die humane Karte ziehen. Die Gesamtmasse der Prokaryoten in uns beläuft sich auf etwa zwei Kilogramm. Ein Gramm »Tier« enthält im Mittel etwa eine Milliarde Bakterien. Interessanterweise entspricht das in etwa der Konzentration von Bakterien in nährstoffreichen Böden. In Schwämmen, die evolutionär zu den ältesten tierischen Vielzellern gehören, ist die Kooperation mit Mikroorganismen besonders ausgeprägt. Ein typischer Schwamm kooperiert mit etwa 3000 Bakterienarten. Ein Gramm Schwamm hat eine etwa zehnfach höhere Mikrobenkonzentration als andere Tiere.

## FITNESSTRAINER

Welche Vorteile aber könnte die Besiedlung eines Tieres oder einer Pflanze sowohl für diese als auch für die zahl- und artenreichen Mikroorganismen bringen? Dass Mikroben gut für die menschliche Verdauung sein können, war einigen Wissenschaftlern schon zu Robert Kochs Zeiten bekannt. Der russische Nobelpreisträger und Bakteriologe Ilja Metschnikow (1845–1916) fand heraus, dass der regelmäßige Konsum von Milchsäurebakterien im Joghurt und anderen fermentierten Milchprodukten die Gesundheit bei bulgarischen Bauern deutlich verbesserte. Metschnikow gilt als Erfinder der Probiotik und Unterstützer probiotischer Ernährung.

Aber die beiderseitigen Vorteile gehen noch viel, viel weiter. Aus Sicht der Bakterien bietet ein tierischer oder pflanzlicher Körper zunächst einmal eine geschützte Umgebung mit relativ konstanten Bedingungen bei Temperatur und pH-Wert. Außerdem ist durch die Fortpflanzung des Wirtes auch gewährleistet, dass das Habitat wächst, wenn die Mikroorganismen an die Nachkommen weitergegeben werden können. Dafür wird in der Regel durch diverse Tricks gesorgt, wie wir in Kürze erfahren werden.

Metschnikow war vor 100 Jahren auf einer heißen Spur. Heute wissen wir, dass die Bakterien, die unsere Haut und insbesondere Schleimhäute besiedeln, die erste Abwehr gegen pathogene Bakterien, also mikrobielle Krankheitserreger sind. Wie die verteidigenden Mikroben das genau anstellen, ist noch weitestgehend unklar. Experimente haben aber gezeigt, dass keimfreie Mäuse, also Mäuse, die im Labor ohne jegliches Mikrobiom gezüchtet werden, keine große Überlebenschance haben und sehr schnell an Infektionskrankheiten und entzündeten Schleimhäuten sterben. Nach einer Behandlung mit Antibiotika sind beim Menschen immer häufiger Infektionen mit dem Pilz *Candida albicans* zu beobachten. Wie kommt das? Viele Antibiotika töten nicht nur pathogene Bakterien ab, sondern auch wichtige Bakterien eines funktionierenden Mikrobioms. Einige dieser Mikroben stellen Abwehrstoffe gegen pathogene Pilze her, die sich bei geschwächtem Mikrobiom dann ausbreiten können. Eine groß angelegte Vergleichsstudie von 2009 konnte zeigen, dass Magen-Darm-Entzündungen durch eine gesunde *Lactobacillus*-Population im Verdauungssystem vermieden werden können.[8]

Insbesondere bei wirbellosen Tieren, die kein adaptives Immunsystem besitzen, spielen symbiotische Bakterien eine dominante Rolle, zum Beispiel bei Nesseltieren, also Quallen, Seeanemonen, Korallen und verwandten Arten. In Korallen produzieren fast zehn Prozent der symbiotischen Bakterien Substanzen, die die Wahrscheinlichkeit, von Krankheitserregern besiedelt zu werden, um das 100-Fache senken.[9] Der Darm von Moskitos beherbergt Bakterien, die vor einer Infektion mit dem Malariaparasiten *Plasmodium falciparum* schützen.

Ein weiterer Nutzen der Mikroben ist die Versorgung des Wirts mit Nährstoffen. Ein gutes Beispiel sind Insekten. Insekten haben im Lauf der Evolution sehr enge symbiotische Beziehungen zu diversen Bakterien und Archaeenarten aufgebaut. Sehr häufig leben die Bakterien endosymbiotisch mit ihrem Wirt: nämlich gut geschützt *in* den Zellen der Tiere. Sie vermehren sich dort und verlassen ihre Wirtszelle nie. Wenn die Wirtszelle sich teilt, teilt sich die zellinterne Bakterienkolonie auf. Insekten haben vielfältige Nahrungspräferenzen, Blattläuse ernähren sich von Pflanzensäften, die Tsetsefliege ausschließlich von Blut. Pflanzensäfte und Blut sind reich an bestimmten Nährstoffen und sehr arm an anderen. Ein Endosymbiont der Tsetsefliege mit dem schönen Namen *Wigglesworthia* ist in der Lage, für die Fliege eine ganze Palette notwendiger organischer Stoffe zu synthetisieren, die nicht im Blut enthalten sind. Ohne *Wigglesworthia* kann die Fliege nicht überleben. Blattläuse haben für ihren primären Endosymbionten, das Bakterium *Buchnera aphidicola*, sogar ein eigenes Organ entwickelt, in dem diese Bakterien heranwachsen können. *Buchnera aphidicola* versorgt die Blattlaus mit Aminosäuren, die nicht im Saft der Pflanzen enthalten sind. Diese Symbiose ist so eng und so alt, dass weder Blattlaus noch Bakterium ohne den Partner überleben kann.

Besonders erwähnenswert sind die Termiten. Sie zählen wie Ameisen, Bienen und Wespen zu den Staaten bildenden Insekten, sind aber mit ihnen nicht näher verwandt. Ameisen, Bienen und Wespen sind Hautflügler, Termiten stammen von den Schaben ab. Termiten gehören zu den wenigen Tierarten, die sich von Holz ernähren. Holz enthält Zellulose, ein Kettenmolekül aus Kohlehydraten. Zellulose lässt sich biochemisch nur schwer in seine Einzelteile zerlegen. Noch schwieriger ist es, Lignin zu knacken, ein vernetztes Makromolekül, das Holz seine Stabilität gibt. Das Verdauungssystem der Termiten allerdings schafft das. Aber nur, weil sie in ihrem Hinterleib einen sehr komplexen Bioreaktor haben, in dem mehr als 800 Arten von Bakterien, Archaeen, Protisten und Pilzspezies in Teamwork die Zellulose- und Ligninzersetzung durchführen und daraus Energie und Nährstoffe gewinnen. Dieser Bioreaktor macht ca. 50 Prozent des Gesamtgewichts eines Tieres aus.

Im Prinzip ist die Situation bei Pflanzen- oder Allesfressern nicht anders. Kein Tier besitzt Enzyme zur Zersetzung von Zellulose. Wiederkäuer sind dazu imstande, weil sie wie große Termiten über ihren eigenen Bioreaktor verfügen. Die Pansen der Rinder sind gigantische Fermentiermaschinen. In diesem Vormagen wird Zellulose durch bestimmte Bakterienarten zerlegt und in Zucker verwandelt. Andere Bakterien fermentieren Glukose zur Energiegewinnung. Die Bakterienpopulation wächst dabei sehr schnell und wird in einem Schub wiederum als Nahrung in den nächsten Magen bugsiert. Auch wenn Menschen in der Regel kein Gras fressen, könnten wir ohne unsere eigenen Bakterien keine pflanzlichen Fasern verdauen. Wir brauchen unsere Bakterien, um Kohlehydratketten zu zerlegen. Wir benötigen unsere Prokaryoten auch zur Herstellung von Vitaminen und Aminosäuren, die unser Körper nicht selbst synthetisieren kann. Kein Tier könnte sich ohne Bakterien von Pflanzen ernähren.

## AM STEUER

Unsere kleinen Helfer bewirken aber noch mehr. In Experimenten mit Mäusen, die ohne Mikrobiom herangezüchtet wurden, hat man herausgefunden, dass die Blutgefäße des Verdauungssystems unterentwickelt blieben und verkümmerten. Infizierte man diese Mäuse später mit Proben eines gesunden Mäusemikrobioms, fingen die Blutgefäße wieder an zu wachsen und entwickelten sich vollständig aus.

Verantwortlich hierfür ist *Bacteroides thetaiotaomicron*, eine Bakterienspezies, die den Bau der Blutgefäße anregt.[10]

Untersuchungen bei Frauen haben gezeigt, dass sich die Darmflora während der Schwangerschaft völlig verändert. Interessanterweise ähnelt das Mikrobiom dann dem einer Person, die an Adipositas erkrankt ist.[11] Das Mikrobiom baut sich so um, dass aus der Nahrung verstärkt Fettreserven angelegt werden und mehr Energie für das Wachstum des Fötus bereitgestellt werden kann.

Auch die Entwicklung von Pflanzen wird durch ihre mikrobiologischen Partner beeinflusst. Ein schönes Beispiel ist die Alge *Ulva lactuca,* auch Meersalat genannt. Meersalat ist eine multizelluläre Alge. Ihre charakteristische blättrige Salatgestalt bildet sich aber nur aus, wenn der Alge ihre natürlichen bakteriellen Symbionten zur Verfügung stehen. Ohne diese wächst die Alge nur zu einer form- und strukturlosen Kugel. Die blätterige Form ist allerdings wichtig, um besonders viel Oberfläche zur Photosynthese zu bieten.[12]

Adipositas, also Übergewicht, ist in vielen Ländern ein sich verschärfendes Gesundheitsproblem. Wir sind zu dick. Die Entwicklung ist besonders besorgniserregend bei Kindern. Natürlich wissen wir, dass die Gründe dafür vielschichtig sind, zu wenig Bewegung und schlechte Ernährung. Aber auch hier hat das Mikrobiom einen starken Einfluss. Übergewicht hängt ganz eng mit der Struktur und Artenzusammensetzung des Mikrobioms zusammen. Wenn ein adipöser Mensch seine Ernährung von einer Adipositas-fördernden Ernährung auf gesunde Nahrungsmittel umstellt, ändert sich das Mikrobiom graduell. Beispielsweise reduziert sich der Anteil an Bakterien der Gattung *Bacteroidetes* um etwa 50 Prozent, während die Population der *Firmicutes* deutlich ansteigt. Untersuchungen bei adipösen Mäusen haben gezeigt, dass die Mikrobiome viel mehr methanogene Archaeen enthalten, die die Fermentierung von Kohlehydraten fördern und so dem Körper zusätzliche Energie liefern und zur Gewichtszunahme beitragen. Sowohl bei adipösen Menschen als auch Mäusen hat man festgestellt, dass die Darmflora deutlich weniger divers an mikrobiellen Spezies ist im Vergleich zu gesunden Menschen und Mäusen.[13]

Unsere prokaryotischen Bewohner regeln auch auf überraschende Weise unser Verhalten. Die ersten Experimente mit Mäusen ohne Mikrobiom zeigten zunächst, dass diese viel aktiver waren als normale Mäuse.[14] Sie waren nervöser und insbesondere unvorsichtiger. Beispielsweise hielten sie sich länger in offenen, ungeschützten Räumen auf, was Mäuse normalerweise vermeiden. Das kann natürlich viele Gründe haben. Tatsächlich muss es aber mit einem veränderten Nervensystem zusammenhängen, das sich in keimfreien Mäusen nicht richtig entwickelt. Wenn man nämlich keimfreie Mäuse kurz nach der Geburt mit Proben eines gesunden Mikrobioms infizierte, entwickelten sie später normales Verhalten. Wenn man aber mit dieser »Impfung« zu lange wartete und erst jugendliche Mäuse infizierte, bildeten diese zwar ein gesundes Mikrobiom aus, zeigten aber dennoch das pathologische unvorsichtige Verhalten. Daraus haben die Wissenschaftler geschlossen, dass das Mikrobiom offenbar bei der frühen Programmierung des Verhaltens eine Rolle spielt, also bei der richtigen Verdrahtung der Hirnzellen auf einem Niveau, das komplexes Verhalten regelt.

Man konnte im Experiment mit Mäusen auch zeigen, dass in Individuen mit gesundem Mikrobiom der Serotoninspiegel etwa dreimal höher war als bei den keimfreien Mäusen. Serotonin ist ein sogenanntes Glückshormon. Depressionen werden oft auf einen Mangel dieses Hormons zurückgeführt, weshalb viele Antidepressiva den Abbau von Serotonin hemmen. Das sind Indizien, dass ein defektes Mikrobiom die Entwicklung von Depressionen fördern könnte. Diese Wirkung geht aber auch in die andere Richtung. Andauernder Stress hat einen negativen Einfluss auf die Darmflora von Nagetieren und Primaten. Selbst Autismus wurde schon mit einem gestörten Mikrobiom in Zusammenhang gebracht. Zunächst konnte gezeigt werden, dass die Darmflora bei Menschen mit Autismus in vielen Fällen eine geringere Artendiversität aufweist. 2013 wurde eine interessante Studie veröffentlicht, die den Zusammenhang erhärtete.[15] Bei einem 14-jährigen Jugendlichen mit Autismus, der gleichzeitig an chronischem Durchfall litt, stellte man fest, dass die Durchfallerkrankung durch einen sehr hohen Anteil von Clostridien verursacht wurde, einer Bakterienart, die in gesunden Mikrobiomen in geringerem Maß vorkommt. Die Clostridien verdrängten andere Bakterien der Darmflora und veränderten die natürliche Zusammensetzung. Durch eine gezielte Antibiotikabehandlung wurden die Clostridien heruntergeregelt, sodass sich die Darmflora erholen konnte. Als Konsequenz wurde eine deutliche Verbesserung der autistischen Symptomatik bei dem Patienten beobachtet.

All diese Beispiele zeigen, wie vernetzt höhere Lebewesen mit ihren mikrobiellen Mitbewohnern sind und welche vielschichtigen kooperativen Wechselwirkungen alle Holobionten auszeichnen. Jedes Tier und jeder Mensch, Sie und ich, müssen als Konsortium unterschiedlicher biologischer Akteure verstanden werden. Die Trennung nach Zelltypen, Genen macht wenig Sinn, die Grenzen zwischen Spezies und Individuen verschwimmen. Ob ein Gen eines Holobionten nun bakteriellen Ursprungs ist oder vom Wirt kommt, ist nur für die Buchhaltung relevant.

Manchmal wird das menschliche Mikrobiom, die Darmflora beispielsweise, als ein Organ betrachtet, das wie Leber, Herz und Niere wichtige Körperfunktionen hat und ohne das wir erkranken oder sogar nicht überleben könnten. Obwohl das richtig ist, ist diese Sichtweise immer noch anthropozentrisch eingefärbt, weil sie eine klare Hierarchie erkennen lässt. Aus den Beobachtungen könnte man ebenso gut ein ganz anderes Bild zeichnen, wonach die höheren Lebewesen und somit auch wir Menschen nur ein Zellhaufen sind, den ein Kollektiv diverser Mikroorganismen jeweils so strukturiert hat, dass sie darin optimal überleben können, und den sie füttern, steuern und beeinflussen. Er bietet zudem den praktischen Vorteil, sich zu vermehren und neue Zellhaufen zu produzieren, die besiedelt werden können. Beide Perspektiven sind gleichwertig, beleuchten die Situation aber einseitig, indem sie entweder die Prokaryoten oder den Wirtsorganismus ins Zentrum setzen. Gerade hier liegt der Mehrwert einer Vogel- oder Alienperspektive auf das Gesamtsystem des Holobionten. Einer Perspektive, die das Gesamtsystem betrachtet, ohne zu bewerten, welcher Teil jetzt wichtiger ist als der andere. Ein Holobiont ist eine Mannschaft mit Spielern verschiedener Herkunft, unterschiedlicher Fähigkeiten, Talente, Größen und Eigenschaften, eine anpassungsfähige, agile, hochdiverse Einheit.

## HOLOBIONTISCHE VERERBUNG

Aber wie wird das Mikrobiom an die Nachkommen weitergegeben? Fängt nicht alles mit einer einzigen befruchteten Eizelle an? Wo ist da Platz für das zu vererbende Mikrobiom? Wenden wir uns erst mal einfachen Mechanismen zu. Viele Pflanzen und einige Tiere können sich vegetativ fortpflanzen. Unter den Tieren gehören beispielsweise Schwämme, Quallen und Korallen dazu, also eher einfache Tiergattungen. Wir kennen das, wenn wir von einer Zimmerpflanze Ableger machen. Aus dem abgetrennten Teil einer Pflanze können wir einen Klon züchten. Das auf und in der Pflanze lebende Mikrobiom wird dabei automatisch weitergegeben, es lebt ja auch im Ableger. Die bei Insekten populären Endosymbionten, die in den körpereigenen Zellen zu Hause sind, können vererbt werden, wenn sie auch in den Keimzellen wohnen, also zum Beispiel in den Eizellen.

Im Amerikanischen wird in heftigen verbalen Auseinandersetzungen und als Beleidigung hin und wieder die Formulierung »Eat Shit!« verwendet. Folgte man dieser Aufforderung, würde das gemeinhin als etwas unappetitlich wahrgenommen. Dennoch ist für viele Lebewesen der Konsum von Kot sehr wichtig. Damit das nicht so eklig klingt, verwendet man das Fremdwort Koprophagie. Insbesondere Pflanzenfresser, die auf ein astreines zelluloseknackendes Mikrobiom im Verdauungssystem angewiesen sind, finden Koprophagie stark. Dazu zählen Wiederkäuer, Pferde, Giraffen, Flusspferde, Iguanas, Elefanten und sogar Gorillas. Die Jungen dieser Tiere futtern gern die Ausscheidungen der Erwachsenen, um so die richtigen Bakterien und Archaeen in ihr eigenes Verdauungssystem zu implantieren. Bei Fohlen hat man festgestellt, dass sie nicht wahllos Pferdeäpfel auf der Weide verköstigen. Sie nehmen in erster Linie die Ausscheidung der eigenen Mutter zu sich. Ein bisschen schräg wird es bei den Termiten. Da diese Tiergattung darauf angewiesen ist, dass die hochkomplexen mikrobiotischen Bioreaktoren in ihren Hinterleibern optimal funktionieren, haben sie eine sehr ausgeklügelte und extrem unappetitliche Methode entwickelt: die anale Trophallaxis. Das geht so: Ein Individuum verrichtet sein Geschäft in die Mundhöhle einer zweiten Termite, die damit dann die Larven im Insektenstaat füttert.

Wenn Fruchtfliegenlarven aus den Eiern schlüpfen, fressen sie zunächst die Reste der Eischalen, an denen das Muttertier Mikrobiomspuren hinterlassen hat. Wenn Korallen Nachkommen ins Meer abgeben, sprühen sie für diese Proben ihres Mikrobioms hinterher. Bei der Geburt eines Kindes werden verschiedene Körperflüssigkeiten, Sekrete und organische Substanzen vermischt. So wird gewährleistet, dass ein Neugeborenes Proben des mütterlichen

Pferd überredet sein Fohlen zur Koprophagie.

Mikrobioms kosten kann. Es ist kein Zufall, dass der Geburtskanal und der Darmausgang bei den meisten Säugern nicht weit voneinander entfernt liegen. Bei Kindern, die durch Kaiserschnitt geboren wurden, findet der Transfer des Mikrobioms in erster Linie über den späteren Kontakt und die Haut statt. Das funktioniert aber nicht so gut. Studien haben gezeigt, dass vaginal geborene Kinder später halb so häufig an Adipositas und seltener an Asthma erkranken. Auch in der Muttermilch leben viele verschiedene Bakterienspezies, Milchsäurebakterien, Staphylokokken, Streptokokken, Bifidobakterien und viele anaerobe Arten, die zum Starterkit des kindlichen Mikrobioms gehören. Bei sozialen Säugern wie dem Menschen, aber auch verschiedenen Herdentieren spielt offenbar die innerfamiliäre Übertragung von Mikroben durch physischen Kontakt eine wichtige Rolle. Man hat herausgefunden, dass die Zusammensetzung der Mikrobiome unter Mitgliedern einer Familie oder eines Clans viel ähnlicher ist als jene zwischen zwei Individuen, die nicht verwandt sind oder aus verschiedenen Gruppen stammen. Beim frühen Kontakt und der Übertragung der ersten Bakterien scheint es eine Art Fingerabdruck der prokaryotischen Besiedlung zu geben, die ein Leben lang anhält.

Wie aber funktioniert das bei Vögeln, die hartschalige Eier legen? Nach dem Schlüpfen holen sich Küken zunächst etwas mikrobielles Material aus der Nestumgebung. Die ist nicht besonders hygienisch, also geeignet für den Transfer von guten Bakterien. Außerdem wissen wir von vielen Vögeln, dass sie ihre Nachkommen mit Futter versorgen, das sie verspeist haben und wieder hochwürgen. Es spricht vieles dafür, dass diese Füttertechnik auch sinnvoll ist für den Transfer von Mikroben aus dem Verdauungssystem der Eltern.

Soziale Kontakte sind uns und vielen anderen höheren Tieren wichtig. Insbesondere Tieren, die in Gruppen leben. Neben den wichtigen Verdauungsbakterien, die zu Beginn ihres Daseins an Nachkommen übergeben werden, pflegen Mensch und Tier auch als erwachsene Individuen Kontakte. Sie kuscheln, küssen und kraulen sich. Mittlerweile zeigen Studien, dass die Mikrobiome eines Individuums als Erkennungsmerkmal dienen, weil verschiedene Bakterien unterschiedliche Geruchsstoffe produzieren. In einer eng verwandten Gruppe wird durch physische Kontakte und Austausch der gruppeninternen Bakterienspezies auch ein gruppenspezifischer Duft produziert, der dabei hilft, Verwandte von Fremden zu unterscheiden. Einige Wissenschaftler gehen davon aus, dass sich komplexes Sozialverhalten in erster Linie entwickelt hat, um wichtige Bakterien innerhalb einer Sozialstruktur weiterzugeben. Man bedenke: Bei einem Kuss werden im Durchschnitt mehr als 80 Millionen Bakterien ausgetauscht. Wir werden dieses Thema später noch einmal aufgreifen. Kuscheln bedeutet eine geteilte Gesundheit. Es wird dann unmittelbar klar, dass soziales Verhalten einen Selektionsvorteil für die Holobionten darstellt, solange die ausgetauschten Mikrobiome gesundheitsförderlich sind.

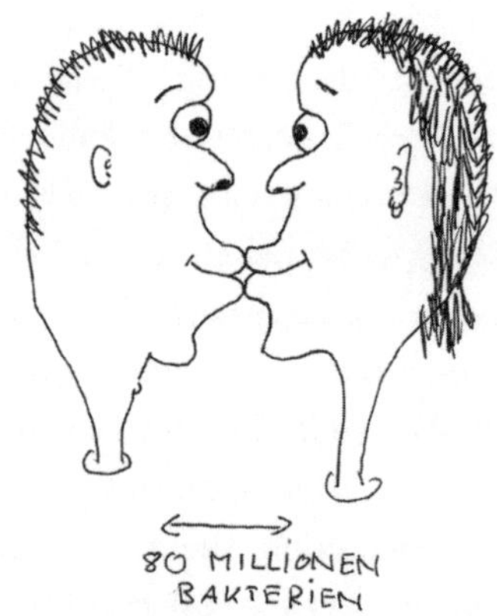


Wenn Liebende sich küssen, werden schon mal 80 Millionen Bakterien ausgetauscht.

## HORIZONTALER GENTRANSFER

Austausch findet im System der Holobionten aber noch auf einer ganz anderen Ebene statt. Wir hatten eingangs erwähnt, dass Bakterien und Archaeen sich fundamental anders vermehren. Sie wachsen, verdoppeln ihr gesamtes Erbgut und teilen sich in zwei genetisch exakte Kopien, während Eukaryoten sich primär sexuell vermehren, das unterschiedliche Erbgut der Eltern wird vermischt und so entstehen genetische Variabilität und phänotypische Vielfalt. In beiden Fällen findet der Transfer genetischer Information aber »vertikal« statt, wenn man sich die Generationen zeitlich von oben nach unten sortiert vorstellt, wie Ahnentafeln mit Kindern, Enkeln, Urenkeln und so weiter. Genetische Informationen werden immer nur an die Individuen der nächsten Generation weitergegeben.

Bakterien stehen bei der Replikation nur Mutationen in der DNA als Variation zur Verfügung und natürlich die hohe Replikationsgeschwindigkeit. Wir erinnern uns, *E. coli* teilt sich alle 20 Minuten. Im Vergleich zum Menschen ist das eine um das 650 000-Fache kürzere Generationszeit. Bakterien können über Mutationen deutlich schneller evolvieren. Prokaryoten haben aber noch eine andere »Sexersatztechnik« entwickelt, um Variationen ihrer Merkmale zu erzeugen: den horizontalen Gentransfer, kurz HGT. 1928 beobachtete der britische Bakteriologe Frederick Griffith (1877–1941) in einem Experiment mit *Streptococcus pneumoniae*, dass harmlose, nicht virulente Varianten dieser Pneumokokkenart zu Krankheitserregern wurden, wenn man sie totem Material aus virulenten Pneumokokken aussetzte. Offenbar nahmen sie die Fähigkeit zur Virulenz aus dem toten Material in sich auf. Die nun virulenten Bakterien behielten die Virulenz auch in den folgenden Generationen. Heute weiß man, dass Griffith HGT beobachtet hat. Die spezielle Virulenz wurde auf einem Stück DNA kodiert. Dieser DNA-Schnipsel schwamm in dem toten Material herum. Die freie DNA wurde von den gesunden Bakterien

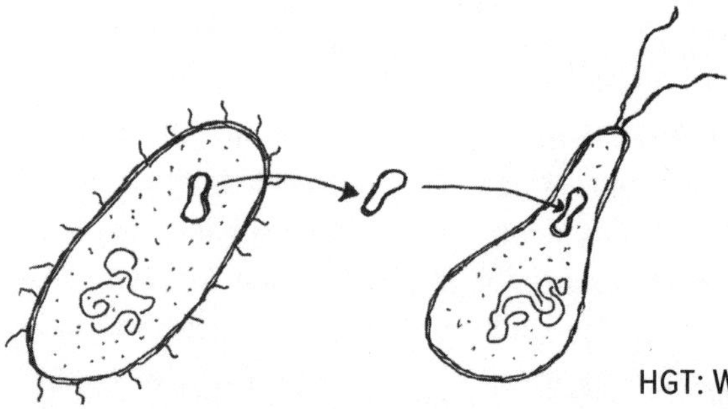

HGT: Werkzeugtausch unter Prokaryoten.

einfach geschluckt, und damit verleibten sie sich diese Fähigkeit zur Virulenz ein.

Viele Jahre lang wurde dieser Transfer von genetischem Material aus der Umgebung in ein Bakterium oder, wie man später entdeckte, direkt zwischen nicht verwandten Bakterien als exotische Seltenheit betrachtet. Erst in den letzten 20 Jahren ist klar geworden, dass HGT ein fundamental wichtiger Prozess im Leben von Prokaryoten ist und viel öfter stattfindet, als man ursprünglich dachte. Viele Merkmale und Fähigkeiten von Bakterien sind nur durch ein paar einzelne Gene kodiert. Manchmal liegen diese nicht im Hauptgenom des Bakteriums, sondern auf sogenannten Plasmiden, kleinen geschlossenen DNA-Ketten, die unabhängig vom Hauptgenom in den Zellen rumschwimmen. Diese Plasmide können kopiert und an die Umgebung abgegeben werden. Völlig andere Bakterien können diese Plasmide und die damit verbundenen Fähigkeiten in sich aufnehmen und beibehalten. Ganz unterschiedliche Bakterien können so Fähigkeiten und Merkmale wie ein Werkzeug aus einer Werkzeugkiste austauschen. Diese Prozesse finden andauernd statt. Zum Beispiel werden viele Antibiotikaresistenzen über Plasmide kodiert.

Das Problem der multiresistenten Krankheitserreger, die nach und nach immer mehr Resistenzen gegen Antibiotika entwickeln, entsteht durch den Austausch der Resistenzfähigkeit zwischen verschiedenen Krankheitserregern über HGT. Für eine Bakterienart hat das natürlich den Vorteil, diese Fähigkeiten nicht erst durch Mutationen und lange Evolutionswege selbst entwickeln zu müssen. HGT wirkt wie gegenseitige Hilfeleistung unterschiedlicher Spezies und das, obwohl sie nicht selten von denselben Nahrungsressourcen abhängig sind und man erwarten würde, dass sie, wie Isaac Newton, ihre Methoden und Rezepturen geheim halten, um einen Wettbewerbsvorteil zu haben.

Zwischen Prokaryoten werden sogar »Waffensysteme« ausgetauscht. Viele Bakterien sind in der Lage, hochwirksame Toxine herzustellen. Das Nervengift Botulinum etwa, eines der stärksten biologischen Toxine, das als Botox bei Menschen, die ihre Gesichtsmimik gern einer glatten Haut opfern, sehr beliebt ist. Zwei Kilogramm Botulinum würden ausreichen, um die gesamte Menschheit zu töten. Auf Platz zwei liegt Tetanustoxin. Beide Gifte werden von Bakterien der Gattung *Clostridium* hergestellt. Ein drittes hochwirksames bakterielles Gift ist das Shigatoxin. Die Fähigkeit zur Herstellung dieses Toxins wird zwischen verschiedenen Varianten der *E.-coli*-Bakterien über HGT geteilt – und zwar infizieren Viren die Bakterien, kapern das Shigatoxin-Gen und statten andere Bakterien damit aus. Die Viren helfen den Bakterien also beim Austausch von Fähigkeiten. Das klingt ziemlich kooperativ für ein Virus. Wie »nett« Viren sonst noch sein können, erfahren wir im nächsten Kapitel.

# NETTE VIREN

## Wieso es ohne Viren keine Säuger gäbe und wir uns an nichts erinnern könnten

*Zelluläres Leben ist entstanden,*
*damit Viren etwas zu essen haben.*
Forest Rohwer, Meeresvirologe

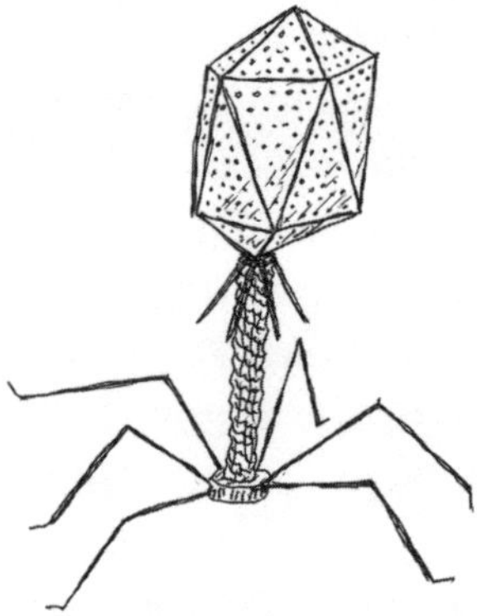

Der 3. Februar 1637 war kein guter Tag für die Holländer. Insbesondere wohlhabende Kaufleute, von denen viele in den darauffolgenden Tagen und Wochen herbe finanzielle Verluste erleiden sollten, waren alles andere als begeistert. Im Februar 1637 erlebte Holland das erste, schriftlich gut dokumentierte Platzen einer Spekulationsblase. Diese Blase hatte sich in den Jahren zuvor aufgepumpt. Typischerweise wird die Mechanik des Geschehens in Lehrbüchern und Vorlesungen über Märkte und Handel analysiert, denn alle Zutaten für Spekula-

tionsblasen waren am Werk: exponentiell steigende Preise, hochriskante Termingeschäfte, Leerverkäufe, Massenhysterie, gierige Händler, die irgendwann ihren Zahlungsverpflichtungen nicht nachkommen konnten, Pleiten, finanzielle Abstürze und am Ende ein fulminanter Preiskollaps. Nun könnte man mutmaßen, dass die im 17. Jahrhundert durch internationalen Handel und die Niederländische Ostindien-Kompanie reich gewordenen Kaufleute mit Immobilien, Edelsteinen, Gold, Gewürzen aus fernen Ländern, seltenen Schätzen aus Übersee spekulierten. Im Zentrum der Hysterie stand aber ein ganz anderes Gut: Tulpen! Auch wenn noch heute die Tulpe ein niederländisches Nationalsymbol ist und wir neben Gouda, Poffertjes, Waffeln, Oranje und totalem Fußball die Tulpen mit den Niederlanden verbinden, scheint es erklärungsbedürftig, wie und warum gerade Tulpen eine Finanzkrise auslösen konnten (und was die Thematik in einem Kapitel über Viren zu suchen hat). Was war passiert? Tatsächlich fand Anfang 1637 die sogenannte Tulpenmanie ein jähes Ende. Zwischen 1634 und 1637 waren die Preise bestimmter Tulpenzwiebeln rasant um mehr als das 200-Fache gestiegen, bis sie innerhalb weniger Wochen wieder auf ihren Ursprungswert kollabierten.

Die ersten Tulpen wurden im 16. Jahrhundert aus Persien über die Türkei nach Holland importiert und insbesondere wohlhabende Schichten fanden Gefallen an ihnen. Es entstand ein agiler Markt für die schönen Pflanzen mit den großen, einfachen und farbenfrohen Blüten: Die Tulpe wurde zu einer Modeblume. Die wachsende Nachfrage allein erklärt aber nicht die exorbitante Preisentwicklung. Wenn Nachfrage und Preise steigen, reagiert der Markt und vergrößert das Angebot, insbesondere bei Gütern, die leicht und billig vermehrt werden können. Man könnte meinen, dass die Anzucht und Vermehrung von Tulpen auch im 17. Jahrhundert nicht besonders schwierig waren. Doch gerade bei den sehr attraktiven Varianten erwies sich dies als kompliziert.

Die Käufer hatten nämlich eine Vorliebe für Tulpensorten mit »gebrochenen« Blüten, Varianten also, deren Blüten mit andersfarbigen

Streifen durchzogen waren. Und diese spezielle Eigenschaft ließ sich nicht verlässlich nachzüchten. Selbst wenn man zwei Pflanzen mit der Zieleigenschaft kreuzte, war es Zufall, ob aus den Samen Exemplare mit gebrochenen Blüten entstanden. Häufig waren sie einfarbig. Ab und zu zeigten aber auch Nachzuchten einfarbiger Varianten plötzlich gebrochene Blüten. Es war wie verhext. Die Varianten mit den gebrochenen Blüten erzielten zum Höhepunkt der Tulpenmanie extrem hohe Preise. Die bis heute teuerste Tulpenzwiebel der Sorte *Semper Augustus* wurde zu einem Preis von 6000 Gulden verkauft. Dafür konnte man im 17. Jahrhundert ein stattliches Kaufmannshaus an einer Amsterdamer Gracht erwerben. Das Jahresgehalt eines Handwerkers betrug etwa 150 bis 300 Gulden! *Semper Augustus* hatte eine mit weißen Streifen durchzogene rote Blüte. Mit 4200 Gulden für eine Zwiebel wurde die verwandte Sorte *Viceroy* (weiß mit blauen Streifen) ähnlich teuer verkauft. Es ist dokumentiert, dass drei Zwiebeln der *Semper Augustus* für 30 000 Gulden angeboten wurden, ob sie zu diesem Preis auch verkauft wurden, ist allerdings nicht belegt.

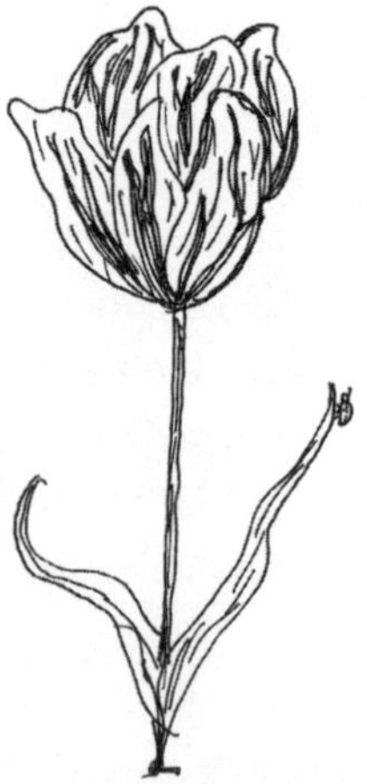

Tulpe mit gebrochener Blüte.

Der Handel mit Zwiebeln, die aus gebrochenen Exemplaren gezüchtet wurden, war ein potenziell extrem lukratives, aber hochriskantes Geschäft, da man nicht wissen konnte, ob die im Sommer erworbenen Zwiebeln im nächsten Frühjahr die gewünschten Eigenschaften zeigen würden. So wurden Termingeschäfte erfunden, bei denen der Preis verabredet wurde, aber erst im nächsten Frühjahr zur Zahlung fällig war. Die Käufer spekulierten dabei auf steigende Preise und dass die Zwiebeln gebrochene Blüten produzierten, damit sie selbst im Frühjahr die teuren Tulpen sofort wieder verkaufen und satte Gewinne einstreichen konnten. Händler wiederum liehen sich Zwiebeln, verkauften diese sofort, spekulierten auf fallende Preise im Frühjahr, zu denen sie dann die Tulpen zurückkauften und über die erzielte Preisdifferenz Gewinn machten. Im Verlauf der Tulpenmanie kam es immer öfter zu Leerverkäufen.

Das hohe Risiko, die Ungewissheit, ob die gehandelten Zwiebeln tatsächlich die gewünschten gebrochenen Blüten aufwiesen, bildete den Kern der Spekulationsblase.

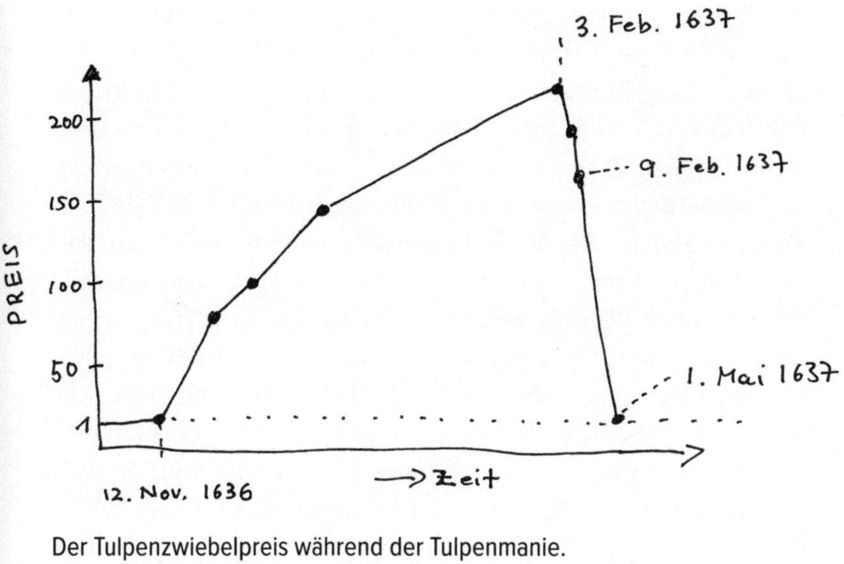


Der Tulpenzwiebelpreis während der Tulpenmanie.

Wieso aber konnten diese besonders attraktiven Sorten nicht systematisch gezüchtet werden? Warum waren sie labiler und gingen schneller ein als ihre monochromen Verwandten und: Weshalb hatten sie überhaupt Streifen? Die Züchter des 17. Jahrhunderts konnten dem unmöglich auf den Grund gehen. Es sollte fast 300 Jahre dauern, bis 1928 die Mykologin Dorothy Cayley diese Frage beantworten konnte. Sie wies nach, dass ein Virus die Streifen verursacht, das sogenannte TBV. Die Abkürzung steht für »Tulip Breaking Virus«, weil es für die gebrochenen Blüten verantwortlich ist. Im Deutschen hat das Virus den schönen Namen »Tulpenmosaikvirus«. Cayley übertrug eine kleine Probe Flüssigkeit aus den Blättern einer Tulpe mit gestreifter Blüte auf die Zwiebel einer einfarbigen Tulpe, die dann vorhersagbar gestreifte Blüten produzierte. Das Tulpenmosaikvirus stört nämlich die Produktion der Blütenpigmente, was zur charakteristischen gebrochenen Blüte führt. Die Eigenschaft hatte also nichts mit dem Erbgut der Pflanze zu tun und konnte somit gar nicht gezüchtet werden. Unter natürlichen Bedingungen wird das TBV von Blattläusen übertragen, die sich vom Blattsaft der Pflanzen ernähren, einzelne Viruspartikel aufnehmen und von Pflanze zu Pflanze transportieren (von Blattläusen werden wir gleich noch mehr erfahren). Cayleys Entdeckung ist besonders erwähnenswert, weil zu dieser Zeit Viren wissenschaftliches Neuland waren. TBV gehörte zu den ersten klar identifizierten Viren. Erst 1892 hatte der russische Biologe Dmitri Iwanowski auf ähnliche Weise festgestellt, dass durch die Übertragung von Saft aus den Blättern einer erkrankten Tabakpflanze eine gesunde Pflanze angesteckt werden konnte. Der Auslöser war das Tabakmosaikvirus, das auf den Blättern einer infizierten Pflanze charakteristische Mosaikmuster produzierte. Nur sechs Jahre später konnte der niederländische Mikrobiologe Martinus Beijerinck nachweisen, dass es sich bei dem Erreger weder um Bakterien noch um Pilze oder sonstige Einzeller handeln konnte, indem er vor der Übertragung die Pflanzenflüssigkeit durch einen extrem feinen Filter presste, der selbst für kleinste

Einzeller undurchlässig war. Er war es auch, der den Begriff Virus prägte. Virus kommt aus dem Lateinischen und bedeutet »Gift« oder »schleimige Flüssigkeit«. Im selben Jahr konnte der Bakteriologe Friedrich Loeffler belegen, dass die hochansteckende Maul- und Klauenseuche durch ein Virus (das MKS-Virus) verursacht wird. Diese Entdeckungen markieren die Geburtsstunde der Virologie.

Die erste dokumentierte Spekulationsblase wurde also durch ein Virus ausgelöst. Weshalb ist diese Geschichte lehrreich? Sie zeigt, dass Viren unser gesellschaftliches Leben mitunter auf Wegen beeinflussen, die wir nicht erwarten würden. Zweitens befallen Viren nicht nur Tier und Mensch, sondern auch Pflanzen. Tatsächlich befallen Viren alles: Menschen, Tiere, Pflanzen, Pilze, Bakterien, Archaeen, sogar andere Viren. Drittens führt eine Virusinfektion nicht zwangsläufig zu schweren Erkrankungen. Das TBV schwächt die befallenen Tulpen zwar, bringt sie aber nicht gleich um.

## DIE PLAGEN

Unserer Erfahrung nach gelten Viren allerdings als schwerwiegende Krankheitserreger. Sie haben ein sehr schlechtes Image. Die Menschheit hat gerade drei Jahre COVID-19-Pandemie hinter sich, die weltweit mehr als 6,9 Millionen Todesopfer gefordert hat, allein in Deutschland starben mehr als 180 000 Menschen daran. Wir erinnern uns an die massiven gesellschaftlichen Einschnitte, das Maskentragen, die Impfkampagnen, Ausgangssperren, eine abgesagte Fußball-Europameisterschaft, Reise- und Ausgangsbeschränkungen, alles ausgelöst durch das Coronavirus. Auch Aluhüte sind Mode geworden. Obwohl diese schlimmen, einschneidenden Erlebnisse rund um die COVID-19-Pandemie die Welt nachhaltig negativ belastet haben, wird sie durch historische Pandemien deutlich in den Schatten gestellt. Am 26. Oktober 1979 zum Beispiel erklärte die WHO die weltweite Ausrottung der Pocken. Dieser riesige Erfolg war das Ergebnis einer globalen Impfkampagne gegen die wahrscheinlich schlimmste virale Infektionskrankheit der Menschheitsgeschichte. Bis heute ist der Pockenerreger das einzige Virus, das erfolgreich ausgerottet wurde. Er ist ein Virus namens *Variola*. Was wie ein sympathischer Mädchenname klingt, war für die Opfer dieser Seuche der blanke Horror und hatte bis in die 70er-Jahre verheerende Auswirkungen. Man geht davon aus, dass allein im 20. Jahrhundert weltweit mehr als 400 Millionen Menschen an Pocken gestorben sind. Als Menschenkette würden diese Opfer zehnmal den Erdumfang umspannen.

Besonders schlimm waren die Folgen unter den indigenen Völkern Amerikas, nachdem die Europäer den amerikanischen Kontinent entdeckt hatten und europäische Krankheitserreger einschleppten. Dem Immunsystem der indigenen Bevölkerung waren all diese neuen Erreger völlig unbekannt, und so sind Schätzungen zufolge im ersten Jahrzehnt nach der Invasion etwa 90 Prozent an Pocken gestorben.

Anfang des 20. Jahrhunderts löste ein anderes hochinfektiöses Virus die bis heute schwerste Pandemie aus: die Spanische Grippe

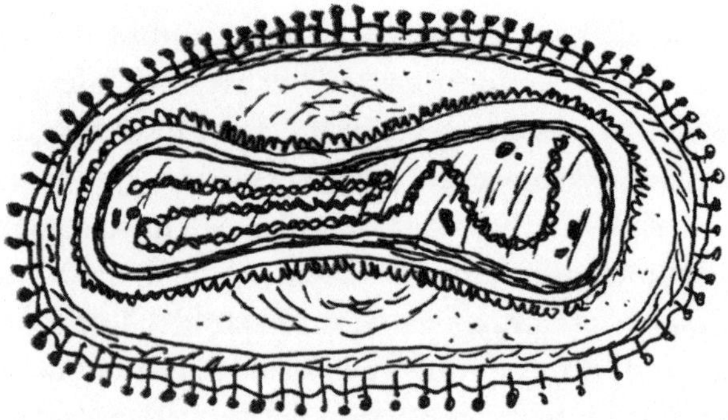

Variola – der schöne Name täuscht.

in den Jahren 1918 und 1919. In nur einem Jahr starben zwischen 50 und 100 Millionen Menschen an der Grippe, oftmals auch durch sekundäre bakterielle Infektionen, die noch nicht mithilfe von Antibiotika behandelt werden konnten. Zum Vergleich: Der Erste Weltkrieg forderte etwa 17 Millionen Todesopfer. Neben Pocken und Influenza steht HIV/Aids an dritter Stelle der schlimmsten viralen Krankheitserreger. Seit dem ersten Auftreten 1981 haben sich schätzungsweise 84 Millionen Menschen mit dem HI-Virus infiziert. Bis dato sind etwa 40 Millionen Menschen an Aids gestorben, insbesondere auf dem afrikanischen Kontinent.

In regelmäßiger Häufigkeit hört man von neuartigen, exotischen Viren, die zu tödlichen Ausbrüchen führen, darunter das Ebolavirus, Marburgvirus, Chikungunya, MERS, Vogel- und Schweinegrippe. Neben diesen hochinfektiösen und gefährlichen Erregern begleiten Viren unseren Alltag durch grippale Infekte, wir werden gegen Tollwut geimpft, gegen Masern oder Windpocken. Es ist also nicht besonders überraschend, dass das Wort »Virus« gemeinhin bei uns kein wohliges Gefühl auslöst.

## IMAGEWANDEL

Die genannten Beispiele und die Tatsache, dass auch der wissenschaftliche Fokus seit der Entdeckung des Tabakmosaikvirus auf der Erforschung der Viren als Krankheitserreger lag, haben unsere negative Perspektive auf Viren geprägt. Erst seit einigen Jahren wandelt sich unser Bild. Noch vor 20 Jahren wurden vom ICTV, dem Internationalen Komitee für die Taxonomie von Viren, 1899 Virusspezies systematisch katalogisiert, die meisten davon Krankheitserreger. Im Jahr 2020 waren es schon 9110 Spezies, und in den letzten vier Jahren ist die Anzahl auf rund 15000 gestiegen. Interessant dabei ist, dass der relative Anteil der Krankheitserreger stetig abnimmt. Tatsächlich schätzt man die gesamte Artenvielfalt der Viren auf mindestens 10 Millionen Spezies,[1] wahrscheinlich sind es mehr. Das heißt, zu jeder erfassten Art existieren mindestens 1000 Arten, die wir noch gar nicht kennen. Das liegt auch daran, dass der überwiegende Anteil aller Viren keine Krankheiten auslöst. Im Gegenteil. Erst seit der Jahrtausendwende erforschen immer mehr renommierte Virologen die positiven Seiten der Viren, ihre Rolle für die Gesundheit, die Stabilität von Ökosystemen und ihre kooperativen Beziehungen mit anderen Organismen. In einer bahnbrechenden Studie von 1989 haben norwegische Wissenschaftler zum ersten Mal untersucht, wie viele Viruspartikel in den Ozeanen zu finden sind. Sie zählten zwischen 10 und 100 Millionen Viruspartikel in einem Milliliter Wasser. Diese Experimente wurden mehrfach wiederholt und verfeinert.[2]

Wir wissen heute, dass sämtliche Meere mit Viren durchsetzt sind, die für uns Menschen nahezu alle unbedenklich sind. 2011 haben Wissenschaftler mithilfe neuer Metagenom-Technologien in menschlichen Stuhlproben nach genetischen Fingerabdrücken von Viren gesucht.[3] Das Ergebnis war erstaunlich. Die Forscher konnten in einer gewöhnlichen Stuhlprobe virales Erbgut von 7175 verschiedenen Virusspezies finden. Klar ist, dass von den in unserem Darm lebenden Viren keines gesundheitsschädlich ist, ja, die meisten sind ähnlich wie Bakterien sogar notwendige Partner und gesundheitsförderlich. Ohne Viren würde unsere Darmflora an Diversität verlieren und mit hoher Wahrscheinlichkeit kollabieren. Wir würden auch viel öfter unter Autoimmunkrankheiten oder bakteriellen Infektionen leiden. Unsere Schleimhäute wären dauernd entzündet.

Wenn wir die anthropozentrische Brille ablegen und die gesamte Biosphäre betrachten, wird das alles noch krasser. Ohne Viren würden Biotope zusammenbrechen, es käme weltweit zu Massenaussterben, starken Schwankungen in der $CO_2$-Konzentration in der Atmosphäre. Viren stabilisieren auf fundamentale Art praktisch alle Ökosysteme, ohne sie würde das gesamte Weltklima schlagartig kippen.

Sollten Sie Zweifel hegen und sich fragen, ob ich vielleicht etwas übertreibe, so kann ich Ihnen versichern, dass sich am Ende des Kapitels Ihre Perspektive auf Viren nachhaltig verändert haben wird. Sie werden die Informationen nicht vergessen. Und selbst dafür sind Viren verantwortlich. Woran das liegt, wird aber erst am Schluss verraten.

## VIREN UND ZELLEN

Wenn wir uns ein Virus vorstellen, haben wir mit hoher Wahrscheinlichkeit das Bild des Coronavirus vor Augen, das während der Pandemie regelmäßig in den Medien zu sehen war. SARS-CoV-2 ist ein rundliches Virus mit stacheligen Strukturen auf seiner Oberfläche und hat damit eine recht normale Virusform. Es hat einen Durchmesser von 100 Nanometern, für Viren ein Durchschnittswert. Es ist damit etwa 100- bis 300-mal kleiner als eine tierische Körperzelle.

Allerdings gibt es Viren in allen möglichen Formen und Größen. Manche sehen wie ein Stäbchen aus, wie zum Beispiel das schon erwähnte Tulpenmosaikvirus, das berüchtigte Ebolavirus ähnelt einem Faden, und viele Viren, die Bakterien befallen, erinnern an eine Mondlandefähre. Die kleinsten Virusarten haben einen Durchmesser von 17 Nanometern und sind damit etwa 100-mal kleiner als ein Bakterium. Viren, die Archaeen befallen, kommen unergründlicherweise in besonders vielfältigen Gestaltungen vor.

Sogenannte Riesenviren, die erst vor einigen Jahren entdeckt wurden und sich auf den Befall von Amöben spezialisiert haben, sind wiederum größer als manche Bakterien. Trotz ihrer Formenvielfalt besitzen nahezu alle Viren eine Hülle, welche das Genom schützt, also das Erbgut, das den Bauplan des Virus kodiert. Man könnte also meinen, Viren unterschieden sich nicht sonderlich von biologischen Zellen. Letztendlich sind diese auch nur »Hüllen«, die ihr Genom in sich tragen. Der fundamentale Unterschied aber ist: Zellen können sich selbstständig teilen und vermehren. Viren können das nicht. Aus dem Biologieunterricht wissen wir noch, dass die biologische Zelle die fundamentale Einheit aller Lebewesen ist.

Vom kleinsten Bakterium bis zum Blauwal ist alles Leben auf mikroskopischer Skala zellulär. Jede biologische Zelle beherbergt wie die Viren ihr eigenes Erbgut. Im Unterschied zu Viren ist das Innenleben biologischer Zellen aber hochdynamisch. Es finden in ihnen Zehntausende komplexe biochemische Reaktionen gleichzeitig statt, Tausende verschiedene Moleküle reagieren permanent in einem komplizierten Geflecht von Reaktions- und Regulationsprozessen miteinander. Mithilfe der Ribosomen (Sie hatten die sich hof-

Pflanzenzellen, tierische Zellen, Bakterien und Viren entsprechen im Vergleich den Größenverhältnissen von einem Haus zu einem Auto, einer Suppenkelle und einer Münze.

fentlich auf Ihrem Spickzettel notiert) werden aus den Genen der zellulären DNA die lebensnotwendigen Struktur- und Reaktionsproteine gebaut, andere Moleküle werden in ihre Einzelteile zerlegt, um diese wieder für die Synthese wichtiger Stoffe zu recyceln. Eine menschliche Leberzelle synthetisiert etwa 20 000 Proteine. Pro Sekunde. Wenn das Darmbakterium *Escherichia coli* sich teilt, stellt es in einer Sekunde 100 000 Proteine her. Eine biologische Zelle ist andauernd mit Energiegewinnung, Stoffwechsel, Proteinsynthese und Recycling beschäftigt. Bakterien, andere Einzeller und viele Zellen multizellulärer Lebewesen wachsen unter passenden Bedingungen, bis sie sich irgendwann teilen – biochemisch ein extrem komplexer und dynamischer Prozess, der viel Energie benötigt und durch komplizierte Kaskaden ineinander verschachtelter Reaktionssequenzen definiert ist.

Und genau hier unterscheiden sich Viren von allen zellulären Lebensformen. Viren sind weder in der Lage, selbstständig Energie zu erzeugen, noch sich selbstständig zu vermehren. Ein Viruspartikel ist passiv, statisch und unlebendig. Viren benötigen zu ihrer Vermehrung die biochemische Maschinerie zellulären Lebens. Sie müssen deshalb in die Zellen anderer Lebewesen eindringen oder zumindest ihr eigenes Erbgut irgendwie in eine Zelle einschleusen. Ist das virale Genom erst einmal in der Zelle, werden die kodierten Instruktionen verwendet, um viele neue Viruspartikel zu synthetisieren. Das Virus borgt sich also effektiv die zelluläre Replikations- und Proteinsynthesemaschinerie aus, um sich zu vermehren.

Viren schaffen es auf ganz unterschiedliche Art und Weise, in die Zellen anderer Organismen einzudringen. In vielen Fällen sorgen Strukturmoleküle auf der Oberfläche eines Virus dafür, dass sie auf der Membran einer Tier- oder Pflanzenzelle oder eines Bakteriums »andocken« können, um im nächsten Schritt von der Zelle verschluckt zu werden. Andere Viren besitzen molekulare »Rüssel«, über die sie ihre DNA direkt in die Zelle injizieren. Viele Virusarten können so in einer einzigen Wirtszelle Tausende neue Viruspartikel entstehen lassen. Nicht selten wird die Wirtszelle dabei zerstört, oft platzt sie regelrecht, wenn die Viruspartikel die Zelle wieder verlassen, um die nächsten Wirtszellen zu infizieren. Andere Viren sind friedlicher und bauen ihr Erbgut einfach nur direkt in die DNA der Wirtszelle ein.

## EINE FRAGE DER PERSPEKTIVE

Das alles klingt aus unserer Perspektive ziemlich unsympathisch, übergriffig und invasiv. Kommen wir also noch einmal zurück zum menschlichen Viriom. Trotz der enormen Artenvielfalt von mehr als 7000 Virusarten, die man in einer gewöhnlichen menschlichen Stuhlprobe findet, waren die Probanden dieser Studie gesund. Bei den meisten identifizierten Darmviren handelt es sich nämlich um Pha-

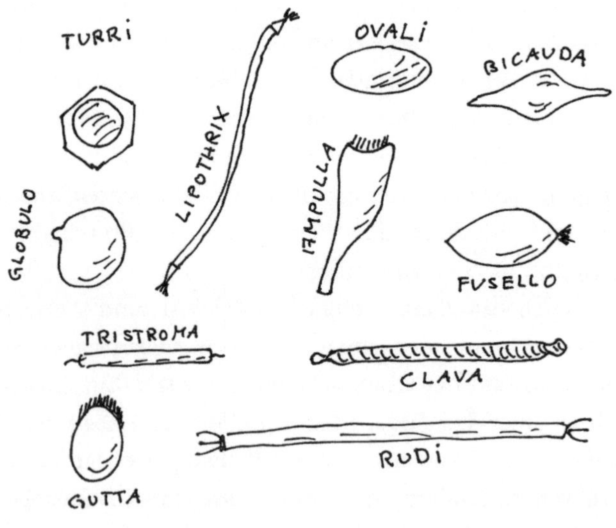


Viren, die Archaeen befallen, kommen in lustigen Formen vor.

gen. So nennt man Viren, die ausschließlich Bakterien (und davon gibt es in einem gesunden Darm Tausende verschiedene) und Archaeen befallen, also die einfacheren Domänen aller Lebewesen. In ihrer Struktur gehören sie jedoch zu den komplexeren Viren. Eine häufige Phagenform könnte der Fantasie eines Science-Fiction-Autors entsprungen sein. Sie ähnelt durch ihre komplexe symmetrische Kapsel einer Mondlandefähre, die mit einem filigranen Landegestell auf der Bakerienmembran festmacht. Das Wirtsbakterium wird mit einer Art Rüssel angestochen und die DNA in das Bakterium gespritzt. Dort wird die Virus-DNA gleich in die bakterielle DNA eingebaut. Das Bakterium kann so die Phagen-DNA nicht mehr von der eigenen unterscheiden. Die im Phagengenom versteckten Gene für den Bauplan neuer Viruspartikel werden genauso behandelt wie bakterielle Gene. Im einfachsten Fall werden aus der Phagen-DNA mithilfe der bakteriellen Replikationsmaschinerie so lange neue Phagenkopien zusammengebaut, bis die Wirtszelle platzt und die neu entstandenen Phagen austreten, um andere Zellen zu infizieren.

Wie können Phagen also nett sein? Nun, da kommt es auf die Perspektive an. Ein infiziertes Bakterium, das demnächst platzt, mag das Virus nicht nett finden. Aus unserer menschlichen Perspektive ist das aber anders. Denn für einen gesunden Darm ist die hohe mikrobielle Biodiversität sehr wichtig, da die einzelnen Darmbakterien unterschiedliche Aufgaben erledigen. Darmbakterien haben kooperative Wechselwirkungen, sie befinden sich jedoch im Ökosystem unseres Verdauungssystems auch in ständigem Wettbewerb um Nährstoffe. Sehr effiziente Bakterienarten könnten also andere verdrängen, bis diese aussterben und so allmählich die Biodiversität in unserem Darm abnimmt. Die Phagen sorgen dafür, dass das nicht geschieht. Phagen sind häufig Spezialisten. Sie sind wirtsspezifisch, ein bestimmter Phagentyp kann nur eine oder wenige zu ihm passende Bakterienarten infizieren. Die Phagen stabilisieren die mikrobielle Vielfalt im Darm durch das sogenannte Kill-the-Winner-Prinzip. Sobald eine bestimmte Bakteriensorte zu stark wächst und andere Arten zu verdrängen droht, sorgt das passende Virus dafür, die »Winner« in Schach zu halten. Ohne die Phagen würde unser Mikrobiom nach und nach destabilisiert und wir würden krank. Für unsere Gesundheit sind also nicht nur die vielen Bakterienarten, sondern auch ihre Viren, die sie regulieren, essenziell. Natürlich gilt dasselbe für alle Säugetiere, Insekten oder andere Arten mit komplexem Mikrobiom und Verdauungssystem.

Aber auch Bakterien können kooperativ mit ihren eigenen Phagen zusammenarbeiten. Wie gesagt baut eine ganze Reihe von Phagen ihre DNA einfach nur in die DNA des Wirtes ein und macht dann erst mal: nichts. Diesen Zustand des Virus bezeichnet man als »lysogen«, die in das Wirtsgenom integrierte Phagen-DNA als »Prophage«. Immer wenn sich das Bakterium teilt und das eigene Erbgut vor der Teilung verdoppelt, wird der Prophage mit verdoppelt und vermehrt sich so. Clever. Solche Phagen nennt man temperent, also gemäßigt. In einigen Bakterienarten besteht das gesamte Genom zu 30 Prozent aus temperenten Prophagen. Doch damit nicht genug. Einige Phagen wählen abhängig von äußeren Bedingungen, ob sie im Genom des Wirts als Prophage verharren oder aktiv werden und ihre Replikation wieder einschalten. Sie spüren beispielsweise, wenn ein Wirtsbakterium gestresst ist oder wenn nicht genügend Nährstoffe vorhanden sind. Dann können temperente Phagen wieder ihren aktiven Zustand einnehmen, neue Viruspartikel werden hergestellt und bevor das Wirtsbakterium an Nährstoffknappheit stirbt, rettet sich das Virus durch Replikation und Wirtszellenmord. Das klingt wieder gemein. Aber genau dieser Mechanismus wird in einer leicht veränderten Variante auch kooperativ eingesetzt, insbesondere wenn Bakterien neue Lebensräume erobern und ihre Nahrungskonkurrenz ausschalten.

Breiten sich Bakterienpopulationen aus, weil das Nährstoffangebot gut ist, treffen sie oft auf verwandte Arten mit ähnlichen Vorlieben. Dann ist es praktisch, besondere Prophagen mit sich herumzutragen, die beim Erobern helfen können. Denn einige Phagen kodieren in ihrem Genom neben dem eigenen Bauplan auch Gene für hochwirksame Toxine. Trifft eine solcherart bewaffnete Bakterienart auf Nahrungskonkurrenten, werden ein paar einzelne Zellen »geopfert«, indem sie platzen und mit dem freigesetzten Toxin die Konkurrenz vergiften. Für die eine geopferte Zelle ein Nachteil, für die gesamte Population ein Vorteil. Fast alle Toxine, die Bakterien freisetzen, stammen von eingebauten Prophagen. Die Bakterienart *Salmonella enterica*, umgangssprachlich Salmonellen genannt, die beim Menschen zu schwerem Durchfall, Erbrechen und sogar zum Tod führen kann, geht so vor.

Ein weiteres Beispiel ist Cholera, eine bakterielle Infektionskrankheit, die zu schwerstem Durchfall führt, unbehandelt in 50 Prozent der Fälle tödlich verläuft und weltweit jährlich bis zu 140 000 Todesopfer fordert. Die Krankheit breitet sich über verunreinigte Gewässer aus und wird durch das Bakterium *Vibrio cholerae* verursacht. Obwohl es sich um eine bakterielle Infektionskrankheit handelt, wird das für die schwere Symptomatik verantwortliche Toxin nur produziert, wenn *Vibrio cholerae* seinerseits von zwei verschiedenen temperenten Phagen infiziert ist. Diese tragen die schöne Bezeichnung CTXΦ und VPIΦ. Aus Sicht des Bakteriums und der Phagen ist diese »toxische Beziehung« eine klare Win-win-Situation, da die Cholera-Symptomatik mit schwerstem Durchfall dafür sorgt, dass sich die Bakterien in Gewässern schnell verbreiten können und neue Wirte finden. Tatsächlich kommen auch harmlose Varianten von *Vibrio cholerae* vor, zum Beispiel in der Chesapeake Bay, der größten Flussmündung der USA. Niemand, der dort badet, erkrankt an Cholera, weil die lokale *Vibrio-cholerae*-Population nicht die Toxin produzierenden Viren trägt.

Viele werden sich noch an den EHEC-Ausbruch 2011 in Norddeutschland erinnern. Binnen kürzester Zeit entwickelten viele Menschen starkes Fieber und bekamen Durchfall, einige Personen starben. Wie sich später herausstellte, lag es an Salatsprossen, die mit einer speziellen Variante des Bakteriums *Escherichia coli* verunreinigt waren.

Das ist deshalb überraschend, weil *E. coli* eigentlich ein ungefährliches Darmbakterium ist. Die gefährliche EHEC-Variante aber war durch einen Phagen infiziert und produzierte ein hochwirksames Toxin.

## DR. JEKYLL UND MR HYDE

Wenn Sie wie ich gern Hefezopf backen, werden Sie immer Backhefe vorrätig haben. Backhefe ist ein Pilz. Genauer gesagt handelt es sich um eine einzellige Pilzart der Familie der Schlauchpilze. Backhefe, Bierhefe sind umgangssprachliche Bezeichnungen für die Art *Saccharomyces cerevisiae*. Im Kapitel »Die Netzwerker« werden wir die Hefe noch besser kennenlernen. Bei dem unauffälligen, allgegenwärtigen Gärungshelfer würde man nicht unbedingt daran denken, dass die Hefe auch eine andere, dunkle Seite hat. Wie Dr. Jekyll in Robert Louis Stevensons berühmter Novelle *Der seltsame Fall des Dr. Jekyll und des Mr. Hyde* ist sie nicht nur die, für die man sie gemeinhin hält, sondern kann als »Killer-Hefe« auftreten. Hefepilze sind auf optimale Gärungsleistung gezüchtet. 1963 stellte man in einer Brauerei jedoch fest, dass bestimmte Hefen andere leistungsstarke Sorten einfach abtöten, was den ganzen Brauprozess lahmlegen konnte. Es dauerte einige Zeit, bis Wissenschaftler herausfanden, wie die Killer-Hefe das schafft. Die Methode ist perfide und auch hier ist ein Virus involviert. Killer-Hefe kooperiert mit dem *Saccharomyces-cerevisiae-Virus L-A*. Der Prozess ist im Detail recht kompliziert, aber am Ende produziert das Virus ein komplexes Biomolekül, ein Protein aus zwei aneinandergekoppelten Teilen. Das Protein wird entzweit, der eine Teil ist ein hochwirksames Toxin, das an die Umgebung abgegeben wird, der zweite Teil verbleibt in der Zelle. Nehmen andere Hefezellen das Toxin auf, sterben sie schnell, allerdings nur, wenn sie selbst nicht immun sind, also kein ScV-L-A-Virus in sich tragen. Schlucken jedoch Killer-Hefezellen Toxin, wird es sofort an den übrig gebliebenen zweiten Teil des Proteins gekoppelt und entsorgt.

All diese Beispiele zeigen sehr effektive Kooperation zwischen Einzellern, Bakterien oder Hefepilzen und Viren, die sie infizieren. Allerdings hinterlassen sie aus anthropozentrischer Sicht einen etwas ambivalenten Nachgeschmack, denn es geht immer um Invasion und Kooperation mit dem Ziel der Verdrängung und Ermordung anderer Wettbewerber im Kampf um Nährstoffe und Ressourcen. Es sind die einfachsten Beispiele, bei denen Kooperation und Wettstreit ineinandergreifen und sich nicht widersprechen. Die Kooperation erfolgt zwischen sehr unterschiedlichen Organismen, also Viren und Einzellern, die sich durch Innovation in den Wettbewerb zwischen ähnlichen Organismen, zum Beispiel zwei Bakterienspezies mit ähnlichen Nährstoffpräferenzen, einmischen.

## TEAMPLAYER

Mit komplexen Organismen kooperieren Viren auch auf ganz andere Weise. Ihre Kooperationen mit Pflanzen etwa können außerordentlich vielschichtig sein. Im einfachsten Fall machen sie Pflanzen robuster. Mit bestimmten Viren infizierte Pflanzen sind resistenter gegen Frost oder Dürre. Wie genau diese Mechanismen funktionieren, wird erst seit einigen Jahren systematisch untersucht und ist noch nicht vollständig verstanden. Spaziert man im Sommer durch den Wald oder über eine Wiese, findet man Weißklee (und mit Glück ein vierblättriges Kleeblatt). Manchmal ist dieser mit dem Weißkleemosaikvirus infiziert. Dieses Virus ist ein Allrounder. Es infiziert neben Weißklee auch Erbsen-, grüne Bohnen-, Gurken-, Tomatenpflanzen und wahrscheinlich noch viele weitere Arten. Anders als beim Tulpenmosaikvirus (und vielen anderen Pflanzenviren) wird das Virus nicht durch Insekten übertragen, sondern nur durch direkten physischen Kontakt. Das Virus sorgt dafür, dass die Pflanze sich nicht so gut ausbreiten kann. Sobald die Dichte einer Pflanzenart zu groß wird, überträgt sich das Virus von Klee zu Klee und schwächt die Population. Andere Arten können sich dann besser vermehren.

Das Virus hilft also wie bei der Darmflora, die Biodiversität aufrechtzuerhalten.

Andererseits schützt das Virus die infizierten Pflanzen auch vor Parasiten. Pilzmücken sind sehr artenreich, mit gewöhnlichen Stechmücken eng verwandt und ernähren sich von Pilzen. Ihre Maden allerdings knabbern gern an Pflanzenwurzeln, insbesondere denen des Weißklees. 2012 konnten Wissenschaftlerinnen experimentell nachweisen, dass Pilzmücken bei der Eiablage mit dem Virus infizierte Kleepflanzen meiden, der Klee ist dank Virus also weniger attraktiv.[4] Das Beispiel zeigt eindrücklich, wie ein Virus dafür sorgt, dass eine Art weder überhandnimmt noch ausstirbt. Exakt den gleichen Mechanismus hat man bei Kürbisgewächsen gefunden. Mit dem sogenannten Zucchini-Gelbmosaikvirus befallene Pflanzen werden einerseits geschwächt, andererseits von Käferparasiten gemieden.

Wie sehen unsere eigenen Kooperationen mit Viren aus? Gibt es für den Homo sapiens attraktive Viren? In den letzten Jahren wurden immer mehr Beispiele für nette Viren entdeckt, die uns vor Krankheiten schützen oder generell gesundheitsförderlich sind. Die meisten Menschen tragen zum Beispiel eine latente Form eines Zytomegalievirus in sich. Diese Gattung gehört zu den Herpesviren, die wiederum zu den komplexesten Viren zählen. Aus klinischer Sicht ist die Infektion bei Erwachsenen mit gesundem Immunsystem kein Problem. Das Virus »schläft« in den betroffenen Körperzellen, es ist latent. Diese latente Virusinfektion schützt junge Personen deutlich vor einer Infektion mit Influenza.[5] Ein Virus, das vor einem anderen schützt: Solch ein virusinduzierter Virusschutz kommt in der Natur tatsächlich sehr häufig vor.

Wie Studien zeigten, kann gerade die Familie der Herpesviren bei der Immunantwort auf andere Infektionen helfen. Ein weiteres Beispiel ist das GB-Virus C der Gattung Pegivirus. Bis heute sind mit ihm keinerlei Krankheitssymptome assoziiert. Es konnte sogar nachgewiesen werden, dass das Virus eine sekundäre Infektion mit dem HI-Aids-Virus abschwächt, indem es die Replikation von HI-Viren stark reduziert.[6] Die positiven Effekte von Viren auf andere Infektionen sind nicht auf den Menschen beschränkt. Eine Herpesvirusart, die Mäuse infiziert, kann diese vor der bakteriellen Infektion mit *Yersinia pestis*, also dem Erreger der Pest, schützen.[7]

Kommen wir zurück zu den Phagen. Bei Mensch und Tier sind Schleimhäute wichtig. Im Verdauungstrakt und auf anderen Oberflächen bilden sie die Grenze zur Außenwelt. Unsere Schleimhäute sind mit vielen Bakterienspezies besiedelt, die ihrerseits verschiedene Phagensorten in sich tragen. In Schleimhäuten findet man im Vergleich zum Rest eines Organismus eine deutlich höhere Konzentration von Phagen. Diese Phagen bilden die erste Verteidigungslinie, wenn bakterielle Krankheitserreger von außen über die Schleimhäute in den Organismus einzudringen versuchen. Ohne sie würden wir viel öfter unter bakteriellen Infektionskrankheiten leiden.[8]

## GLOBAL PLAYER

Man könnte ein ganzes Buch mit interessanten Geschichten füllen, wie verschiedene Viren mit Bakterien und komplexen Organismen kooperativ zusammenarbeiten. Wie wichtig Viren wirklich sind, können wir allerdings erst verstehen, wenn wir uns von den Landlebewesen verabschieden und den Fokus auf die marinen Biotope legen. Das Meer ist voll von Viren, allerdings könnten wohl die meisten von uns nicht eine einzige Art benennen. Machen wir also ein kleines Gedankenexperiment und stellen uns die Frage: Was würde passieren, wenn von einem Tag auf den anderen die Aktivität und Wirkung aller marinen Viren auf null gestellt würden?

Achtung, es geht los! Zunächst würde es innerhalb von Tagen zu einer regelrechten Explosion des marinen Phytoplanktons kommen. Verschiedene photosynthetische Einzeller wie Cyanobakterien oder

Kalkalgen würden sich rapide vermehren und innerhalb weniger Wochen die Meeresoberfläche mit gigantischen Algenblüten überziehen. Cyanobakterien und Algen gehören zu den photoautotrophen Organismen, das heißt, sie benötigen im Wesentlichen nur Licht, Wasser und $CO_2$, um sich zu vermehren (photo = Licht, auto = selbst, troph = ernähren). Sie bilden damit das Fundament allen Lebens. Diese Algenblüten, das ungeregelte Wachstum einiger weniger photoautotropher Spezies, würden in kürzester Zeit eine gigantische Biomasse aufbauen. Die verfügbaren Nährstoffe wie Stickstoff, Phosphor und Spurenelemente wären bald aufgebraucht. Aufgrund des Nahrungsmittelmangels würden die meisten anderen Mikroorganismenarten innerhalb von Wochen aussterben, die mikrobielle Artenvielfalt sich um 99,9 Prozent verringern. Knall auf Fall fehlte dann die Nahrungsquelle des Planktons, das sich von diesen Mikroben ernährt. Es käme zu einem kaskadischen Kollaps der gesamten marinen Nahrungskette.

Ohne Viren würde auch innerhalb weniger Jahre die marine Kohlenstoffsequestrierung zusammenbrechen. Bei diesem Prozess wird organisch gebundener Kohlenstoff über absinkende Teilchen in die Tiefsee transportiert und dort abgelagert. Der $CO_2$-Gehalt der Atmosphäre würde rapide ansteigen und zu einem globalen Klimakollaps führen. Wenn dann die Algenblüte irgendwann ein Ende fände, würde die Zersetzung der abgestorbenen Photoautotrophen schlagartig riesige Mengen des im Meer gelösten Sauerstoffs verbrauchen, atmende Organismen, also alle Tiere, würden massenweise ersticken (wenn sie nicht schon vorher verhungert wären), und es würden sich von den Küstengewässern aus riesige Totzonen ausbreiten. Der Kollaps der Meere würde sich zwangsläufig auch auf alle terrestrischen Ökosysteme auswirken. Es käme mit hoher Wahrscheinlichkeit zum größten Massenaussterben der Erdgeschichte, vergleichbar mit dem Massenaussterben vor 60 Millionen Jahren, das durch den Einschlag eines riesigen Meteoriten ausgelöst wurde und das Ende der Dinosaurier bedeutete.

Dieses Gedankenexperiment fußt auf Erkenntnissen, die überraschenderweise erst in den letzten Jahren gewonnen wurden, seit Meeresbiologen vermehrt die Rolle von Viren erforschen.[9] Erst durch die marine Virologie weiß man, dass Viren die mit Abstand häufigste und diverseste »Lebensform« auf der Erde sind. Das virale Pangenom, also die globale Menge an Genen, die viralen Ursprungs sind, ist größer als das Pangenom aller anderen Lebewesen zusammen. Allein in den Meeren befinden sich 1 000 000 000 000 000 000 000 000 000 000 Viruspartikel (eine 1 mit 30 Nullen oder $10^{30}$ ). Das sind 10 000 000-mal mehr Viren, als es im bekannten Universum Sterne gibt ($10^{23}$). Würde man die einzelnen Viruspartikel in einer Art Kette aneinanderlegen (nehmen wir eine Durchschnittsgröße von 100 Nanometern an), wäre sie um ein Vielfaches länger als der Durchmesser unserer gesamten Milchstraße, und der beträgt immerhin 100.000 Lichtjahre, also etwa 9,4 Trillionen Kilometer. Wenn Sie aus Versehen beim Baden in der Ost- oder Nordsee einen Teelöffel Meerwasser verschlucken, landen im Durchschnitt 10 bis 100 Millionen Viruspartikel verschiedenster Spezies in Ihrem Magen.

Fast alle diese Viren befallen marine Bakterien, Cyanobakterien, Archaeen und eukaryotische Einzeller, also die ökologischen Akteure am Fundament der marinen Nahrungsketten. Die Weltmeere werden von diesen Mikroorganismen regiert. Sortiert man die weltweite Biomasse nach den fünf Reichen des Lebens, landen die Landpflanzen mit 80,6 Prozent auf Platz 1, gefolgt von den Bakterien mit 12,5 Prozent, Pilze bekommen mit 2,2 Prozent immerhin Bronze. Die Biomasse aller Tiere liegt bei nur 0,36 Prozent, wir Menschen kommen auf 0,01 Prozent, Archaeen, das dritte Reich allen Lebens, auf etwa 1,3 Prozent. Das Ganze sieht anders aus, wenn man sich auf die Meere beschränkt. Dann nämlich stellen Bakterien und Archaeen zusammen rund 80 Prozent der gesamten marinen Biomasse, Tiere etwa 10 Prozent. Was machen dann die 10 mit 30 Nullen Viren im Ozean? Sie töten Bakterien ab. Und zwar jeden Tag etwa 20 Prozent aller Bakterien und Archaeen. Jeden Tag wird also ein Fünftel des mikrobiologischen Lebens in den Ozeanen von Viren getötet, insgesamt ganze 16 Prozent der gesamten marinen Biomasse werden gekillt. Viren setzen so täglich eine ungeheure Menge Kohlenstoff im Meer frei, etwa 5 Milliarden Tonnen. Was nach Massenmord klingt, ist absolut essenziell für die ökologische Stabilität der Meere, weil über das virale Recycling des organischen Materials immer für ausreichend Nährstoff für alle gesorgt wird. Genau wie die Phagen im Darm stabilisieren die marinen Viren die mikrobiologische Artenvielfalt, auch hier wird das Kill-the-Winner-Prinzip angewendet. Die Wirksamkeit dieses Prinzips und der marinen Viren lässt sich sehr gut an den wunderschönen Kreidefelsen in Dover oder der Insel Rügen betrachten. Diese Kreidefelsen sind eigentlich Friedhöfe.

Die Kreide selbst besteht aus den Skeletten kleinster Meeresbewohner, der Kalkalgen. Die einzelligen Kalkalgen gewinnen über

Ein Friedhof: die weißen Klippen von Dover.

Photosynthese Energie und bilden diverse Formen von winzigen Exoskeletten aus Kalziumkarbonat (Kalk) aus. Wenn Kalkalgen sterben, sinkt ihr Exoskelett als Sediment ab und bildet irgendwann massive Kalkschichten, die wir in Dover oder auf Rügen bewundern können. Eine Kalkalge mit dem Namen *Gephyrocapsa huxleyi* spielt für das globale Klima und Gleichgewicht der Meere eine entscheidende Rolle. Sie kommt von den Polarmeeren bis zum Äquator überall vor. *G. huxleyi* produziert allein etwa 30 Prozent des Kalks weltweit und ist damit eine Schlüsselspezies. Die kleine Kalkalge bindet ca. 50 Prozent des $CO_2$ im Wasser und ist damit hauptverantwortlich für die Regulation des atmosphärischen Treibhausgases. Wenn die Bedingungen günstig sind, vermehrt sich *G. huxleyi* rasant und löst gigantische Algenblüten aus, die sich binnen kurzer Zeit auf bis zu 250 000 Quadratkilometer ausdehnen können. Während einer solchen Algenblüte gibt es mehr Individuen von *G. huxleyi* in den betroffenen Gewässern als die Summe der Individuen aller anderen Organismen zusammen. Da die Kalkskelette der Einzeller das Licht gut reflektieren, kann man die Algenteppiche aus dem All sehen. Ganze Fjorde Norwegens leuchten dann auf Satellitenfotos weiß. In diesen Blüten bindet die Kalkalge riesige Mengen $CO_2$ und baut daraus die Kalkskelette. Nach einigen Wochen aber sterben die Einzeller und damit die Algenblüten in Massen, die Kalkskelette sinken zu Boden. Verantwortlich für den plötzlichen Tod der Algenblüten ist, Sie haben es sicher schon erwartet, ein Virus. Es heißt *Emiliania huxleyi Virus 86*, wurde erst vor einigen Jahren identifiziert und gehört zu einer bisher wenig untersuchten Familie der Riesenviren. Es ist verhältnismäßig groß und sein Genom außerordentlich komplex. Die DNA des Virus ist etwa 15-mal länger als die des Coronavirus, sie kodiert etwa 50-mal mehr Gene als ein gewöhnliches Virus. Durch den Tod der Kalkalgen werden ungeheure Mengen organischen Materials für andere Lebewesen freigesetzt. Gleichzeitig wird durch das Absinken des Kalks auf den Meeresboden der Klimakiller $CO_2$ effektiv entsorgt. Das Team Kalkalge/

Virus stabilisiert also unser Klima, genauer gesagt sind eine einzige Kalkalgenart und eine einzige Virusspezies für 50 Prozent dieser Kohlenstoffpumpe verantwortlich. Etwas mulmig wird einem, wenn man an die Übersäuerung der Meere durch unsere Treibhausgasemissionen denkt, wodurch diese Kooperation bedroht wird. Schreitet sie weiter voran, können die Algen keine Kalkskelette mehr ausbilden und es könnte zu einem rasanten Anstieg an $CO_2$ in den Meeren und der Atmosphäre kommen.

In unseren Ozeanen leben noch weitere mikroskopische Schlüsselspezies, die eng mit Viren zusammenarbeiten. Im letzten Kapitel haben wir die kleine Cyanobakterie *Prochlorococcus* kennengelernt und die Tatsache besprochen, dass die Art allein 20 bis 30 Prozent des atmosphärischen Sauerstoffs herstellt. Ähnlich wichtig ist die Cyanobakterienart *Synechococcus*. Beide Spezies produzieren bis zu 50 Prozent des atmosphärischen Sauerstoffs. Ohne diese beiden kleinen Cyanobakterienarten würde alles tierische Leben sofort ersticken. Interessanterweise werden sowohl die eine wie auch die andere Art von stark spezialisierten Viren befallen. Anders als andere Phagen können sie zwar keine Toxine produzieren, um ihrem Wirt einen

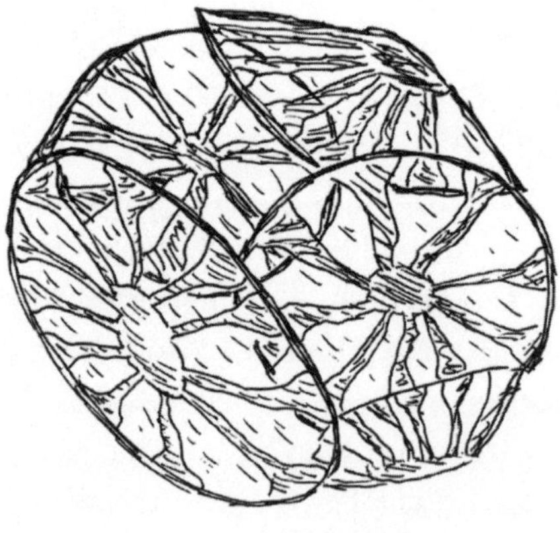

Die kleine Kalkalge Gephyrocapsa huxleyi.

Wettbewerbsvorteil zu verschaffen. Sie tragen aber Gene mit sich, die den biologisch hochkomplexen Prozess der Photosynthese bei ihren Wirten optimieren. Man konnte diese Photosynthese-Turbo-Gene in den *Prochlorococcus-* und *Synechococcus*-Phagen nachweisen und zeigen, dass befallene Wirtszellen zwar eine kürzere Lebenserwartung haben, aber in dieser Zeit deutlich effektiver Energie aus Photosynthese gewinnen.[10]

## DIE ERFINDER

Im Verlauf der Evolution haben Viren direkte Win-win-Kooperationen zu anderen Organismen aufgebaut, deren Benefit für die jeweiligen Partner unmittelbar klar ist: ein Wettbewerbsvorteil bei der Vermehrung oder Schutz gegen andere Krankheitserreger. Viren waren aber auch an Schlüsselerfindungen beteiligt, die zu ganz neuen Strukturen, Spezies und Artenfamilien führten. Innovation durch Kooperation. Ein schönes, fast unglaubliches Beispiel dafür ist ein kleines Insekt, die Blattlaus. Blattläuse sind Pflanzenparasiten, sie leben auf ihnen, stechen die Blätter an und ernähren sich von ihrem Saft. Eine spezielle Art der Blattläuse, die mehlige Apfelblattlaus, kommt in zwei verschiedenen Formen vor, mit oder ohne Flügel. Aus den Eiern schlüpfen normalerweise Nachkommen ohne Flügel. Diese fangen gleich an zu fressen und sich zu vermehren. Ab und zu infiziert sich eine Laus bei der Nahrungsaufnahme mit einem Densovirus.[11] Ihre Nachkommen sind dann etwas kleiner und nicht so effizient in der Fortpflanzung. Allerdings haben sie ein neues tolles Feature: Sie entwickeln mit einer deutlich erhöhten Wahrscheinlichkeit Flügel und können sich auf den Weg machen, um eine andere Pflanze zu befallen, auf der sie das Virus ablegen. Die Nachkommen der geflügelten Läuse werden wieder ohne Flügel geboren. Irgendwann ist die Anzahl der Läuse auf dieser Pflanze so groß, dass sich zufällig wieder eine Blattlaus mit dem Densovirus ansteckt und geflügelte Nachkommen produziert. Das Beispiel zeigt, wie extrem die Kooperation zwischen Viren und komplexen Organismen laufen kann. Nicht nur Red Bull, sondern auch Viren verleihen Flügel.

Bleiben wir bei den Insekten. Sitzt man im Sommer im Garten und starrt nicht in sein Handy, sondern zählt Insekten, wird es nicht lange dauern, und man beobachtet die erste Schlupfwespe. Schlupfwespen gehören wie Ameisen, Bienen, Wespen zu den Hautflüglern. Viele Schlupfwespen sehen mit ihrem langen Stachel am Hinterleib etwas angsteinflößend aus, sind aber für Menschen völlig ungefährlich. Die Familie der Schlupfwespen bildet mit geschätzten 60 000 Spezies wahrscheinlich die artenreichste Familie unter den Hautflüglern. Allein in Deutschland kennt man 3600 Schlupfwespenarten. Wie ihre Verwandten, die Brackwespen, haben die Schlupfwespen eine eher unsympathische Art der Fortpflanzung entwickelt.

Mit ihrem langen Stachel stechen die Schlupfwespen Schmetterlingslarven an. Der Stachel fungiert als Injektionskanüle, über sie werden die Wespeneier direkt in die Raupe gespritzt. Aus den Eiern entwickeln sich Wespenlarven, die sich von der Raupe ernähren. Damit ihre Eier nicht vom Immunsystem der Raupe angegriffen und abgetötet werden, sind die Schlupfwespen eine besondere Symbiose

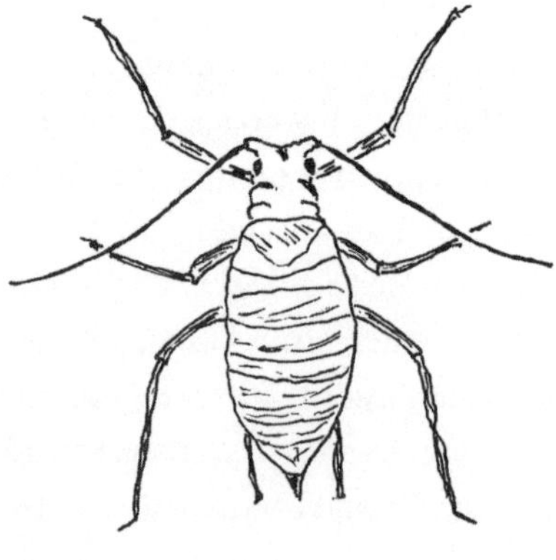

Die Blattlaus.

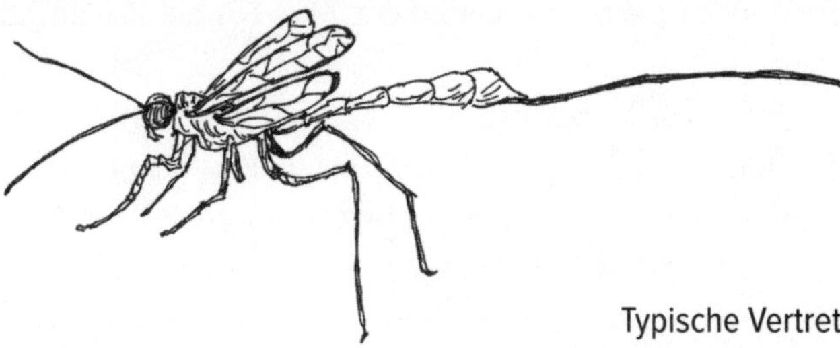

Typische Vertreterin einer Schlupfwespe.

eingegangen. Mit einem Virus. Jede Schlupfwespe hat ihr persönliches Virus, aber alle Viren gehören zur Familie der Polydnaviren.[12] Die Viruspartikel werden zusammen mit den Eiern in die Raupe injiziert und schalten deren Immunsystem ab, sodass die Larven der Wespe gut gedeihen können. Die Verbindung der Schlupfwespen und Polydnaviren ist so eng, dass Teile des Virusgenoms über die Jahrmillionen dieser Symbiose sogar in das Wespengenom integriert wurden. Die Genome beider Organismen sind verschmolzen. Weder Virus noch Wespe können sich unabhängig vermehren, die Symbiose hat eine neue Art hervorgebracht. Genauer gesagt sind es bei dieser Schlupfwespen-Polydnavirus-Verschmelzung ca. 60 000 Arten, die alle nach dem gleichen Prinzip entstanden sind. Über genetische Analysen hat man festgestellt, dass diese besondere Symbiose vor etwa 100 Millionen Jahren erfunden wurde, wahrscheinlich sogar zweimal unabhängig voneinander.

Ein weiteres prominentes Beispiel ist *Dichanthelium lanuginosum,* eine Pflanze mit der umgangssprachlichen Bezeichnung Panikgras.[13] Bei einem Besuch des Yellowstone National Parks im Nordwesten der USA kann man viele Naturschauspiele bestaunen. Yellowstone bietet neben allerlei Naturwundern heiße Quellen und Areale, deren Temperaturen so hoch sind, dass nur wenig sichtbares Leben dort gedeiht. Das Panikgras aber hält den hohen Temperaturen stand. Es wächst in Böden, die über 60 Grad heiß sind, der sichere Tod für die meisten Pflanzen. Man hat herausgefunden, dass Panikgras mit einem Pilz (*Curvularia protuberata*) durchsetzt ist, der die Pflanze offenbar hitzeresistent macht und sie vor Austrocknung schützt. Allerdings kann der besagte Pilz die Pflanze nur dann schützen, wenn er selbst durch ein Virus infiziert ist, das die Proteine für den Hitzeschutz herstellt. Der Pilz vermittelt also den Schutz weiter an die Pflanze. Eine Ménage-à-trois unter den Symbiosen. Diese flotten Dreier kommen häufiger vor. Die Erbsenblattlaus etwa schützt sich selbst durch Bakterien der Gattung *Hamiltonella defensa*. Wie der Name schon andeutet, verteidigt das Bakterium die Blattlaus, und zwar gegen Eier einer Schlupfwespe, die es vergiftet. Das dafür notwendige Toxin wird natürlich von einem Phagen produziert, der *H. defensa* infiziert hat.[14]

Wir haben schon davon gesprochen, dass Eukaryoten (Tiere, Pflanzen und Pilze) sich von Prokaryoten (Bakterien und Archaeen) in ihrer zellulären Struktur durch ein wichtiges Merkmal unterscheiden. Alle Eukaryoten tragen ihr Erbgut gut verpackt als Chromosomen im Zellkern, während es bei den Prokaryoten frei im Zellinneren umherschwimmt. Woher der Zellkern aber kommt, ist bis heute nicht ganz geklärt. Natürlich gibt es verschiedene Theorien darüber, wie am Anfang der eukaryotischen Evolution der Zellkern entstanden ist. Mittlerweile setzt sich die Ansicht des amerikanischen Mikrobiologen Philip Bell mehr und mehr durch.[15] Laut Bell hat der Zellkern einen viralen Ursprung und ist letztendlich der Überrest eines komplexen Virus, das vor Urzeiten einen Vorläufer der heutigen Eukaryoten infizierte. Zunächst machten sich die Vertreter dieser Theorie auf die Suche nach infrage kommenden Virusarten und spürten die Gattung der Pockenviren als Verdächtige auf. Zum einen gehört sie zu den evolutionär ältesten Virusfamilien. Außerdem besitzen alle Pockenarten ein vergleichsweise großes Genom, das deutlich mehr Gene enthält als andere Viren, und ihre Viruspartikel besitzen eine recht komplexe Struktur, mit vielen Membranen und Hüllen. Ein weiteres Argument für die Familie der Pockenviren als Kandidaten: Sie synthetisieren in der Zelle eigenständige, komplexe Membranstrukturen, sogenannte »viral factories« – also Virusfabriken, in denen die Virusreplikation stattfindet und sich die Virus-DNA konzentriert. Die Verfechter der viralen Eukaryogenese sehen in diesen Virusfabriken erste Vorläufer des Zellkerns. Zunächst wurde diese Theorie mit viel Skepsis beäugt. Das hat sich in den letzten Jahren mit der Entdeckung der sogenannten Riesenviren geändert. Der erste Vertreter der Riesenviren ist das *Mimivirus*.

Es wurde 1992 in den Zellen einer Amöbe entdeckt, welche die Legionärskrankheit auslöst, man hat es aber fälschlicherweise für ein kugelförmiges Bakterium gehalten. Erst 2003 wurde festgestellt, dass es sich um ein sehr großes Virus handelt.[16] Mit einem Durchmesser von 400 Nanometer war es größer als manche Bakterienspezies. Weil man es zunächst mit einem Bakterium verwechselt hatte, taufte man es *Mimivirus* (mimic = nachahmen). Dann ging die Forschung rasch voran, immer mehr Riesenvirusarten wurden auf oft erstaunliche Weise entdeckt, so 2008 das *Mamavirus*.[17] Mamaviren zeichnen sich dadurch aus, dass sie selbst von Viren befallen werden können, den Virusphagen oder Satellitenviren. Die erste Art dieser Virusphagen taufte man passend *Sputnik* nach dem ersten künstlichen Erdsatelliten, und das Mamavirus wird im Namen seiner Mutterrolle gerecht. Mittlerweile werden in regelmäßigen Abständen neue, noch riesigere Riesenviren entdeckt mit so wundervollen Namen wie *Klothovirus casanovai*, *Megaklothovirus horridgei*, Pandoravirus. Das Genom des Pandoravirus ist 100-mal größer als das Genom des Coronavirus und übertrifft in seinem Umfang das Erbgut vieler Bakterien. 2014 wurde im sibirischen Permafrost ein Riesenvirus der Gattung *Alphapithovirus sibericum* isoliert.[18] Forscher haben das Virus nach 30 000 Jahren im Eis wieder zum Leben erweckt und konnten es zur Infektion bringen. Die meisten Riesenviren kodieren fast ihre gesamte Replikationsmaschinerie in ihrem Erbgut, sind also nahezu autonom. Deshalb werden all diese Riesenviren oder ihre Vorläufer als Kandidaten für den Ursprung des Zellkerns gehandelt. Gleichzeitig verschwimmt mit ihnen auch die Grenze zwischen zellulärem und viralem Leben.

## WIR SIND VIREN

Kommen wir noch mal zurück zu den Phagen, also den Viren, die Bakterien und Archaeen befallen. Von ihnen wissen wir, dass sie ihre DNA in die des Wirts integrieren und auf genetischer Ebene mit dem Wirtsorganismus verschmelzen können. Bei Eukaryoten scheint

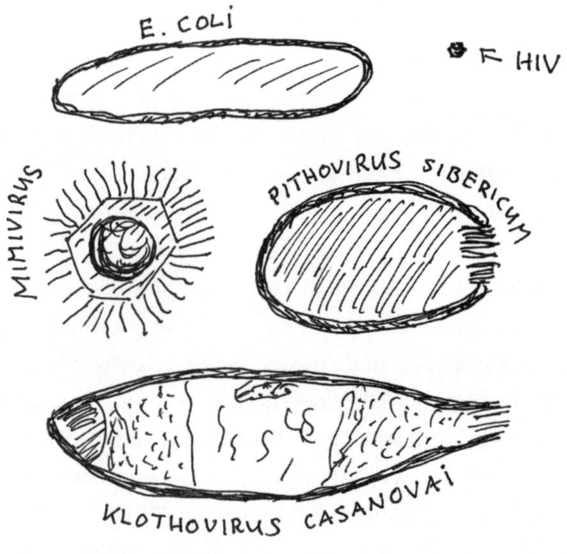


Vertreter der Riesenviren im Größenvergleich zum Kolibakterium und zu HIV.

diese Art der Virusstrategie unmöglich, weil die DNA des Wirts ja im Zellkern liegt, während die Proteinsynthese im Zytoplasma, also außerhalb des Zellkerns, stattfindet. Die meisten Viren, die Eukaryoten infizieren und die wir bisher kennengelernt haben, die Coronaviren, Influenzaviren, die Tabakmosaikviren und viele andere, nutzen tatsächlich nur diese im Plasma stattfindenden Prozesse für die eigene Replikation und lassen das Erbgut im Zellkern unberührt. Allerdings wäre die Natur nicht die Natur, hätten Viren nicht einen Weg gefunden, auch an die Zellkern-DNA heranzukommen. Das HI-Virus ist das bekannteste Beispiel. Das Virus gehört zur Klasse der Retroviren. Diese haben einen Mechanismus evolviert, der es ihnen ermöglicht, ihr Erbgut in den Zellkern der Wirte einzuschleusen. Danach wird es wie wirtseigene DNA behandelt, die in ihren Genen kodierte Information wird ausgelesen und daraus werden neue Viruspartikel synthetisiert. Und wie temperente Phagen können diese Retroviren endogenisiert werden, also Teil der Wirts-DNA werden, ohne dass neue Viruspartikel synthetisiert werden. Diese Retroviren werden mit ERV bezeichnet, die Abkürzung für endogenisierte Retroviren. Menschliche ERV heißen logischerweise HERV (H = human). Als im Jahr 2001 zum ersten Mal das gesamte menschliche Genom sequenziert wurde, war die Wissenschaftscommunity sehr überrascht. Nur etwa 1,5 Prozent des menschlichen Genoms enthält Gene, deren Information für die Synthese von Proteinen verantwortlich ist (etwa 23000 Gene kodieren 100000 Proteine). Der Rest, also 98,5 Prozent, wurde damals Junk-DNA, also Schrott-DNA, genannt, ein gefährlicher Begriff für etwas, das man nicht verstanden hat. Kurze Zeit später konnte man feststellen, dass ein substanzieller Anteil des menschlichen Erbguts aus HERV-Genen besteht, also endogenisierten Retroviren, deren Funktion aber ein Rätsel blieb.

Heute weiß man, dass etwa acht Prozent unseres gesamten Genoms retroviralen Ursprungs sind. Auf genetischer Ebene sind wir also fünfmal mehr Virus als Mensch! Das muss man erst mal verarbeiten. Wir stehen damit nicht allein. Nach diesen ersten Entdeckungen hat man retrovirale DNA praktisch in allen Tierspezies gefunden, bei den Wirbeltieren ca. zehn Prozent im Durchschnitt. Diese ganzen ERVs haben sich im Lauf der Evolution in den Genomen verschiedener Arten angesammelt und wurden teilweise an die Nachkommen weitergegeben. Durch genetische Vergleiche kann man ungefähr bestimmen, zu welcher Zeit ein Retrovirus seinen Ursprungswirt infiziert haben muss. Ein solcher Vergleich der vielen ERVs in Wirbeltieren hat gezeigt, dass Retroviren schon seit 450 Millionen Jahren endogenisiert werden. Tatsächlich hat diese Entdeckung zu einem neuen Wissenschaftszweig geführt, der Paleovirologie. Sie widmet sich der Untersuchung uralter Retroviren, die vor Millionen von Jahren in die Genome damaliger, zum Teil längst ausgestorbener Arten integriert wurden und bis heute in lebenden Organismen zu finden sind.

Was aber ist die Funktion all dieser Viren in unserem Erbgut? Erst in jüngster Zeit hat man angefangen, dieser Frage nachzugehen. Von vielen ERVs und HERVs kennt man die biologischen Funktionen nicht. Ganz viele ERV-Gene haben über die Zeit Mutationen im Erbgut erfahren, die man durch Genomanalyse auch identifizieren kann. Das Erbgut dieser ERVs ist kaputt, es hat zu viele Fehler im genetischen Code. Man könnte diese ERVs vielleicht tatsächlich als Schrott-DNA betrachten. Allerdings haben sich die französischen Wissenschaftler um den Virologen Thierry Heidmann gefragt, ob man aus einem Haufen Schrott wieder ein funktionierendes Virus basteln könnte. Viele ERVs und HERVs sind an mehreren Stellen im Wirtsgenom integriert. Und alle Varianten mutierten über die Millionen Jahre unterschiedlich. So auch das HERV-K-Virus, das etwa 100-mal in das menschliche Genom eingebaut ist. Die Wissenschaftler untersuchten zehn dieser Genombruchstücke und bildeten ein Konsensgenom, dem das ursprüngliche Genom entsprochen haben muss. Danach synthetisierten die Forscher das Konsensgenom, bauten es in eine menschliche Zelle ein, und schwups! wurden funktionstüchtige Viruspartikel synthetisiert, die auch andere Zellen im

Labor anstecken konnten. Passenderweise tauften die Wissenschaftler das neue alte Virus *Phoenix*.[19] So wurde ein über 200000 Jahre altes Virus aus einer Zeit, als es den modernen Menschen noch gar nicht gab, in einem Labor wieder zum Leben erweckt. Diese Vorstellung ist etwas gruselig.

Einige ERVs haben eine wichtige Rolle für die Wirtsspezies übernommen. So weiß man heute, dass in allen Plazentatieren ein bestimmtes Gen eine wichtige Rolle spielt. Bei den Plazentatieren, dazu gehören beispielsweise alle Säugetiere, versorgt die Mutter den Embryo mit Nährstoffen und Sauerstoff. Dazu müssen die Zellen des Embryos und der Mutter in der Plazenta in engem Austausch stehen. Um zu verhindern, dass der Embryo als fremder Organismus durch das Immunsystem der Mutter angegriffen wird, verschmelzen Zellen der Mutter und bilden eine Zellschicht, durch die Zellen des mütterlichen Immunsystems nicht hindurchschlüpfen können, Nährstoff- und Sauerstoffaustausch aber gewährleistet sind. Für die Verschmelzung ist das Protein Syncytin verantwortlich. Das Gen mit dem Bauplan für Syncytin ist retroviralen Ursprungs, es wurde also ein Vorfahre der Plazentatiere irgendwann einmal mit dem entsprechenden Virus infiziert. Ohne Retroviren, das kann man unterm Strich sagen, wäre die Plazenta und damit die ganze Palette an Säugetieren, auch wir Menschen, niemals erfunden worden.

Wie sehr retrovirale DNA in die Evolution komplexer Organismen eingreift, zeigen Erkenntnisse von 2018. Eines der größten Rätsel der Neurowissenschaften ist die Frage, wie Tiere mit zentralen Nervensystemen Erinnerungen speichern. In den Gehirnen müssen einzelne Nervenzellen einen Weg gefunden haben, Erlebnisse und Informationen nachhaltig abzuspeichern. Seit einiger Zeit folgen verschiedene Forschergruppen einer heißen Spur. Man hat herausgefunden, dass ein wichtiger Baustein bei der Kodierung von Erinnerungen ein Gen namens ARC ist. Das ARC-Gen ist wie Syncytin retroviralen Ursprungs. Es sorgt in den Nervenzellen dafür, dass virusähnliche Hüllen (Kapside) gebildet werden, die genetische Information enthalten. Diese Quasiviruspartikel werden dann zwischen Nervenzellen ausgetauscht, die bei der Speicherung von Erinnerungen eine Rolle spielen. Obwohl der genaue Mechanismus noch nicht verstanden ist, weiß man heute, dass die virusähnlichen Kapside für die Bildung von Erinnerungen notwendig sind, bei Menschen, Mäusen, sogar bei Fruchtfliegen. Ohne eine Jahrmillionen zurückliegende Infektion unserer Vorfahren durch ein Retrovirus wären wir also heute nicht in der Lage, uns zu erinnern. Sie können sich bei diesen Erinnerungsretroviren bedanken, denn im nächsten Kapitel werde ich Sie in den Zirkus der Symbiosen entführen, wo Sie vielleicht die eine oder andere Vorstellung nicht vergessen wollen.

# FREAK SHOW
## Im Zirkus der Symbiosen

*Kreativität ist wie ein Puzzle.*
*Menschen tragen verschiedene Teile bei,*
*um ein größeres Bild zu schaffen.*
Kermit der Frosch, Muppet

Manege frei im Zirkus der Symbiosen! Wir lernen jetzt ein paar außerordentlich exotische Kooperationen kennen. Manche sind so skurril, dass man sie sich nicht ausdenken könnte. Hier und da wird es etwas gruselig und unappetitlich, aber auch dramatisch und wunderschön.

### GEKLAUTE SOLARANLAGEN UND KOLLEKTIVER TOD

Die Biosphäre besitzt eine gigantische Solaranlage. Alles, was aus dem All als grüne Fläche zu erkennen ist, betreibt Photosynthese, Energiegewinnung aus Sonnenlicht. Die irdische Solaranlage hat eine Gesamtleistung von etwa 130 Terawatt. Die Menschheit verbraucht Energie mit einer Leistung von 18 Terawatt, das ist ungefähr ein Siebtel. Von diesen 18 Terawatt, die Homo sapiens konstant verschleudert, stammen ca. 75 Prozent aus fossilen Brennstoffen, also Öl, Gas und Kohle, die vor Jahrmillionen durch Pflanzen und Photosynthese hergestellt wurden. Bis auf einen ganz kleinen Teil an alternativen Energiequellen bekommt die Biosphäre seit etwa drei Milliarden Jahren ihre Energie aus oxygener Photosynthese. Noch heute wird ein substanzieller Anteil der photosynthetischen Energie von den Cyanobakterien im Meer produziert, zusammen mit pflanzlichem Plankton etwa 50 Prozent. Die andere Hälfte steuern die Landpflanzen bei, die, Sie erinnern sich, zu den Eukaryoten gehören. In ihren Zellen besitzen Pflanzen Chloroplasten, kleine »Zellen in Zellen«. Chloroplast kommt aus dem Griechischen, von »chloros«, »grün« und »plast«, »geformt«. Diese grünen Organellen sind die intrazellulären Solaranlagen der Pflanzen. Die Chloroplasten enthalten Chlorophyll, ein Pigment, das Licht absorbiert und die Energie einzelner Lichtquanten in chemische Energie umwandelt. So werden aus dem $CO_2$ Kohlehydrate synthetisiert. Chlorophyll und damit nahezu alle Pflanzen sind grün, weil sowohl blaues als auch rotes Licht aus dem Sonnenlicht zur Energiegewinnung genutzt werden.

Photosynthese ist den Pflanzen und den Cyanobakterien vorbehalten. Tiere und Pilze beherrschen diese Technik nicht. Sie sind entweder direkt oder indirekt auf Pflanzen als Energielieferanten angewiesen. So die Regel.

Aber die Natur liebt es, die Grenzen ihrer eigenen Regeln zu überschreiten. Manchmal in Schneckenform. An den Küsten Nordamerikas lebt die Wasserschnecke *Elysia chlorotica*. Diese Schnecke ist ein paar Zentimeter lang und ganz grün. Ihr Verdauungssystem ist nach hinten in Blattform ausgestülpt. Es sieht aus, als trüge die Schnecke ein Blatt mit sich herum. Das ist kein Zufall, denn das Verdauungssystem der Schnecke ist tatsächlich ein photosynthetisches Organ. Die Schnecke gewinnt wie die Pflanzen ihre Energie aus dem Sonnenlicht. Aber wie kann das sein? Hat *Elysia chlorotica* die Photosynthese auch erfunden? Keineswegs, denn die Grünfärbung kommt von pflanzlichen Chloroplasten, genauer von der Alge *Vaucheria litorea*, von der sich die Schnecke in jungen Jahren ernährt. Die Schnecke betreibt *Kleptoplastie*, sie klaut der Alge ihre Chloroplasten. Während *Elysia* die Alge frisst, bohrt sie die kleinen Algenzellen an und saugt sie mit einer Art Strohhalm aus. Die Nahrung wandert in das Verdauungssystem der Schnecke, in der alles Gefutterte ganz normal verdaut wird – bis auf die Chloroplasten. Diese werden nicht zersetzt, sondern von Zellen im Verdauungssystem in ihr Zellinneres aufgenommen. Den Prozess nennt man Phagozytose. Das ist ebenfalls griechisch und bedeutet so viel wie »wird von der Zelle gefressen«. Die Chloroplasten werden also Teil der tierischen Zelle. Da die Schnecke transparent ist, kann das Sonnenlicht bis zu den eingebauten Chloroplasten vordringen. Und tatsächlich liefern die Chloroplasten, wie vorher in den Pflanzen, Energie und versorgen die Schnecke. Die Schnecken können so bis zu zehn Monate ohne Nahrung auskommen. In ihrer Wachstumsphase ernährt sich die Schnecke vorzugsweise von der Alge, der sie die Chloroplasten klaut. Später braucht die Schnecke nur noch die Energie, die ihr die Chloroplasten liefern.

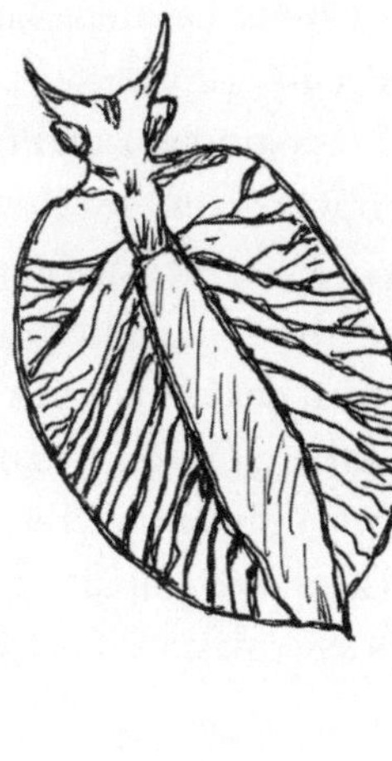

Die Chloroplastendiebin
Elysia chlorotica.

Und es wird noch interessanter. Wissenschaftler haben sich gewundert, wie die Chloroplasten in der Schnecke überhaupt Photosynthese betreiben können. Es handelt sich ja um Organellen, die an das pflanzentypische Zellmilieu gewöhnt sind und bestimmte Enzyme und Proteine brauchen, die nur im Genom der Pflanze kodiert sind, die also allen Tieren fehlen. Offenbar stehen *Elysia* diese Enzyme aber auch zur Verfügung. Frisst sie diese etwa auch? Das geht nicht, die Enzyme sind so empfindlich, dass sie die Verdauung der Schnecke nicht überstehen würden.

Was ist dann der Trick? Hier kommt eine ganz besondere Kooperation ins Spiel. Tatsächlich enthält das Genom der Schnecke bereits die Gene, die für die Herstellung der Enzyme gebraucht werden. Aber woher hat sie die Schnecke, und wie kommen sie in ihr Genom, in dem ein pflanzliches Gen eigentlich nichts zu suchen hat? Hier hilft ein Retrovirus, wie wir es im letzten Kapitel kennengelernt haben. Neben der Eigenschaft, das eigene virale Erbgut in die DNA des Wirts einzubauen, besitzen einige Retroviren noch eine weitere Fähigkeit.

Sie können sich kleine DNA-Abschnitte oder ganze Gene des Wirts einverleiben und zu ihrem eigenen Erbgut machen. Von diesem Prozess profitiert die kleine Wasserschnecke. Ein Retrovirus holt sich aus der Alge die für die Photosynthese notwendigen Gene, transportiert sie in die Schneckenzellen und baut sie dort in das Genom ein. Das muss bereits bei den Babyschnecken erfolgen, bevor sie anfangen, die Algen-Chloroplasten zu klauen, und es funktioniert nach einem genau choreographierten Prozess. Bei jeder Schneckenpopulation kommt irgendwann der Zeitpunkt zur Vermehrung. Die erwachsenen Tiere legen Eier, aus denen die Schneckenlarven schlüpfen. Danach sterben alle Elterntiere synchron. Auslöser ist das gleiche Retrovirus, das die kleinen Schneckenlarven später mit den Algen-Photosynthese-Genen versorgt. Mit dem kollektiven Tod aller Eltern treten viele Viruspartikel in die unmittelbare Umgebung der kleinen Schneckenlarvenpopulation, die so wieder die Fähigkeit erwerben kann, Kleptoplastie zu betreiben. Die Eltern opfern sich mithilfe des Retrovirus, das Retrovirus stattet die neugeborenen Schnecken mit den notwendigen Genen aus, und so geht alles wieder von vorne los.

Das Beispiel von *Elysia chlorotica* zeigt, wie facettenreich Symbiosen sein können: Sie können etwas Parasitäres haben (der Diebstahl von Chloroplasten), und die Kooperation zwischen Tieren und Viren kann den Tod der Vorgängergeneration bedeuten, was etwas brutal anmutet. Außerdem werden Gene und damit Merkmale und Fähigkeiten sogar über die Grenzen von Tier- und Pflanzenreich hinweg ausgetauscht.

## MOLCHIGE STARTHILFE

Viele Tierarten haben andere, weniger theatralische Wege gefunden, um mit photosynthetisierenden Partnern Symbiosen einzugehen. Nicht zwangsläufig muss es auf Chloroplastenklau und kollektiven Tod durch Retroviren hinauslaufen. Im Nordosten der USA beispielsweise ist der Flecken-Querzahnmolch zu Hause. Rein äußerlich ähnelt er dem europäischen Feuersalamander, er ist schwarz mit gelben Punkten und Flecken. Wie alle Molche laicht auch diese Art im Wasser. Wenn man den Laich näher anschaut, erkennt man eine blasse Grünfärbung. Schon 1958 wurde diese genauer untersucht und man stellte fest, dass Algenzellen die Eihülle des Froschlaichs durchbrochen hatten und es sich im Froschembryo gemütlich machten.[1] Die einzellige Algenart *Oophila amblystomatis* vermittelt die bis heute einzigartige intrazelluläre Symbiose zwischen einem Wirbeltier und einer photosynthetischen Lebensform. Die Alge versorgt den wachsenden Molchembryo mit Sauerstoff und Kohlehydraten, beides Produkte, die durch die Photosynthese entstehen. Beim Wachstum produziert der Molchembryo Stickstoff in Form von Ammoniak. Zu viel davon ist nicht gut für den Embryo. Die Alge, die selbst Stickstoff benötigt, bekommt ihn als Gegenleistung für Zucker und Sauerstoff. Wenn die Molchlarve irgendwann schlüpft, ist die Koope-

Nutzt Algen als Babysitter: der Flecken-Querzahnmolch.

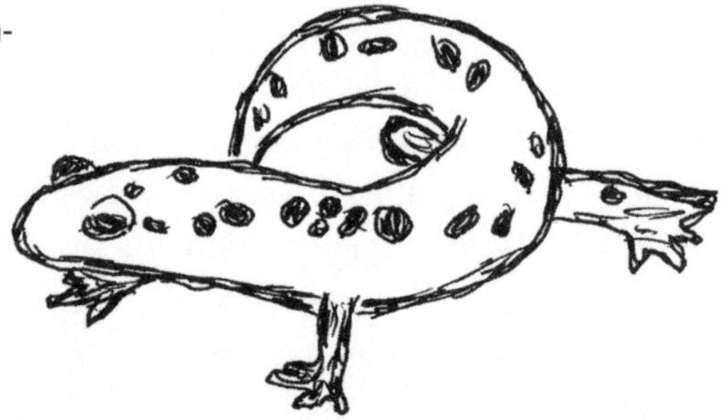

ration beendet, die Algen warten auf die nächste Generation Molchlaich, schließlich kehren erwachsene Flecken-Querzahnmolche zu ihrem Geburtstümpel zurück.

Die friedliche Symbiose zwischen Tier und Alge kann man auch in den Tidengewässern der Atlantikküste beobachten. Dort lebt der 1,5 Zentimeter große Plattwurm *Symsagittifera roscoffensis* in flachen Küstentümpeln. Die Populationen fallen auf, da die Tiere oft in Massen auftauchen, allerdings verwechselt man sie leicht mit angespülten Algen oder Wasserpflanzen, denn die Würmer sind gelbgrün. Bei der Geburt ist *Symsagittifera roscoffensis* ein ganz gewöhnlicher Wurm. Die Jungtiere fressen gern die Alge *Tetraselmis convolutae*. Die Algenzellen werden aber nicht verdaut, sondern krabbeln einfach in das Gewebe des Wurms und siedeln sich dort an. So wird der Wurm grün. Die Algen betreiben weiter Photosynthese und versorgen den Wurm mit Sauerstoff und Kohlehydraten, der Wurm versorgt die Algen mit Stickstoff und bietet ihnen Schutz. Sobald sich *Symsagittifera roscoffensis* die notwendige Menge an Algen einverleibt hat, macht der Wurm eine Metamorphose durch, bei der er Mund, Anus und den gesamten Verdauungstrakt verliert. 100 Prozent seiner Energie und Nährstoffe werden nun durch die photosynthetischen Partner zur Verfügung gestellt.

## PFLANZENTIERE

Die Symbiose zwischen Molch und Alge ist einzigartig unter den höheren Tieren und Wirbeltieren. Vielleicht überrascht es nicht, dass einfachere und damit evolutionär ältere Tiere noch innigere Beziehungen zu den photosynthetischen Organismen entwickelt haben.

Korallen pflegen eine fundamentale, enge Freundschaft mit Zooxanthellen, was so viel heißt wie »kleine gelbe Tierchen«, da Wissenschaftler sie zunächst für einzellige Tiere hielten. Viele Laien wiederum halten Korallen für Wasserpflanzen, weil sie in der bekannten sesshaften Form an Pflanzen erinnern und die Bilder von Korallenriffen wie Wälder oder Wiesen aussehen. Korallen sind aber Tiere, Nesseltiere, um genau zu sein. Die Zooxanthellen hingegen sind keine Tiere, sondern verwandt mit den Algen. Zooxanthelle ist ein Sammelbegriff für verschiedene Gruppen und Gattungen von Protisten, also einzelligen Eukaryoten, die Photosynthese betreiben und in Symbiose mit Meerestieren leben können. Zu ihnen gehören auch die Dinoflagellaten (»wirbelnde Peitschen«), die neben den Kieselalgen die wichtigsten Primärproduzenten organischen Materials im Meer sind. Eine Gattung der Dinoflagellaten, die Alge *Symbiodinium,* hat sich auf die Zusammenarbeit mit Nesseltieren, Quallen, vielen Korallenarten, aber auch anderen Mollusken und marinen Würmern spezialisiert. In den Zellen einer Koralle lebt die kleine kugelförmige Alge endosymbiotisch, so wie die mit verschiedenen Insekten kooperierenden Bakterien, die wir im vorletzten Kapitel kennengelernt haben. Dinoflagellaten sind, im Gegensatz zu Bakterien, sehr komplexe Einzeller und viel größer. Der Sinn dieser Symbiose ist aber ähnlich, beide Partner geben dem jeweils anderen, was sonst nur schwer zu bekommen wäre. Die Koralle spendiert *Symbiodinium* Schutz vor Fressfeinden und konstante Lichtverhältnisse, außerdem ist *Symbiodinium* nicht der Meeresströmung ausgesetzt, weil die Koralle fest verankert ist. Als Tier produziert die Koralle viel Phosphor und Stickstoff als Abfallprodukte, was wiederum die Alge gern als organische Nährstoffe annimmt. Im Gegenzug versorgt die Alge die Koralle mit Energie und Kohlehydraten aus der Photosynthese.

Korallenriffe, die größten biologischen Strukturen der Erde, bestehen im Wesentlichen aus den gigantischen Kalkablagerungen der Korallen. Das berühmte Great Barrier Reef vor der Nordküste Australiens hat eine Länge von mehr als 2000 Kilometern und eine Fläche von 35 Millionen Hektar. Vor den Malediven liegt ein Riff von mehr als zwei Kilometern Höhe.

Zur Bildung dieser Strukturen benötigen Korallen große Mengen an Energie. Aber die Meere in den entsprechenden Gebieten sind besonders nährstoffarm. Die Symbiose mit Algen löst das Problem. Typischerweise liefern die Algen 60 Prozent der für die Korallen notwendigen Energie, in manchen Fällen bis zu 90 Prozent, also Kohlehydrate, Glycerin und andere organische Baustoffe.

Ohne die symbiotischen Algen würden die Korallen verhungern, sie sind komplett abhängig von dieser Symbiose. Andersherum gilt das nicht. Viele symbiotische Dinoflagellaten können auch frei im Meer leben, für sie ist die Kooperation mit Korallen optional. Dafür können viele Korallen mit verschiedenen Dinoflagellaten, zum Beispiel unterschiedlichen Spezies der Gattung *Symbiodinium*, zusammenarbeiten, sie sind nicht an eine spezielle Art gebunden. Diese Flexibilität ist wichtig, weil sich die Koralle so, abhängig von den äußeren Bedingungen, jeweils optimale Kooperationspartner aussuchen kann. Der eine Partner kann also auch außerhalb der Symbiose leben, der andere ist zwar komplett abhängig, hat aber gewisse Freiheiten in der Partnerwahl.

Wie aber kommen die Korallen an die Dinoflagellaten? Auch hier hat die Natur verschiedene Lösungen für ein Problem gefunden. In vielen Fällen machen sich die Larven der Korallen auf den Weg, um ihr *Symbiodinium* einzufangen. Korallenlarven sind, anders als die erwachsenen Tiere, noch nicht sesshaft. Die Larven der meisten Korallen sind sehr klein, sie messen zwischen 0,1 und einem Millimeter. Sie bestehen aus durchschnittlich 1000 Zellen, die schon differenziert sind. Trotz ihrer kompakten Form besitzen die Larven verschiedene Gewebezellen, eine Epidermis und innere Zellschicht, können sich aktiv fortbewegen und reagieren auf Umweltreize. Ihre Partner nehmen sie über Phagozytose in spezielle Hohlräume ihrer eigenen Zellen auf, in die jeweils ein Dinoflagellat einziehen kann. Das Zusammentreffen der Korallenlarven mit ihren Kooperationspartnern ist nicht dem Zufall überlassen. Die Dinoflagellaten produzieren Botenstoffe, um die Korallenlarven anzulocken. Einige Korallenlarven nehmen dabei verschiedene Arten von Dinoflagellaten in sich auf und bleiben so flexibel. Später können sie dann als bereits sesshafte Polypen die zur gewählten Umgebung perfekt passende Art vermehren. Diese Variabilität und Flexibilität ist für die Korallen sehr wichtig. Einige Korallenarten wechseln noch im jungen Erwachsenenalter als bereits sesshafter Polyp ihre photosynthetischen Kooperationspartner komplett aus.

Wenn die Korallenlarven genügend Dinoflagellaten in sich eingebaut haben, machen sie sich auf die Suche nach einem geeigneten

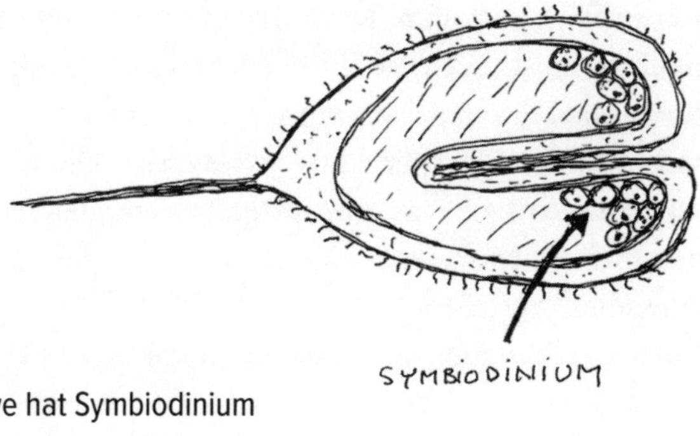


Eine Korallenlarve hat Symbiodinium eingefangen und in sich eingebaut.

Platz zum Bleiben. Auch dieser Prozess wird nicht dem Zufall überlassen. Und wieder spielen dabei Mikroorganismen eine Rolle, die zu symbiotischen Partnern der Korallen werden. Viele Korallen wählen Stellen auf einem Riff, die von Biofilmen bedeckt sind. Biofilme sind Konsortien von oftmals vielen Bakterienspezies, die in einer gelartigen Matrix aus organischem Material koexistieren und ein kleines mikrobielles Ökosystem bilden. Diese Biofilme locken die Korallenlarven mit Botenstoffen an. Wenn die Korallen sich dann dort ansiedeln, setzt ihre Metamorphose ein. Sie entwickeln sich mithilfe der Bakterien aus dem Biofilm zu Polypen, also der Form, die wir von Korallen kennen. In diesem Prozess helfen naturgemäß viele Bakterienarten. Einige werden zu aktiven Teilen des Korallenholobionten und migrieren in den Organismus, beteiligen sich zum Beispiel an der Entwicklung der Immunabwehr der Koralle. Andere unterstützen die Dinoflagellaten, indem sie diese mit Nährstoffen wie Stickstoff versorgen. Die Korallen sind also eine dreifache Symbiose aus der Koralle selbst, den intrazellulären Dinoflagellaten und den Bakterien – oft sind es viele Hunderte bis Tausende verschiedene Arten –, die typischerweise die Schleimhäute der Polypen bevölkern.

In letzter Zeit machen die Korallen traurige Schlagzeilen. An vielen Riffen hat aufgrund der Erwärmung der Meere die sogenannte Korallenbleiche eingesetzt, schon 50 Prozent des Great Barrier Reefs sind betroffen. Die aufgrund des Klimawandels höheren Temperaturen stressen die Korallen. Steigt die Temperatur zu stark, verlieren die Dinoflagellaten ihre Fähigkeit zur Photosynthese und werden von den Korallen aktiv abgestoßen. Die Korallen bleichen aus. Damit verlieren sie ihre primäre Energiequelle und sterben letztendlich ab. Die Korallenbleiche ist eine gigantische ökologische Katastrophe.

Die ersten Korallenriffe entstanden vor etwa 485 Millionen Jahren. Sie gehören zu den ältesten und artenreichsten Biotopen der Erde, mehr als ein Viertel aller bekannten Fischarten leben an

Korallenriffen, die bis zu 100 000 verschiedene Arten von Lebewesen beherbergen können. Diese Artenvielfalt hat selbst Darwin auf seinen Reisen mit der *Beagle* überrascht, wie er 1842 in einer Arbeit über Korallenriffe beschrieb. Er fragte sich, wie diese Vielfalt in klaren, warmen, nährstoffarmen Gewässern entstehen kann und wieso es an manchen Orten Korallenriffe gibt und an anderen, die vergleichbare Bedingungen bieten, nicht. Schon Darwin erkannte den Widerspruch, der heute unter dem Namen Riffparadox oder Darwin'sches Paradox bekannt ist. Wie kann in einer nährstoffarmen Umgebung der Wettstreit ums Überleben, der Kampf um Ressourcen, um dieselben Nährstoffe, eine so enorme Artenvielfalt erzeugen, wo doch eigentlich nur die am besten angepassten Arten überleben sollten? Wie kann eine so nährstoffarme Umgebung eine derart große Biomasse erzeugen? Es liegt wieder einmal an den variablen, adaptiven und breit gefächerten Symbiosen, ein weiterer Beleg für die These »Life did not take over the globe by combat, but by networking«.

## TARNKAPPENSYMBIOSE

Bleiben wir noch für einen Moment im Meer. An den Küsten Hawaiis ist *Euprymna scolopes* zu Hause, eine faszinierende Zwergtintenfischart. Die Tierchen werden nicht größer als ein paar Zentimeter. Tagsüber verbuddeln sie sich im Meeresboden. Erst nachts werden sie aktiv und gehen auf Beutejagd, zumeist stehen kleine Meeresbewohner wie Garnelen auf der Speisekarte. Die Zwergtintenfische stehen aber auch selbst auf der Speisekarte größerer Meeresbewohner. Zum Selbstschutz haben sie deshalb eine interessante Tarnkappentechnik entwickelt. Die Räuber erkennen nachts ihre Beute an den Schatten, die das Mond- und Sternenlicht wirft. Deshalb leuchten die Zwergtintenfische auf der Unterseite, die nächtliche Himmelsbeleuchtung wird simuliert und der Tintenfisch wirft keinen Schatten. Diesen Prozess der Lichterzeugung bezeichnet man als Biolumineszenz. Verschiedene Tiere können das, auch einige Pilze und Pflanzen, Protisten und Bakterien.

In den meisten Fällen sind nicht die Tiere selbst für das Leuchten verantwortlich, sondern, Sie ahnen es sicher schon, Mikroben, die in dem Tier zu Hause sind. Beim Zwergtintenfisch heißen die Bakterien *Aliivibrio fischeri*, sie gehören zu den häufigsten bakteriellen Leuchtern im Meer. Martinus Beijerinck beschrieb die Art bereits 1889. *A. fischeri* pflegt Kooperationen mit diversen tierischen Meeresbewohnern, darunter Fische und Quallen. Meistens wird geleuchtet, um Paarungspartner oder Futter anzulocken oder um Räuber zu irritieren. Der Zwergtintenfisch hat für die Kooperation mit *A. fischeri* ein eigenes Organ an seiner Unterseite entwickelt, das eine substanzielle Population dieser Bakterien beheimatet. Die nächtliche Tarnung ist damit sichergestellt.

Im Gegenzug werden die Bakterien unter konstanten, optimalen Bedingungen mit Nährstoffen versorgt. Dieser spezielle Mutualismus findet auf mehreren Ebenen statt. Die Bakterien sind nämlich auch an der Entwicklung des Leuchtorgans selbst beteiligt. Wenn die Zeit zur Fortpflanzung gekommen ist, legen *E. scolopes* ihre Eier, aus denen synchron die Tintenfischbabys schlüpfen. Diese sind noch nicht mit den Biolumineszenzbakterien besiedelt. Dieser Prozess beginnt allerdings nur wenige Stunden nach dem Schlüpfen. Die Jungtiere besitzen an ihren Seiten kleine Öffnungen, die den Eingang zum später entwickelten Lichtorgan bilden. Hier treten die Bakterien ein. Der Eintrittskanal ist an den Innenseiten mit mikroskopisch kleinen Härchen ausgestattet, die die Bakterien mit rhythmischen Bewegungen ins Innere transportieren. Durchgelassen werden ausschließlich *A. fischeri*, die bakterielle Kolonisierung wenige Stunden nach dem Schlüpfen ist also hochselektiv. Das funktioniert, weil die Zellen der Innenwände spezielle Biomoleküle produzieren, die nur für *A. fischeri* attraktiv sind und andere Bakterien abstoßen. Wenn *A. fischeri* den inneren Hohlraum erreicht haben, aus dem sich später das Leuchtorgan entwickelt, induzieren die Bakterien morphologische Änderungen des Wirts. Zum Beispiel werden die Transporthärchen abgestoßen, sodass keine weiteren Bakterien den Wirt kolonisieren können. Außerdem werden im Leuchtorgan viele Furchen und Nischen ausgebildet und von den Bakterien besiedelt. Die Bakterien regeln in diesen Furchen auch das Immunsystem des Tintenfischs herunter, sodass sie nicht angegriffen werden. Die enge Symbiose erfordert also verschiedene Transformationen des Wirts, damit ein funktionierender Holobiont, ein Gesamtlebewesen entsteht.

Es geht aber noch weiter. Jeden Abend stoßen erwachsene Zwergtintenfische einen Teil ihrer *A.-fischeri*-Population aus und verteilen die Bakterien so in der unmittelbaren Umgebung. Das erhöht deren Gesamtkonzentration in dem Habitat und damit die Wahrscheinlichkeit, dass neu geschlüpfte Individuen mit den notwendigen Bakterien versorgt werden, übrigens nicht nur die eigenen Nachkommen, was man durchaus als soziale Aktion werten kann.

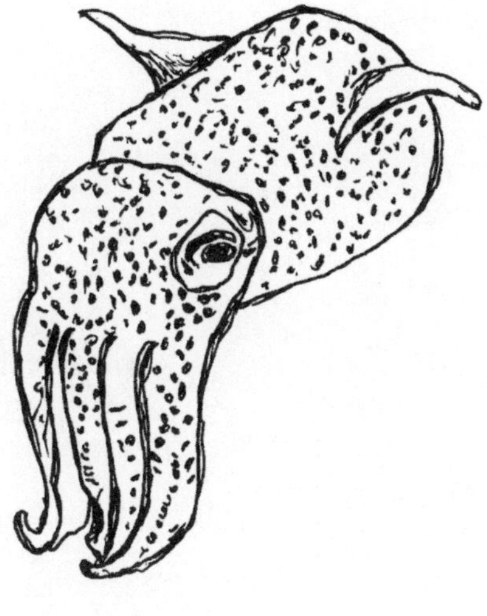

Der Zwergtintenfisch Euprymna scolopes hat ein Leuchtorgan.

## DAS WESEN MIT DER PARADOXEN FRISUR

Verlassen wir den Ozean und gehen an der Nordküste Australiens an Land. Dort ist die Termitenart *Mastotermes darwiniensis* zu Hause, auch Darwin-Termite genannt. Wir haben im letzten Kapitel schon von der Fähigkeit der Termiten, Holz zu verstoffwechseln, gesprochen und ihren hochkomplexen Bioreaktoren mit Tausenden Bakterienspezies im Hinterleib. *M. darwiniensis* gehört zu den ältesten Termitengattungen, äußerlich erinnern sie noch sehr stark an ihre Verwandten, die Schaben. Viele Termiten, insbesondere afrikanische Arten, sind für ihre riesigen, bis zu sieben Meter hohen Bauwerke bekannt, die sie aus einer Mischung aus Speichel, Sand und Kot konstruieren und die mehrere Millionen Individuen beherbergen. Erst kürzlich hat man einen bewohnten Termitenbau gefunden, der ca. 35 000 Jahre alt ist.[2] Die ersten Termiten zogen dort ein, als in Europa noch Neandertaler lebten. Die australische Termitenart *M. darwiniensis* hingegen lebt unterirdisch. Sie ernährt sich ebenfalls von Holz und kann dank vieler Bakterienarten Zellulose zersetzen. Auch zahlreiche Pilzspezies und andere Einzeller bewohnen den termitischen Hinterleibsbioreaktor.

Der Autor hat versucht, eine Darwin-Termite zu zeichnen.

Eine besonders kuriose Lebensform spielt in diesem kleinen Ökosystem eine Hauptrolle, der Organismus *Mixotricha paradoxa*. Er ist etwa einen halben Millimeter groß, also mit bloßem Auge zu erkennen. Dieses Lebewesen ist ausschließlich in dieser Termitenart zu finden und lebt in enger Symbiose mit dem Insekt. *M. paradoxa* bedeutet übersetzt: »Das paradoxe Wesen mit den komisch vermischten Haaren«. Zahlreiche kleine Härchen unterschiedlicher Länge und Stärke decken die gesamte Oberfläche ab, vereinzelt durchsetzt mit einigen Hundert längeren Härchen und an einer Seite mit vier ganz langen, peitschenartigen Haaren. Als Eukaryot hat *Mixotricha* einen Zellkern und verschiedene intrazelluläre Organellen. Oberflächlich betrachtet mutet *Mixotricha* wie eine behaarte Birne an. Er kann sich gut im Verdauungsorgan der Termite bewegen. Das Kuriose an diesem eigenartigen Lebewesen ist nicht nur die enge Symbiose mit den Termiten, sondern dass jedes Individuum wiederum aus fünf verschiedenen Mikroorganismen zusammengesetzt ist. Lynn Margulis nannte *Mixotricha* »das Biest mit den fünf Genomen«. Die etwa 250 000 kleinen Härchen auf der Oberfläche helfen dem Organismus bei der Fortbewegung, indem sie synchronisiert in eine Richtung schlagen. Dabei sind es keine gewöhnlichen Härchen, die oft an den

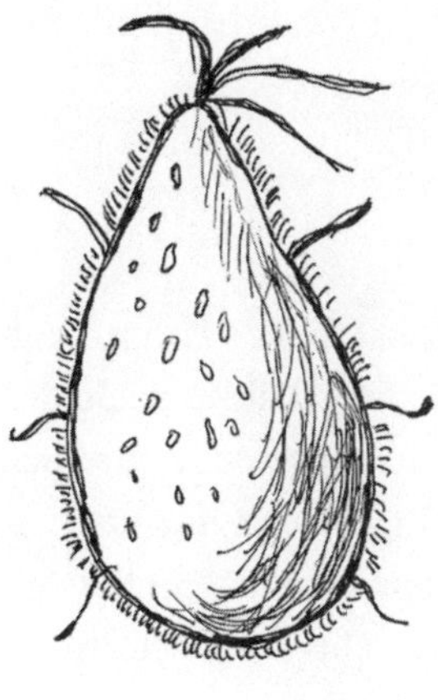

Das Biest mit den fünf Genomen.

Oberflächen von Mikroorganismen zu finden sind. Jedes einzelne Haar ist ein Bakterium der Gattung Spirochäten. Das sind Bakterien in Faden- oder Korkenzieherform. Die Infektionskrankheit Syphilis wird zum Beispiel durch Spirochäten verursacht. Jede Spirochäte ist an der Oberfläche *Mixotrichas* in einer Art Scharnier beweglich verankert.

Schaut man unter dem Mikroskop genauer hin, findet man an der Basis der Spirochäten in etwa die gleiche Anzahl von pillenförmigen Bakterien. Deren Aufgabe ist noch nicht vollständig geklärt, man geht aber davon aus, dass diese Bakterien beim Abbau der Zellulose aus der Holznahrung der Termiten eine Rolle spielen. Auch die längeren Härchen sind in Wirklichkeit eine dritte Art von fadenförmigen Bakterien. Schließlich beherbergt *Mixotricha* noch Hunderttausende endosymbiotische Bakterien im Zellinneren, die dem Organismus bei der Energiegewinnung helfen. »Das Wesen mit der paradoxen Frisur« ist sicher eine kooperative Kuriosität, zeigt aber eindrücklich, wie basal die Zusammenarbeit von Bakterien und selbst den einfachsten Eukaryoten ist. Außerdem ist an diesem Beispiel die Vielschichtigkeit der Kooperation frappierend. Termiten sind soziale Insekten, der Termitenstaat wird biologisch als Superorganismus betrachtet. In jedem Individuum leben Tausende von Mikroorganismen kooperativ zusammen, und selbst einige dieser Mikroorganismen sind aus einzelnen Bakterien und Protisten zusammengesetzt.

## MATROSCHKA

Bleiben wir bei den Insekten. Als Freund von Zimmerpflanzen und Raumbegrünung ist mein Verhältnis zu Schmierläusen belastet. Viele Schmierläuse sind Pflanzenparasiten und Schädlinge. Das Wort gefällt mir eigentlich nicht, es zeigt nur unser begrenztes Wissen über die Bedeutung von Pflanzenparasiten. Bei den Schmierläusen mache ich aber eine Ausnahme. Die Zitrusschmierlaus *Planococcus citri* gehört in Europa zu den häufigsten Vertretern der Schmierläuse. Sie ernähren sich vom Saft der Pflanzen, die sie anbohren und aussaugen. Die Schmierläuse ähneln äußerlich Asseln und werden ca. drei bis fünf Millimeter groß. Sie produzieren dichte Netze aus Fäden, die wirklich sehr eklig sind. Wie viele Insekten, die sich von Pflanzensäften ernähren, bewirtet auch die Zitrusschmierlaus endosymbiotische Bakterien in ihren Körperzellen, sie stellt die für die Proteinsynthese nötigen Aminosäuren her, die nicht im Pflanzensaft enthalten sind. In der Zitrusschmierlaus und nur in ihr wohnt eine Bakterienart namens *Tremblaya princeps*. Ihre Symbiose muss schon sehr alt sein, denn *Tremblaya princeps* hat im Laufe der Zeit den überwiegenden Teil des eigenen Erbguts verloren. Tatsächlich hält diese Art den Rekord des kleinsten bisher gefundenen bakteriellen Genoms mit nur etwa 139 000 Basenpaaren. Damit hat es nur zwei Prozent der Länge eines typischen bakteriellen Genoms wie *E. coli*. *Tremblaya princeps* kann mit diesem kleinen Genom gar nicht alle zum Überleben wichtigen Proteine herstellen. Das muss es allerdings auch gar nicht, denn in seinem Zellinneren haust wiederum die Bakterienart *Moranella endobia*. Wie bei einer Matroschka-Puppe finden wir bei der Zitrusschmierlaus also eine Endo-Endo-Symbiose.

Die Schmierlaus ist sehr klein.

Die verschachtelte Kombination aus *Moranella endobia*, *Tremblaya princeps* und Laus produziert kooperativ notwendige Aminosäuren. So wird zum Beispiel die Aminosäure Phenylalanin, ein wichtiger organischer Baustein in der Proteinsynthese, mithilfe von insgesamt neun Enzymen hergestellt. Drei stammen von *Moranella endobia*, fünf steuert *Tremblaya princeps* bei, und ein letztes Enzym stellt die Laus selbst zur Verfügung. Die Zitrusschmierlaus ist nicht die einzige Art mit verschachtelter Endosymbiose und gemeinsamer Proteinproduktion. Auch viele Schwämme haben ausgeklügelte Lösungen gefunden, über sie werden wir später noch viel mehr erfahren.

## DER WURM AUS DER HÖLLE

Wir bleiben aber in der Nachbarschaft einiger Schwämme, in der pazifischen Tiefsee. Dort ist in ungefähr 2500 Meter Tiefe der Riesenwurm *Riftia pachyptila* zu Hause. Diese bis zu drei Meter langen und einige Zentimeter dicken Ungetüme leben in selbst gebauten, festen Röhren, in die sie sich ruckartig zurückziehen können, wenn Gefahr droht. Erst 1977 wurde diese Art entdeckt. Meist leben die Würmer in Kolonien von vielen Hundert Individuen in einer Art Wurmwald. Als erwachsene Würmer verlassen sie ihre Röhre nie vollständig. Die Kolonien entstehen immer in der Nähe hydrothermaler Quellen, den sogenannten Schwarzen Rauchern. Die heißen Quellen werden häufig durch aktive unterseeische Vulkane angetrieben, sie heizen das Wasser auf und geben viele Mineralien ab. Elemente, die wir gemeinhin mit der Hölle in Verbindung bringen, liegen dort in hoher Konzentration vor: Phosphor, Schwefel, Stickstoff. Diese Umgebung wäre für die meisten Organismen toxisch bis tödlich. Es tritt beispielsweise sehr viel Schwefelwasserstoff aus den Schwarzen Rauchern aus, in Formelsprache $H_2S$. Die chemische Formel gleicht Wasser, also $H_2O$, nur dass der Sauerstoff durch Schwefel ersetzt wird. Im Unterschied zu Wasser ist Schwefelwasserstoff weder geruchlos noch ungiftig.

Ganz im Gegenteil, $H_2S$ stinkt wie faule Eier (weil er eben auch in faulen Eiern entsteht) und ist außerordentlich giftig. Schwefelwasserstoff verstopft beim Menschen das Hämoglobin, ein kompliziertes Biomolekül, das im Blut den Sauerstoff transportiert.

*R. pachyptila* aber kann in dieser Umgebung wundervoll gedeihen. Tatsächlich könnte der Wurm ohne den Schwefelwasserstoff gar nicht überleben, zumal er kein Verdauungssystem hat. Ja, ganz richtig: Die Würmer nehmen keine Nahrung auf und scheiden auch nichts aus. Sie haben weder Mund noch Darm noch Anus. Stattdessen haben sie am Kopf feine feuerrote »Federn«, mit denen sie im Wasser hin und her wedeln. Diese Federn funktionieren wie die Kiemen atmender Meeresbewohner. Die feingliedrige Struktur nimmt den im Wasser gelösten Sauerstoff $O_2$, Kohlendioxid $CO_2$ und Schwefelwasserstoff $H_2S$ auf. Die Federn sind an das Blutgefäßsystem des Wurms gekoppelt, das mittels einer speziellen Sorte von Hämoglobin sowohl Sauerstoff als auch Schwefelwasserstoff transportieren kann. Das ist eine unfassbar trickreiche Anpassung, denn das Hämoglobin »normaler« Tiere wird durch Schwefelwasserstoff ja blockiert.

Der Wurm aus der Hölle.

Die Blutgefäße befördern alle drei Zutaten in ein schwammartiges Organ, das Trophosom. In dessen Zellen leben Milliarden von endosymbiotischen Bakterien. Bisher haben wir Bakterien kennengelernt, die dem Wirtsorganismus organische Stoffe liefern, die er selbst nicht herstellen kann. Abgesehen von photosynthetischen Tieren benötigen die Wirtsorganismen die bakteriellen Partner aber in der Regel nicht zur primären Energiegewinnung. Tiere veratmen Zuckermoleküle oder Kohlehydrate, Pflanzen beziehen ihre Energie aus der Photosynthese. Bei dem Tiefseewurm ist das anders. Die Bakterien in seinem Trophosom versorgen den Wirt sowohl mit Nährstoffen als auch mit Energie. Sie sind die einzige Energiequelle des Wurms.

Aber wie können sie das ohne Photosynthese leisten, in der Tiefsee ist ja alles komplett düster? Die Bakterien gehören zu den Schwefelbakterien. Sie können den eingeatmeten Schwefelwasserstoff mithilfe des ebenfalls aufgenommenen Sauerstoffs oxidieren. Bei der Reaktion entsteht nutzbare Energie. Mit ihrer Hilfe werden aus dem ebenfalls eingeatmeten $CO_2$ die notwendigen Kohlehydrate hergestellt. Im Prinzip funktioniert das wie bei der Photosynthese, nur dass zur Kohlenstofffixierung nicht Lichtenergie, sondern die chemische Energie aus der Schwefelwasserstoffverbrennung genutzt wird. Der Prozess heißt deshalb auch Chemosynthese. Diese Art der biologischen Energiegewinnung ist uralt und wurde lange vor der Erfindung der Photosynthese von Bakterien betrieben. Der Wurm atmet also alle für das Überleben wichtigen Substanzen ein, die endosymbiotischen Bakterien produzieren die Energie und die organischen Grundbausteine. Folglich kommt der Wurm ohne komplexes Verdauungssystem aus. Im Gegenzug bietet der Wurm den Schwefelbakterien Schutz und relativ konstante Umweltbedingungen.

In der Tiefsee sind noch andere interessante Würmer unterwegs. Wenn ein Wal stirbt, kommt es zu einem Walsturz. Der tote, 30 bis 160 Tonnen schwere Meeressäuger sinkt ab und landet sanft auf den nährstoffarmen Gründen der Tiefsee. Da organisches Material in diesen Mengen dort eher eine Seltenheit ist, bedeutet ein solcher

Walkadaver ein besonderes Festessen für viele Tiefseebewohner. Typischerweise bildet sich wie von selbst um einen Walsturz ein ganzes Ökosystem von Tieren und Mikroorganismen, die alles abbauen. Diese Art von biologischer Zersetzung kennen wir auch von verstorbenen Landlebewesen, bei denen am Schluss nur noch das fein säuberlich abgenagte Gerippe übrig bleibt. Die Knochen will niemand. Nicht so beim Walsturz. Die Knochen der großen Meeressäuger müssen außerordentlich belastbar und flexibel sein. Sie enthalten deshalb viele nährstoffreiche Proteine und Kollagen. In der Tiefsee ein rares Gut, weshalb es nicht überrascht, dass es Organismen geschafft haben, auch die Knochen zu Futter zu machen. 2002 hat man in einer Tiefseeschlucht vor der Küste Kaliforniens an einem Walgerippe Würmer der Gattung *Osedax* entdeckt. Wie der Riesenwurm *R. pachyptila* an den Schwarzen Rauchern besitzen *Osedax* kein Verdauungssystem im üblichen Sinn. Die Weibchen der *Osedax*-Würmer haben »Wurzeln«, die sich tief in die Knochen eines Walskeletts eingraben. Damit das funktioniert, produzieren die Würmer Säuren, die die Knochen an der Oberfläche auflösen. Die Würmer können die wertvollen organischen Verbindungen wie Kollagen aber nicht selbstständig verstoffwechseln. Hierzu beherbergen sie Bakterien der Gattung *Oceanospirillales* als Endosymbionten, die bekannt sind für ihre Fähigkeit, sich von allen möglichen organischen Substanzen zu ernähren. Sie fressen sogar Erdöl. In der Symbiose mit *Osedax* bauen sie die Knochen ab und versorgen den Wurm mit Nahrung. *Osedax* hat neben dem fehlenden Verdauungssystem noch eine andere kuriose Eigenschaft. Nur die etwa 10 bis 20 Zentimeter großen weiblichen Tiere fressen die Knochen. Die männlichen Exemplare verlassen ihr Larvenstadium nie und sind nur einen Millimeter groß, also etwa 100- bis 200-mal kleiner als die Weibchen. Jedes Weibchen trägt in speziellen Einstülpungen 50 bis 100 Männchen mit sich.

## FAULER GRÜNER DREIFINGER-HOLOBIONT

Neben den Korallenriffen gehören die Regenwälder Südamerikas zu den artenreichsten Biotopen der Erde. Der pflanzliche Artenreichtum ist so hoch, dass im Durchschnitt auf einen Quadratkilometer nur ein Individuum einer Pflanzenart kommt. Das ist irre, wenn man bedenkt, wie dicht der Regenwald ist. Auch viele ungewöhnliche Tiere wohnen im Regenwald, etwa verschiedene Spezies der Faultiere. Diese interessanten Säugetiere, die entfernt mit den Ameisenbären und Gürteltieren verwandt sind, zeichnet ein außerordentlich langsamer Lebensstil aus. Sie bewegen sich in den Bäumen wie in Zeitlupe. Die Muskelkontraktion eines Faultiers läuft etwa fünfmal langsamer ab als bei einer Katze. Deshalb heißen sie ja auch Faultiere. Das gemächliche Dasein folgt aus den Ernährungsgewohnheiten dieser Tiere, die fast ausschließlich von Blättern leben. Wie wir von den Wiederkäuern und den Termiten wissen, muss die Zellulose aus den Blättern verdaulich zerkleinert werden. Wie diese Tiere setzen die Faultiere auf Fermentierung der Nahrungsmittel. Bei einem Faultier dauert dieser Prozess 150 Stunden. Ich werde Ihnen jetzt aber nicht noch ein Beispiel für komplexe Verdauungsmikrobiome liefern, keine Sorge. Stattdessen konzentrieren wir uns auf eine Faultierspezies mit dem Namen *Bradypus variegatus* oder auch Braunkehl-Faultier. Diese Art gehört zu den Dreifinger-Faultieren. Trotz »braun« im Namen wirkt das Fell der Tiere oftmals eher grün, was der Tarnung im Regenwald entgegenkommt. Tarnung ist ein Wettbewerbsvorteil, denn Faultiere haben Fressfeinde wie Großkatzen, Raubvögel oder Schlangen. Flucht steht aufgrund des begrenzten Geschwindigkeitsspektrums nicht zur Debatte, nur das unsichtbare Leben in den Bäumen ist eine plausible Strategie für diese Tiere. Das Fell der Braunkehl-Faultiere ist grün, weil in ihrem dichten Haargestrüpp Algen wachsen. Das Fell versorgt die Algen mit der notwendigen Feuchtigkeit und konstanten Umweltbedingungen. Algen benötigen aber auch Stickstoff, also quasi Dünger, um gut zu gedeihen. Hierzu wohnen neben den Algen auch spezielle Motten im Fell der Faultiere. Sie sind so angepasst an die Faultiere, dass sie Faultiermotten genannt werden. Aus den Baumkronen herab auf den Boden des Regenwalds steigen Dreifinger-Faultiere nur, um ihr Geschäft zu verrichten. Dann legen die Motten ihre Eier im Kot der Faultiere ab, ihre Larven ernähren sich von ihm. Die Motten hingegen verrichten ihr Geschäft im Fell der Faultiere und versorgen die dort ansässigen Algen mit Dünger. Wenn die Faultiere ihr Fell putzen, nehmen sie Algen zu sich und damit Nährstoffe, die in der normalen Blattkost nicht enthalten sind. Zwischen Motten, Algen und Faultier besteht also eine flotte Dreiersymbiose, auch wenn flott hier vielleicht kein passendes Attribut ist.

## DIE DOPPELGÄRTNER

Nicht weit von den Faultieren leben die Blattschneiderameisen. Vielleicht haben Sie in der einen oder anderen Tierdokumentation schon einmal gesehen, wie diese wundervollen Tiere in Reih und Glied mit frisch abgeschnittenen Blattstücken an den Ästen der Bäume entlangmarschieren. Die Blattschneiderameisen sind wie Termiten Staaten bildende Insekten. Einige tropische Spezies leben in Staaten von mehr als zehn Millionen Individuen, in denen verschiedene Gruppen unterschiedliche Aufgaben übernehmen. Die unterirdischen Höhlen können einen Durchmesser von 30 Metern erreichen. Man könnte meinen, die Ameisen ernährten sich von den Pflanzen, deren Blätter sie zuschneiden. Tatsächlich bringen die Tiere die Blattstückchen in ihre Behausung. Eine einzelne Kolonie kann täglich so viel Material sammeln, wie eine Kuh Gras frisst. Allerdings können die Ameisen gar kein Pflanzenmaterial verdauen, sie schneiden und sammeln das Blattgut nicht für sich selbst, sondern verfüttern es.

Blattschneiderameisen gehören zu einer Gruppe von Ameisen, die Pilzzucht betreiben. In ihren Bauten pflegen sie riesige Gärten von

Pilzen. Denken Sie aber jetzt bitte nicht an unterirdisch aneinandergereihte Miniaturpilzkörper. Die Pilze sind ein Geflecht von Hyphen, fadenförmigen Strukturen, die das Mycel bilden, den eigentlichen Pilz. Diese Pilze werden mit den Blättern gefüttert. Pilze können, wie einige Bakterien, sehr gut Zellulose verarbeiten. Die Ameisen ernten dann die Pilze und ernähren sich von ihnen. Die Pilzzucht wird von den Ameisen sehr aufwendig reguliert. Spezielle Arbeiterinnen kümmern sich um die Pilze, schneiden sie zurecht, füttern und pflegen die Gärten, transportieren Abfallprodukte aus dem Bau. Mit der geernteten Pilznahrung wird in erster Linie der Nachwuchs versorgt. Damit die Pilze nicht von Parasiten, pathogenen Bakterien oder anderen konkurrierenden Pilzen befallen werden, sind die Ameisen von speziellen Bakterien besiedelt, die Antibiotika herstellen und so invasive Arten bekämpfen. Die Ameisen kommunizieren auch mit ihren Pilzen. Bringen die Ameisen Blätter in den Bau, die die Pilze »nicht mögen«, signalisieren die Pilze durch chemische Botenstoffe ihre Abneigung. »Das schmeckt mir nicht«, sagen sie. Die Ameisen merken sich die Vorlieben ihrer Pilze, so wie Katzenhalter wissen, ob

Blattschneiderameisen sammeln
Futter für ihre Hauspilze.

das Haustier die Pastete von Lidl dem Trockenfutter von DM vorzieht. Die Symbiose zwischen Ameisen und ihren Pilzen ist in vielen Fällen sehr eng und über Jahrmillionen evolviert.

Viele ameisengezüchtete Pilzsorten sind genau an ihre Blattschneiderameisenart angepasst und können nur mit dieser zusammenleben. Zahlreiche Pilzarten produzieren auch keine Sporen mehr, weil sie diese für die Fortpflanzung nicht brauchen. Außerdem haben sie über die Zeit spezielle Hyphen ausgebildet, mit dicken Knospen an den Enden, die besonders unproblematisch abgeerntet und an die Ameisenbrut verfüttert werden können. In einem Ameisenbau geht kooperativ noch viel mehr ab. Wir werden das Thema später noch einmal aufgreifen.

Was lernt man im Zirkus? Nun, zum einen werden Dinge vorgeführt, die man nicht für möglich hält. In etlichen Darbietungen kommen Dinge zusammen, die eigentlich nicht zusammengehören. Viele dieser Kooperationen sind nicht einfach über Nacht entstanden. Typischerweise evolvieren sie auf langem Weg, manchmal sogar aus einem anfänglich schwierigen Verhältnis. Einige der Endosymbionten waren zunächst nur Parasiten oder Krankheitserreger. Dennoch ist erstaunlich, dass offenbar ein Umschalten auf Kooperation von der Evolution selektiert wurde. Es ist außerdem offensichtlich, dass selbst zunächst schlecht zueinanderpassende Organismen oft zusammenfinden und durch diese neue Kombination etwas ganz Besonderes entsteht. Das wichtigste Lehrstück aber ist die Tatsache, dass gerade in Situationen, in denen die Ressourcen knapp sind und man geneigt ist, dem Egoismus zu verfallen, um von den wenigen vorhandenen Krümeln noch etwas abzubekommen, das Gegenteil eintritt und Kooperation zu Wachstum, Diversität, Stabilität und Reichtum führt.

Im nächsten Kapitel werden wir erkennen, dass Kooperation der zentrale Motor natürlicher Innovation ist, dass ihre Erfindungen so erfolgreich sind, dass sie über Milliarden Jahre Bestand haben. Dafür müssen wir uns zunächst wieder in die Tiefsee begeben.

# ASGARD

## Wie die Heimat der Asen zur Wiege allen komplexen Lebens wurde

*Die Asen einten sich auf dem Idafelde,*
*Hof und Heiligtum hoch sich zu wölben.(…)*
*Erbauten Essen und schmiedeten Erz,*
*Schufen Zangen und schön Gezäh.*
Völuspá – die Weissagung der Seherin, Edda

Reist man mit dem Schiff von der Nordspitze Norwegens Richtung Grönland und hält auf halber Strecke etwa 220 Kilometer von Norwegens Küste entfernt irgendwo im Nordatlantik, liegt 2352 Meter unter dem Meeresspiegel Lokis Schloss. Erst 2008 von einem Team norwegischer Geologen entdeckt, handelt es sich dabei um ein aktives hydrothermales Feld auf dem Mittelatlantischen Rücken, einer unterseeischen Gebirgskette, die sich über viele Tausend Kilometer von Norden nach Süden erstreckt. Lokis Schloss besteht aus zwei etwa 30 Meter hohen Erhebungen aus Sulfidmineralien mit einem Gesamtdurchmesser von etwa 250 Metern, hat also grob das Ausmaß von zwei Fußballfeldern. Aus diesen Hügeln ragen viele Hohltürme, die wie Schornsteine anmuten, zwischen zehn und 20 Meter hoch sind und einen Durchmesser von etwa zwei bis drei Metern haben. Während die meisten einfach nur so dastehen, sind fünf große Türme aktiv. Es handelt sich um Schwarze Raucher, die wir im letzten Kapitel kennengelernt haben, hydrothermale Schlote, die etwa 300 Grad heißes mineralhaltiges Wasser ausstoßen. Lokis Schloss ist weltweit eines der größten unterseeischen geothermalen Felder, reich an Schwefelverbindungen und diversen Mineralien. Es ist ein unwirtlicher Ort, düster, heiß und steinig.

Als der Tiefseeroboter die ersten Bilder und Videos an die Wissenschaftler an Bord des Forschungsschiffs übermittelte, erinnerte das hydrothermale Feld sie an eine riesige, gruselige Burgruine. Und weil der Ort so schwer zu finden war, tauften die Wissenschaftler die Struktur Lokis Schloss, benannt nach der ambivalenten, trügerischen und etwas unheimlichen Götterfigur Loki aus der nordischen Mythologie.

Kurz nach der Entdeckung machten sich Meeresbiologen daran, die Ökologie dort genauer zu untersuchen. Erinnern wir uns an die Heimat des exotischen Riesenwurms *Riftia pachyptila*. Die Umgebung Schwarzer Raucher ist prädestiniert, ungewöhnliche Organismen zu beherbergen. Tatsächlich konnte man schon auf den Bildern erkennen, dass viele der aktiven Schlote mit dicken, oberflächlich unstrukturierten organischen Matten bewachsen waren. Solche Biofilme beherbergen zahlreiche ungewöhnliche Bakterienspezies, die in engen, facettenreichen symbiotischen Beziehungen stehen. Eine typische Symbiose an Orten wie Lokis Schloss bezeichnet man als Syntrophie. Hierbei stellen zwei oder mehrere Arten Stoffwechsel-

Die Koordinaten von Lokis Schloss.

produkte für den jeweils anderen Partner her, quasi ein biochemisches Tauschgeschäft. Syntrophie gehört zu den einfachsten und wahrscheinlich ältesten symbiotischen Wechselwirkungen.

Beispielsweise leben um Lokis Schloss viele Methan produzierende Archaeen mit passenden Bakterien zusammen. Die Bakterien versorgen die Archaeen mit molekularem Wasserstoff. $H_2$ ist ein Abfallprodukt ihres eigenen Stoffwechsels. Die Archaeen fungieren als $H_2$-Müllabfuhr, verwerten Wasserstoff in Kombination mit Kohlendioxid zur Energiegewinnung, wie ein Recyclinghof. Die Bakterien sind darauf angewiesen, dass $H_2$ kontinuierlich entsorgt wird, weil sie sonst an ihrem eigenen Müll ersticken würden.

Für Biologen sind diese syntrophen Ökosysteme besonders interessant, weil sie ganz ohne Licht, oft ohne Sauerstoff und unter extrem nährstoffarmen Bedingungen gedeihen, also Bedingungen, die auf der Erde vor der Evolution der Photosynthese und der Sauerstoffveratmung vor zwei bis drei Milliarden Jahren herrschten. An Orten wie Lokis Schloss sind die Aufgabenteilung unter verschiedenen mikrobiologischen Spezies und enge Kooperationen besonders essenziell und ausgefeilt. Ihr Studium hilft dabei, die Grundregeln von Kooperation in der Biologie zu verstehen.

2010 machte sich ein Forscherteam auf den Weg, um die biologische Aktivität im Schlamm um Lokis Schloss zu untersuchen. In den entnommenen Proben konnten die Wissenschaftler später im Labor die Existenz einer ganzen Reihe bisher unbekannter Bakterien- und Archaeenspezies nachweisen. Dabei schauten sie nicht einfach durchs Mikroskop, was in den Proben so kreucht und fleucht, sondern wendeten die schon erwähnte Metagenomanalyse an, die nur die genetischen Spuren identifiziert, Bruchstücke der DNA aller Lebewesen, die in einer Probe ihren genetischen Fingerabdruck hinterlassen haben. Durch geschicktes Zusammenfügen dieser DNA-Bruchstücke können Wissenschaftler die Genome der unterschiedlichen Spezies rekonstruieren und sie mit bekannten, katalogisierten DNA-Sequenzen in umfangreichen Datenbanken vergleichen. Typischerweise werden so auch immer neue Spezies gefunden. Mithilfe von Computeralgorithmen werden die Verwandtschaftsverhältnisse zwi-

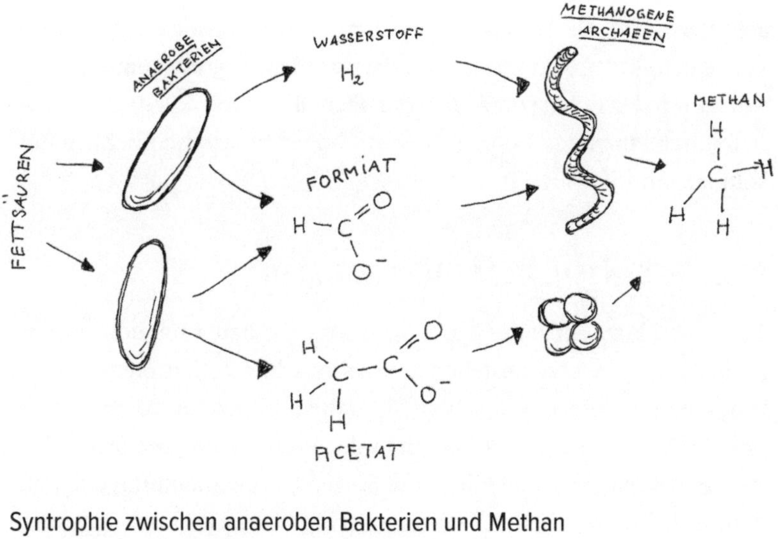


Syntrophie zwischen anaeroben Bakterien und Methan produzierenden Archaeen in der Tiefsee.

schen den entdeckten Spezies und bekannten Arten berechnet und die Neulinge so in den Baum des Lebens eingeordnet. Ihre Evolutions- und möglichen Abstammungslinien werden auf diese Weise rekonstruiert, obwohl man die tatsächlichen Organismen nie lebendig unter dem Mikroskop gesehen oder beobachtet hat. Allerdings ist es oft unmöglich, Bakterien und insbesondere Archaeen, die an diesen extremen Orten gedeihen, im Labor zu kultivieren, weil man die passenden Bedingungen nur schwer reproduzieren kann. Man weiß durch die Metagenomanalyse nur: Diese Arten existieren und haben bestimmte Eigenschaften, die man allein aus der genetischen Information und ihrer Verwandtschaft zu bekannten Organismen ableiten kann.

In den Proben, die 2010 aus den Sedimenten um Lokis Schloss entnommen wurden, entdeckten Wissenschaftler eine ganz erstaunliche Archaeenspezies.[1] Die Forscher tauften die neue Gattung passenderweise *Lokiarchaeota* oder Lokiarchaeen. Die genaue genetische Analyse dieser ungewöhnlichen Art sollte 2015 die bis dahin gängige Theorie der Entstehung komplexer Lebewesen nachhaltig erschüttern und die Wissenschaft einen entscheidenden Schritt nach vorne bringen. Lokiarchaeen zeigen nämlich, wie die gemeinsamen Vorfahren der Eukaryoten, also der Tiere, Pflanzen, Pilze und Protisten, durch eine neue Kooperation mit hoher Wahrscheinlichkeit entstanden sind.

## TIERE, PFLANZEN, PILZE UND PROTISTEN

Fassen wir kurz ein paar Grundlagen aus den letzten Kapiteln zusammen: Alle Lebewesen bestehen aus biologischen Zellen. Sie teilen den fundamentalen biochemischen Mechanismus, wie aus dem Erbgut, der DNA, mithilfe von Ribosomen die Proteine hergestellt werden. Alle Zellen haben eine Hülle, eine dünne Doppelmembran aus Lipiden. Carl Woese wies 1977 in genetischen Analysen nach, dass sich alle Lebewesen in drei sehr verschiedene Domänen einteilen lassen:

die Bakterien, die Archaeen und die Eukaryoten. Zu Letzteren gehören alle komplexen multizellulären Lebewesen, die drei Reiche der Tiere, Pflanzen und Pilze, aber auch die Vielzahl der einzelligen Protisten.

Obwohl Bakterien und Archaeen häufig ein ähnliches äußeres Erscheinungsbild haben, unterscheiden sie sich genetisch stärker als beispielsweise der Mensch vom Steinpilz oder ein Gnu von einem Kürbis. Wir erinnern uns: Bakterien und Archaeen bezeichnet man aufgrund ihres fehlenden Zellkerns als Prokaryoten, ihre Entwicklungslinien trennten sich schon vor etwa 3,5 Milliarden Jahren, also kurz, nachdem das Leben entstand. Als gemeinsamen Vorfahren der Bakterien und Archaeen kann man sich eine einfache Zelle mit Membranhülle, zirkulärer DNA und Ribosomen vorstellen. Die Arten beider Domänen haben sich dann graduell durch kleine Variationen und Mutationen unterschiedlich spezialisiert und an verschiedene Lebensräume angepasst. Bakterien und Archaeen teilen viele physiologische und strukturelle Ähnlichkeiten, auch wenn sie schon seit Langem verschiedene Evolutionswege gehen und unterschiedliche Habitate präferieren.

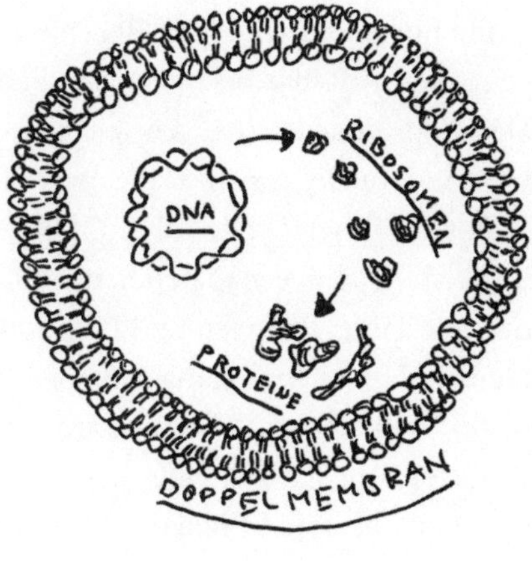


Haben alle Lebewesen gemein: Eine Doppelmembran aus Lipiden als Hülle, DNA als Erbgut, Ribosomen, die aus Genen die Proteine herstellen.

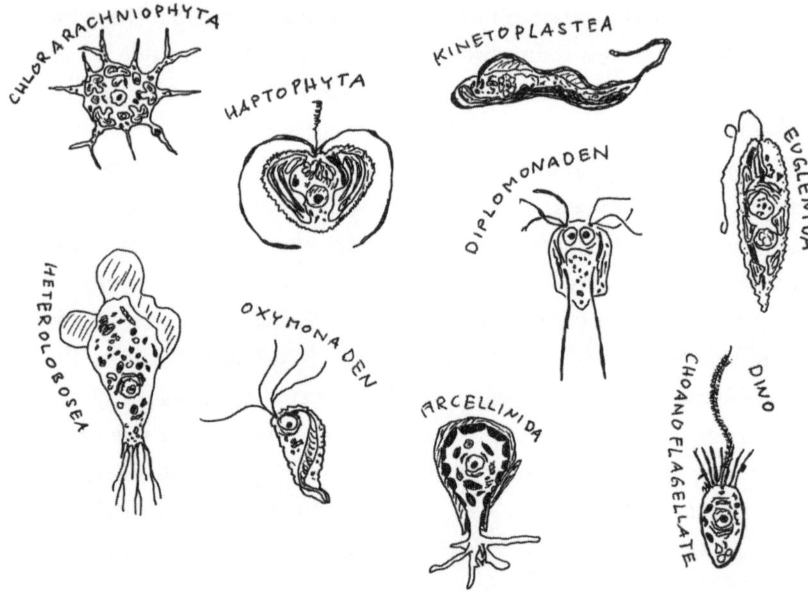


Protisten – diverser noch als Friedrichshain.

Ganz anders ist es bei den Eukaryoten. Die aus unserem Alltag bekannten Reiche – Tiere, Pflanzen und Pilze – machen in dieser Domäne nur einen winzigen Bruchteil der Artenvielfalt aus. Der überwiegende Anteil eukaryotischer Lebewesen zählt zu den Protisten. Das sind Einzeller wie Wimperntierchen, Kieselalgen, Amöben und viele andere Organismen, die dieser Domäne angehören, weil sie eine komplexe innere Zellstruktur besitzen und sich sexuell fortpflanzen können. Zeichnet man den Baum eukaryotischen Lebens, verschwinden alle Tiere, Pflanzen und Pilze in kleinen Ästen, während die Protisten nahezu den gesamten Baum ausmachen.

Im Vergleich zu Bakterien und Archaeen zeigen selbst einzellige Protisten eine ganze Reihe von fundamentalen Merkmalsunterschieden. Fast alle Tiere, Pflanzen, Pilze und Protisten verfügen über Mitochondrien, intrazelluläre Heizkraftwerke, in denen zur Energieerzeugung mithilfe von Sauerstoff Glukose verbrannt wird und die zelluläre Atmung stattfindet. Pflanzen und viele Protistengattungen beherbergen neben den Mitochondrien auch Chloroplasten, in denen die Energiegewinnung aus Licht stattfindet. Es gibt, nebenbei bemerkt, unfassbar viele Gattungen von photosynthetischen Protisten, die mit Pflanzen weniger verwandt sind als, um das Beispiel ein zweites Mal zu bemühen, der Mensch mit einem Steinpilz oder ein Gnu mit einem Kürbis.

## WO KOMMEN DIE ÖFEN UND PHOTOVOLTAIKANLAGEN HER?

Schon vor mehr als 100 Jahren war den ersten Mikrobiologen bekannt, dass Eukaryoten im Gegensatz zu Bakterien Mitochondrien besitzen. Es dauerte nicht lange, da postulierten einige Pioniere, dass sowohl die Mitochondrien als auch die Chloroplasten bakteriellen Ursprungs seien. Die steile These leiteten die Wissenschaftler aus der Ähnlichkeit in Form und Größe zwischen Mitochondrien, Chloroplasten und Bakterien ab. 1883 beobachtete der deutsche Botaniker Andreas Schimper (1856–1901) die selbstständige Teilung eines Chloroplasten in einer lebendigen Pflanzenzelle. Die lief genauso ab wie bei vielen Bakterien. Wenig später konnten andere Wissenschaftler auch die Vermehrung von Mitochondrien in einer Zelle nachweisen. Auf Basis der Forschungen Schimpers veröffentlichte der russische Biologe Konstantin Sergejewitsch Mereschkowski (1855–1921) schon 1905 die erste Theorie der *Symbiogenese* als Erklärung für den Ursprung der Chloroplasten und Mitochondrien. Ihr zufolge haben einfache Bakterien im Laufe ihrer Evolution zunächst Mitochondrien und wenig später dann auch Chloroplasten verschluckt und so die Basis für die Evolution der Tiere, Pflanzen, Pilze und Protisten gelegt. Die friedliche Vereinnahmung eines Einzellers durch einen anderen einfachen Einzeller, so Mereschkowski, war der Ursprung der ersten komplexeren Lebewesen, die so schlagartig entstanden.

Die sequenzielle, spontane Einverleibung einfacher Bakterien brachte immer komplexere Lebensformen mit kombinierten Fähigkeiten hervor.

Als Mereschkowski seine Hypothese von der Entstehung neuer Arten durch Symbiose vorstellte, konnte er das wissenschaftliche Establishment nicht überzeugen. Seine Theorie entsprach ganz und gar nicht dem etablierten Dogma der Entstehung der Arten durch graduelle Variation und Wettstreit um Ressourcen als dominante Quelle biologischer Vielfalt. Mereschkowskis These wurde als absurde Idee vom Tisch gefegt und geriet in Vergessenheit.

Es sollte noch etwa 70 Jahre dauern, bis Lynn Margulis, die wir schon mehrfach als wissenschaftliche Rebellin vorgestellt haben, unabhängig von Mereschkowski ihre Theorie der Symbiogenese 1967 publizierte. Im Kern vertrat sie die gleiche Idee. Während Mereschkowskis Thesen noch eher spekulativ waren, konnte Lynn Margulis dank verbesserter Mikroskopietechnik überzeugende experimentelle Evidenz für die immer noch gewagte Theorie ins Feld führen. Als sie die Endosymbiogenese als Ursache für die Entstehung komplexer Lebewesen postulierte und damit Mereschkowskis Idee wiederbelebte, fand sie dennoch unter den einflussreichen Evolutionsbiologen nicht viel Zuspruch. Denn es war ja immer noch eine Theorie, die konzeptionell weit außerhalb der traditionellen neodarwinistischen Sicht-

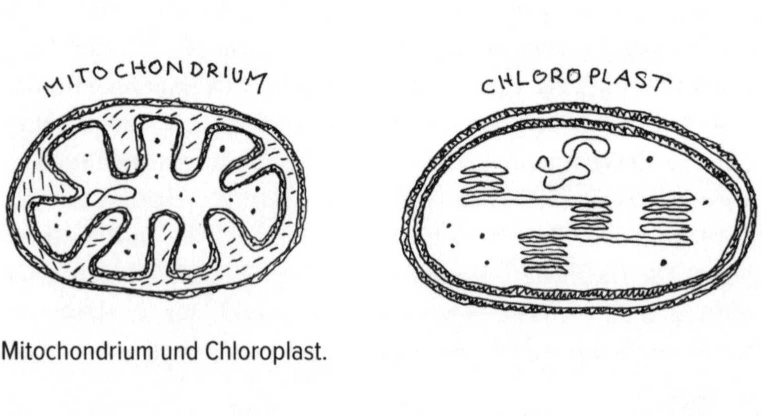


Mitochondrium und Chloroplast.

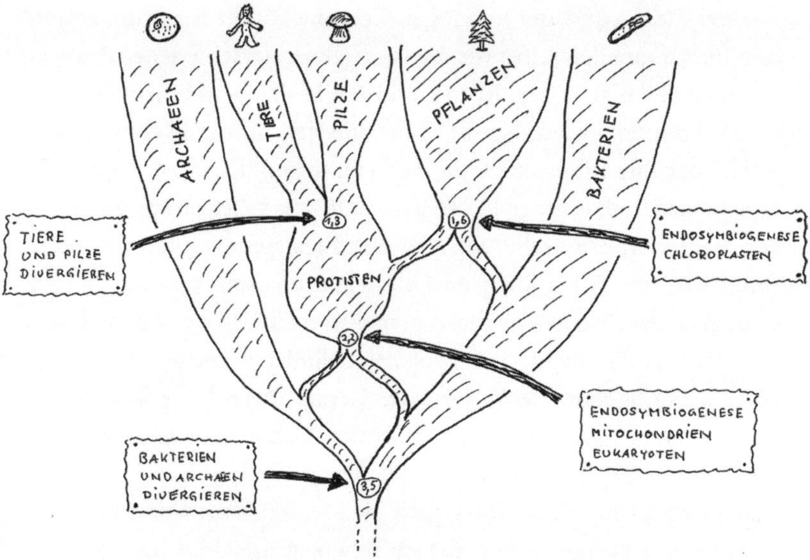


Endosymbiogene Ereignisse im Baum des Lebens. Vor 3,5 Milliarden Jahren trennten sich Bakterien und Archaeen, vor 2,2 Milliarden Jahren entstanden die Mitochondrien durch Endosymbiogenese, vor 1,6 Milliarden Jahren die Chloroplasten. Vor 1,3 Milliarden Jahren trennten sich die Tiere von den Pilzen.

weise lag. Margulis vertrat die Auffassung, dass neue Arten viel öfter durch die spontane Kooperation existierender Arten entstehen als durch langsame Veränderung und Divergenz. Die Eukaryoten seien nur ein Beispiel für ein viel weitreichenderes Prinzip. Sie erinnern sich: »Life did not take over the globe by combat, but by networking.« Tatsächlich postulierte sie noch viele weitere Fälle von endosymbiogener Artentstehung. Damit erweiterte sie auf fundamentale Art die klassische Evolutionstheorie. Doch es sollten noch einige Jahre vergehen, bis in den Mitochondrien und den Chloroplasten eigene DNA entdeckt wurde, was ihren bakteriellen Ursprung untermauerte. Das gab Margulis schließlich recht.

Über die Analyse der jeweiligen Genome konnte man nun zeigen, dass die Organellen selbst für die Herstellung verschiedener Proteine verantwortlich sind. Die Mitochondrien besitzen wichtige Gene für die Veratmung von Sauerstoff, Chloroplasten für die Photosynthese. Auch über ihre Ribosomen, die sich von denen der Wirtszellen stark unterscheiden, konnte man die Verwandtschaftsbeziehung zu lebenden Bakterien ermitteln. Man fand schnell heraus, dass die Mitochondrien der Eukaryoten und alle Chloroplasten monophyletisch sind, also jeweils einen einzigen gemeinsamen Ursprung haben. Alle Nachfahren, die aus der Chloroplasten-Endosymbiogenese hervorgingen, nennt man *Archaeprotista.* Genau diese Ereignisse haben evolutionär vergleichsweise spontan den Grundstein allen komplexen Lebens gelegt.

Ich weiß nicht, wie es Ihnen geht, aber ich finde die Vorstellung bewegend, dass die Lebewesen, die wir sehen, wenn wir aus dem Fenster blicken oder uns selbst betrachten, und auch die biologischen Zellen, die wir nicht sehen, allesamt in einer einzigen mitochondrialen Abstammungslinie liegen, die vor 2,2 Milliarden Jahren ihren Ursprung hatte, als ein einfacher Organismus einen anderen schluckte. Irre.

## DAS SKELETT-VESIKEL-TRANSPORTPROBLEM

So weit ist die Geschichte stimmig. Sie werden aber sicher festgestellt haben, dass ich bisher kein Wort über den Einzeller verloren habe, der einst den Vorläufer der Mitochondrien in sich aufnahm. Und genau das war lange Zeit ein großes Rätsel. Welche Eigenschaften hatte dieser Organismus? War es auch ein Bakterium? Oder eher eine Archaee?

Stellen wir uns den Urprotisten einmal vor und denken Mitochondrien und Chloroplasten weg. Was bleibt übrig? Tatsächlich sind es noch sehr viele Strukturen, die man weder von Bakterien noch von Archaeen kennt. Lassen wir das Thema Zellkern einmal außen vor. Viele Eukaryoten besitzen komplexe Zytoskelette. Das sind relativ feste, netzwerkartige Gerüststrukturen, die einer Zelle Form geben und sie beweglich machen. Anders als das menschliche Skelett können die Zytoskelette dynamisch schnell verändert werden. Viele Protisten sind so in der Lage, sich kleinere Mikroorganismen einzuverleiben, sie zu schlucken. Dabei verformen sie ihre äußere Membran so stark, dass sie sich zum Beispiel um ein Bakterium herumstülpen und es so in sich aufnehmen. Dieser Prozess der Phagozytose erfordert neben einem Zytoskelett ein Konzert verschiedener komplexer Proteine, die den Vorgang koordinieren.

Phagozytose ist die dominante Methode der Protisten zur Nahrungsaufnahme. Aber auch die weißen Blutkörperchen von Mensch und Tier sind sogenannte Fresszellen, die bakterielle Krankheitserreger oder Viren über Phagozytose schlucken und dann intrazellulär zerlegen. Hinzu kommt, dass nahezu alle Eukaryoten die Fähigkeit zu intrazellulärem Vesikeltransport besitzen. Dabei werden Substanzen in der Zelle über kleine Transportbläschen (Vesikel) entlang molekularer »Transportkabel« bewegt.

Die Gene für ein anständiges Zytoskelett zur Membranmodellierung und zum Vesikeltransport nennt man ESG, »Eukaryotic Signature Genes«. Von diesen eukaryotischen Signaturgenen gibt es

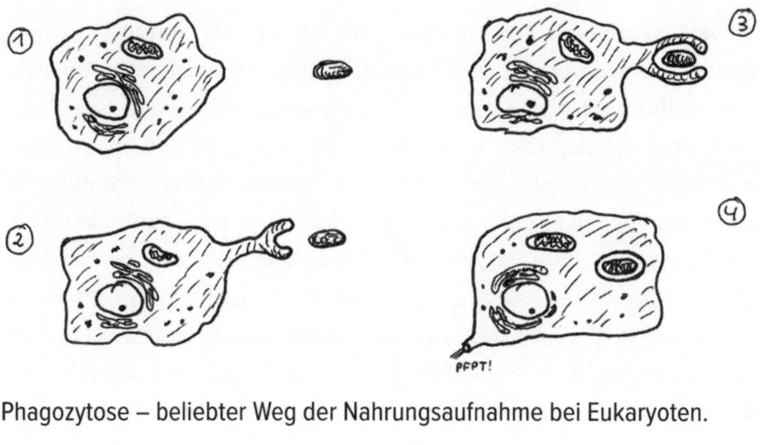


Phagozytose – beliebter Weg der Nahrungsaufnahme bei Eukaryoten.

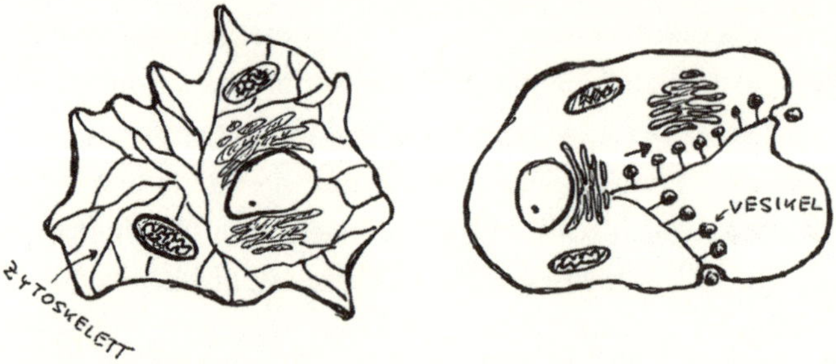


Was Prokaryoten fehlt: Zytoskelett und Vesikeltransport.

viele Dutzend, und kein Einziges davon hatte man bis vor Kurzem bei Bakterien oder Archaeen entdeckt. Somit blieb der Ursprungsorganismus weiter rätselhaft, der sich einst ein Alphaproteobakterium einverleibt und zu einem Mitochondrium transformiert hatte. Der Endosymbiogenese-Theorie fehlte ein entscheidendes Bindeglied. Man fühlt sich an den »*… then a miracle occurs*«-Cartoon erinnert.

## DIE LÖSUNG AUS DEM SCHLAMM

Tataa! Und genau an dieser Stelle kommen die 2015 entdeckten *Lokiarchaeota* ins Spiel. Als die Wissenschaftler deren Erbgut untersuchten, stellten sie fest, dass das rekonstruierte Genom einige Gene enthielt, die man bisher weder von Bakterien noch von anderen Archaeen kannte. Es handelte sich um die eukaryotischen Signaturgene. Auf einen Schlag offenbarte sich eine Archaeenspezies mit einer ganzen Reihe von ESGs. Dieser Befund kam so unerwartet und überraschend, dass die Wissenschaftler zunächst annahmen, ihre Probe sei verunreinigt gewesen. Nach nochmaliger genauer Analyse konnten Fehler ausgeschlossen werden. Die Entdeckung der *Lokiarchaeota*, die nur zehn Jahre zurückliegt, war für die Evolutionsbiologie ein

Meilenstein. Hier hatte man offenbar den Missing Link, das fehlende Bindeglied, gefunden, einen Organismus, der viele Eigenschaften mit dem postulierten Ureukaryoten teilte. Niemand hatte erwartet, auf der Suche nach dem Ursprung der Eukaryoten in der nordatlantischen Tiefsee in den Sedimenten einer unwirtlichen hydrothermalen Quelle fündig zu werden. Denkt man an den Artenreichtum des Regenwalds, der Korallenriffe und andere an Lebensformen reiche Biotope, käme man nicht unbedingt auf die Idee, dass der gemeinsame Vorfahre aller Tiere, Pflanzen, Pilze und Protisten im Schlamm der Tiefsee wohnte.

## PROMETHEUS

Das neue Wissen um die Lokiarchaeen war so disruptiv und aufregend, dass in den Folgejahren immense Anstrengungen unternommen wurden, um an anderen unwirtlichen Orten ähnliche Arten zu identifizieren. Tatsächlich hat man verwandte Organismen in verschiedenen Habitaten entdeckt. 2016 waren es die *Thorarchaeota*. Auch diese neue Gattung wurde nach einem nordischen Gott, Thor, benannt, obwohl man sie in den Sedimenten eines Flusses in North Carolina entdeckte. In schneller Abfolge kamen die Gattungen *Odinarchaeota* (Odin) und *Heimdallarchaeota* (Heimdall) hinzu, meist stammten die Proben aus Tiefseeregionen oder heißen Quellen im Yellowstone-Nationalpark. Seither wurden viele Gattungen, Untergattungen und Klassen ähnlicher Archaeen identifiziert, benannt zum Beispiel nach Njord, Gerd, Baldr und vielen anderen Figuren aus der nordischen Mythologie. Hunderte verschiedene Spezies wurden identifiziert. Alle besitzen eukaryotische Signaturgene. Fast jährlich müssen die Abstammungslinien innerhalb der sogenannten Asgard-Super-Gruppe neu berechnet werden, da weitere Spezies und Gattungen entdeckt werden. Mit »Asgard« bezeichnet man die Gesamtheit all dieser nach nordischen Göttern benannten, untereinander verwandten Archaeenspezies.

Die genetische Ähnlichkeit der Asgard-Archaeen mit den Eukaryoten ist so groß, dass man mittlerweile alles Leben nicht mehr in drei Domänen (Bakterien, Archaeen, Eukaryoten) aufteilt, sondern nur noch von zwei Domänen redet, den Bakterien und Archaeen. Innerhalb der Archaeen haben sich vor langer Zeit die Asgard-Archaeen entwickelt mit einigen der ESGs. Aus einer dieser Spezies ist dann über Endosymbiogenese die Kooperation mit den Vorläufern der Mitochondrien entstanden. Unsere Vorfahren sind also Archaeen und im Baum des Lebens sitzen wir und alle Vertreter komplexer Lebewesen auf ihrem Ast.

Dennoch beruht alles Wissen über diese neuartigen Lebewesen allein auf genetischen Spuren, die man an verschiedenen Orten aufspürte, analysierte und interpretierte. Über ihre Form, ihre innere Struktur, ihr Verhalten und ihre Physiologie wissen wir bis heute sehr wenig. Bis vor Kurzem war es unmöglich, Asgard-Archaeen im Labor zu kultivieren. Erst 2019 gelang es japanischen Wissenschaftlern, sie hatten Erfolg, als sie neben den Archaeen noch zwei weitere Bakterienarten in den Brutbehälter gaben.[2] Nach dem Titanen Prometheus, der laut der griechischen Mythologie den Menschen aus Lehm schuf, tauften sie die Art *Prometheoarchaeum syntrophicum*, in An-

Wie ein Miniaturkrake:
Prometheoarchaeum syntrophicum mit Tentakeln
und befreundeten Bakterien.

spielung auf die Tatsache, dass die Lokiarchaeen der Ursprung allen komplexen Lebens und eben auch der Menschheit sind. Die ersten Bilder erstaunten die Wissenschaftler sehr. Sie rechneten mit sphärischen, vielleicht pillenförmigen Organismen, wie man es von anderen Bakterien und Archaeen kannte. Stattdessen muteten die kleinen *Prometheoarchaeum* an wie Miniaturkraken. Aus ihrem zentralen rundlichen Körper sprossen eine Handvoll langer Ärmchen wie die Tentakel eines Tintenfischs. Außerdem zeigten die Bilder des hochauflösenden Elektronenmikroskops, dass sich an den Tentakeln kleine Zellen der ko-kultivierten Bakterien angesiedelt hatten. Die Tentakel von *Prometheoarchaeum* boten offenbar eine Struktur, die den engen Austausch förderte.

## VERLIEBT, VERLOBT, VERHEIRATET ODER DOCH NUR GEFRESSEN?

Die ungewöhnliche Tentakelstruktur fachte die Debatte erneut an, wie der Vorfahr der Eukaryoten es fertiggebracht haben könnte, das Urmitochondrium als Endosymbionten in sich aufzunehmen. Hierbei gibt es zwei wissenschaftliche Lager, das Team »Zwangseingliederung« und das Team »Verliebt, verlobt, verheiratet«. Die Vertreter der »Zwangseingliederung« vertreten die These, dass das Urarchaeon das Urmitochondrium zunächst eher als Futter betrachtete und über Phagozytose in sich aufnahm, so wie es viele räuberische Protisten auch machen – eine Art feindliche Übernahme. Dieser Hypothese zufolge wurde die bakterielle Mahlzeit nicht verdaut, weil sie dem räuberischen Wirtsorganismus lebend nützlicher war. Gleichzeitig bot der Wirt dem neuen »Haustier« einen Schutzraum. Eine Win-win-Situation, die aus einer ursprünglichen Räuber-Beute-Beziehung entstand. Diese Theorie beruht auf der Annahme, dass eine der frühen Asgard-Archaeen die Fähigkeit der Phagozytose entwickelt haben muss, was allerdings bis heute ungeklärt ist.

Das Team »Verliebt, verlobt, verheiratet« vertritt die These, dass die Mitochondrien-Endosymbiogenese aus einer langsamen, immer enger werdenden, wechselseitig positiven, also syntrophen Beziehung zwischen Lokiarchaeon und Bakterium entstand. Beide Akteure stellten zunächst in enger Nachbarschaft ihre gegenseitig benötigten Stoffwechselprodukte zur Verfügung. Die Entdeckung von *Prometheoarchaeum syntrophicum* spricht eher für diese Theorie, wie man leicht am »Nachnamen« erkennen kann. Die Tentakel ermöglichen es *Prometheoarchaeum,* die Partnerbakterien eng zu umschließen, und bieten für den Austausch von Stoffwechselprodukten viel Halt und Oberfläche. Als die Wissenschaftler 2020 ihre Ergebnisse zu *Prometheoarchaeum* veröffentlichten, skizzierten sie, wie dieser Prozess einer gemächlichen, kontinuierlichen Annäherung letztendlich in der Einverleibung der schon lange syntroph kooperierenden Bakterien bestanden haben mag. Zu beachten ist, dass all diese Erkenntnisse erst in den letzten Jahren gewonnen wurden und noch nicht endgültig geklärt ist, wie genau die »Geburt« der Eukaryoten vor 2,2 Milliarden Jahren stattgefunden hat. Fest steht, dass ihre Evolution disruptiv durch eine Verschmelzung zweier grundverschiedener, sich ergänzender Organismen verursacht wurde.

## VERSCHMELZUNG

Wenn wir die Metapher »Verliebt, verlobt, verheiratet« für den syntrophen Ursprung der Eukaryoten einmal weiterspinnen, stellt sich die Frage, wie es nach der Hochzeit weiterging. Zwischenmenschliche Beziehungen können ja sehr unterschiedlich gelebt werden. Da gibt es Paare, die großen Wert auf ihre Unabhängigkeit legen, andere bevorzugen einen hohen Grad der Verschmelzung. Dann wieder gibt es asymmetrische Konstellationen, wo ein Partner nach und nach nicht nur seine Autonomie, sondern auch seine Identität sukzessive zu verlieren scheint und zu einem Organ des anderen reduziert wird. Ohne die jeweiligen Modelle zu werten, kann man ganz nüchtern feststellen, dass sie alle, abhängig von den Charaktereigenschaften der beteiligten Akteure, funktionieren. Welche der Varianten, welche Partnerschaft aus Wirtsarchaeon und Mitochondrium, ist nun passend für die Eukaryoten? Wie hat sich diese schon 2,2 Milliarden Jahre existierende »Ehe« entwickelt? Genauso wie bei zwischenmenschlichen Beziehungen gibt es verschiedene Varianten. Anfangs waren Wirt und Endosymbiont mit hoher Wahrscheinlichkeit noch recht autonom und haben selbst für ihren Stoffwechsel gesorgt. Im Verlauf der Jahrmillionen haben sich die Mitochondrien der verschiedenen Evolutionslinien der Eukaryoten aber außerordentlich divers entwickelt. Ein universeller Trend ist der endosymbiontische Gentransfer, kurz EGT. Hierbei werden wichtige Gene des Endosymbionten in das Genom des Wirts eingebaut. Folglich schrumpft das Erbgut der Geber, also der Mitochondrien. Bei Tieren zum Beispiel sind den Mitochondrien nur noch etwa ein Dutzend eigene Gene geblieben. Frei lebende Alphaproteobakterien, die engsten Verwandten der Mitochondrien, besitzen durchschnittlich einige Tausend Gene. Die Mitochondrien haben durch natürliche Selektion nur noch die Gene behalten, die für ihre speziellen Aufgaben in der Zelle erforderlich sind. Über die Zeit hat eine Verschmelzung stattgefunden, so wie man es vielfach bei älteren Ehepartnern beobachten kann, die vor allem als Einheit funktionieren. Mit anthropozentrischer Brille betrachtet klingt das zugegebenermaßen etwas traurig. Ein Partner reduziert sich im Laufe der Zeit und gibt viele der eigenen Fähigkeiten an den anderen ab. Aber wir dürfen nicht vergessen, dass die neue Einheit der Eukaryoten eben genau das ist, ein neues »Ganzes«, dessen besondere Fähigkeiten erst durch die Verschmelzung entstanden sind. Wir können die ursprünglichen Akteure nicht mehr als Individuen wahrnehmen. Wenn man das neue Ganze als Einheit auffasst, hat es keinen Sinn zu fragen, wer welche Aufgaben übernimmt, sondern nur noch, wie die Aufgaben am effizientesten erledigt werden können. Fakt ist, trotz der gewachsenen, starken Asymmetrie könnte (fast) kein Eukaryot ohne Mitochondrien überleben. Ganz ähnlich, wenn auch nicht so ausgeprägt, verhält es sich übrigens bei den Chloroplasten, die ebenfalls im Laufe der Evolution der Pflanzen einen Großteil ihres Erbguts an den Wirtsorganismus abgegeben haben. Chloroplasten-DNA kodiert im Durchschnitt noch etwa 100 bis 200 Gene.

## PAULINELLA

Wie schon erwähnt ging man lange davon aus, dass sowohl der Ursprung der Mitochondrien als auch der Chloroplasten auf singuläre Ereignisse vor 2,2 beziehungsweise 1,6 Milliarden Jahren zurückzuführen sind und dass seither nie wieder ein symbiogenes Ereignis dieser Art stattfand. Allerdings musste diese Geschichte im Jahr 2000 erweitert werden. Schuld daran war ein kleiner photosynthetischer Protist der Gattung *Paulinella*. Spezies dieser Gattung sind aquatisch, einige leben in Seen und Flüssen, andere im Meer. Die kleinen Protisten hatte der deutsche Zoologe Robert Lauterborn (1869–1952) schon 1895 entdeckt und studiert. *Paulinella* enthält wie Pflanzen

Paulinella.

und Algen grüne Organellen, die Photosynthese betreiben. Allerdings ist *Paulinella* nicht auf Photosynthese angewiesen, der Einzeller ist auch spezialisiert auf Bakterienjagd, kann sich gut fortbewegen und ernährt sich via Phagozytose von Prokaryoten.

Die photosynthetischen Organellen von *Paulinella* bezeichnet man als Chromatophoren. Sie besitzen wie die Chloroplasten ein eigenes Genom, sind aber nicht verwandt mit den Chloroplasten der Pflanzen und gewöhnlichen Grünalgen. Eine Analyse zeigte, dass die *Paulinella*-Chromatophoren eher mit Cyanobakterien verwandt sind, und zwar mit *Prochlorococcus*. Die Endosymbiogenese der Chromatophoren hat also nichts mit dem Ereignis vor 1,6 Milliarden Jahren zu tun. Es fand unabhängig vor etwa 90 bis 140 Millionen Jahren statt. Das ist erdgeschichtlich noch nicht so lange her, der ursprüngliche Wirtsprotist und das Cyanobakterium sind eher frisch verheiratet. Wie erwartet ist das Genom der Chromatophoren von *Paulinella* noch vergleichsweise umfangreich und kodiert etwa 1000 Gene, also etwa fünf- bis zehnmal mehr als die Chloroplasten, die schon 1,6 Milliarden Jahre Evolution hinter sich haben. Dennoch hat auch bei *Paulinella* schon der endosymbiontische Gentransfer an den Wirt eingesetzt, denn vergleichbare frei lebende Cyanobakterien wie *Prochlorococcus* besitzen viel größere Genome. Man kann gespannt sein, welche Organismen sich in den nächsten Milliarden Jahren entwickeln werden.

## WENN DIE NATUR SICH VERSCHLUCKT, SPUCKT SIE WAS ANDERES AUS

Ich mache regelmäßig Urlaub an der Nord- und Ostsee. Häufig findet man am Strand Reste von Rotalgen und Knotentang. Rotalgen ähneln in Form und Aussehen gewöhnlichen Pflanzen, sie wirken wie kleine rote Bäumchen. Dennoch sind sie mit den verbreiteten Wasser- und Landpflanzen oder den Grünalgen nur extrem fern verwandt. Die Linie der Rotalgen hat sich schon vor sehr langer Zeit, man schätzt vor 1,5 Milliarden Jahren, als eigene Gruppe von den *Archaeplastida* getrennt. Mit *Archaeplastida* bezeichnet man alle Gattungen, die aus der Chloroplastenlinie hervorgegangen sind. Hält man am Strand ein Stück Rotalge in den Händen, lohnt es sich, kurz darüber nachzudenken, dass man eine uralte Eukaryotengattung berührt. Rotalgen gehören zu den ersten photosynthetischen Organismen, die kurz nach ihrer evolutionären Trennung von Grünalgen multizelluläre Organismen entwickelten. Viele Hundert Millionen Jahre bevor komplexe Pflanzen entstanden, leisteten die Rotalgen schon Pionierarbeit.

Wie verhält es sich mit Knotentang und verwandten Tangarten, die man am Strand findet? Wüsste man es nicht besser, könnte man den Seetang und die gigantischen Tangwälder an der Küste Kaliforniens ebenfalls für Wasserpflanzen halten. Die Blätter der dort vorkommenden Seetangarten werden bis zu 45 Meter lang und wachsen bis zu 60 Zentimeter am Tag. See- und Knotentang gehören zu den Braunalgen, die weder mit den Rotalgen noch mit den Grünalgen oder Landpflanzen verwandt sind. Tatsächlich sind sie etwas völlig anderes. Das täuschend ähnliche Aussehen zwischen Tang und Pflanzen ist ein Beispiel konvergenter Evolution, der unabhängigen Entwicklung von Merkmalen in Organismen, deren Evolutionslinien sich schon vor Urzeiten trennten. Tang gehört zu der Organismengruppe der Heterokonten, die moderne, etwas uncharmante Bezeichnung ist SAR, eine Abkürzung für *Stramenopile*, *Alveolata* und *Rhizaria*. SAR ist eine Supergruppe von Organismen, die verschiedene genetische Eigenschaften teilen und deren gemeinsame Vorfahren ebenfalls die *Archaeplastida* sind.

Wieso gehören sie dann nicht zu den Pflanzen, wenn sie doch Chloroplasten haben? Schaut man sich die Zellen des Seetangs oder eben vieler Spezies in der SAR-Supergruppe unter dem Mikroskop an, so fällt auf, dass die photosynthetischen Organellen etwas anders aussehen als gewöhnliche Chloroplasten. Statt von einer einfachen Doppelmembran sind die Plastiden der Tangzellen von zwei Doppelmembranen umhüllt. Außerdem haben die Organellen sehr große Ähnlichkeit mit den Rotalgen. Heute weiß man, dass der gemeinsame Vorfahr der diversen Seetangarten durch eine Sekundär-Endosymbiogenese entstanden ist. Hier hat sich irgendwann ein Urorganismus eine ganze Rotalge, also einen Eukaryoten, einverleibt. Durch Sekundär-Endosymbiogenese sind auch die Rhizaria entstanden, als Endosymbiont diente hier allerdings eine Grünalge. Noch eine Handvoll solcher Ereignisse haben seit der Entstehung der Eukaryoten stattgefunden und immer komplexere, verschachtelte Evolutionslinien, neue Kombinationen ergeben.

Lebewesen, die diesen evolutionären Experimenten entsprangen, führen kein Nischendasein. Ganz im Gegenteil. Heute gehören Organismen, die aus sekundären Symbiosen entstanden sind, zu den Primärproduzenten in den Ozeanen, nämlich die Kieselalgen, Kalkalgen und Dinoflagellaten, die wir als Symbionten der Korallen kennengelernt haben. Man schätzt, dass mehr als die Hälfte aller einzelligen Eukaryoten Endosymbionten in sich tragen, die ihren Ursprung in der Sekundär-Endosymbiose mit Rotalgen haben. Auch für uns Menschen relevante Krankheitserreger gehören zur SAR-Supergruppe, zum Beispiel der Malariaerreger der Gattung Plasmodium sowie *Toxoplasma gondii*, der Erreger der Toxoplasmose. Beide Erreger haben ihre über Rotalgen einst erworbene Fähigkeit zur Photosynthese wieder verloren.

Selbst bei Sekundär-Endosymbiogenese ist noch nicht Schluss. Mindestens zwei Tertiär-Endosymbiogenese-Ereignisse sind nachweisbar, also die Einverleibung eines Organismus, der selbst ein Produkt sekundärer Endosymbiose ist. Beispiele finden sich bei einigen Dinoflagellaten, die Kieselalgen in sich aufnahmen. Man kommt langsam mit der Verschachtelung durcheinander. Korallen beherbergen Dinoflagellaten, die Teile von Kieselalgen einquartiert haben, die Teile von Rotalgen in sich tragen, die Teile von Cyanobakterien, Archaebakterien und Alphaproteobakterien enthalten. Und in jedem Schritt werden Gene zwischen Wirt und Symbiont ausgetauscht, immer wieder werden neue Kombinationen ausprobiert. Funktionierende Verbindungen überleben und mit den neuen Fähigkeiten explodiert die Vielfalt.

## NETZWERK STATT BAUM

Seit Darwin haben Wissenschaftler und Wissenschaftlerinnen versucht, den Baum des Lebens zu rekonstruieren. Zunächst über Ähnlichkeiten der Merkmale existierender Arten, Skelettmerkmale bei Wirbeltieren, Formen verschiedener Pflanzen, Vermehrungsähnlichkeiten und so weiter. Historisch wurden auch alle Formen aus Fossilienfunden berücksichtigt, um ein genaueres Bild zu bekommen. Später kam eine Fülle von mikroskopischen Informationen hinzu und zuallerletzt vergleichende Genomanalysen. Aber immer ging es um eine Baumstruktur, die an der Wurzel den letzten gemeinsamen Vorfahren aller Lebewesen hatte und sich durch sukzessive Abspaltungen von Arten immer feiner verästelte, bis sich der gesamte Baum des Lebens auffächerte. Durch immer neue Entdeckungen musste der Baum oft ganz neu konzipiert werden, wie nach der Entdeckung Carl Woeses. Dennoch blieb lange die Baumstruktur das akzeptierte Bild, letztendlich das Modell, das schon Darwin im Kopf hatte.

Die Erkenntnisse der letzten fünf Jahrzehnte und insbesondere der letzten Jahre zeichnen ein anderes Bild. Die Vielzahl von Endosymbiogenesen, deren Konsequenz die Entstehung ganzer Teile des evolutionären Geflechts war, zeigt eindrücklich, dass viele Querverbindungen und Verschmelzungen die Baumstruktur auflösen. Der Baum des Lebens ist in Wirklichkeit ein komplexes Gewebe, ein Netzwerk. Verfolgt man von einer existierenden Art den Weg zurück in die Vergangenheit, so ist er nicht eindeutig, weil zahlreiche horizontale Verbindungen bestehen, anders als bei einem Baum, bei dem immer genau ein Weg von einem »Blatt« zurück zum Stamm führt.

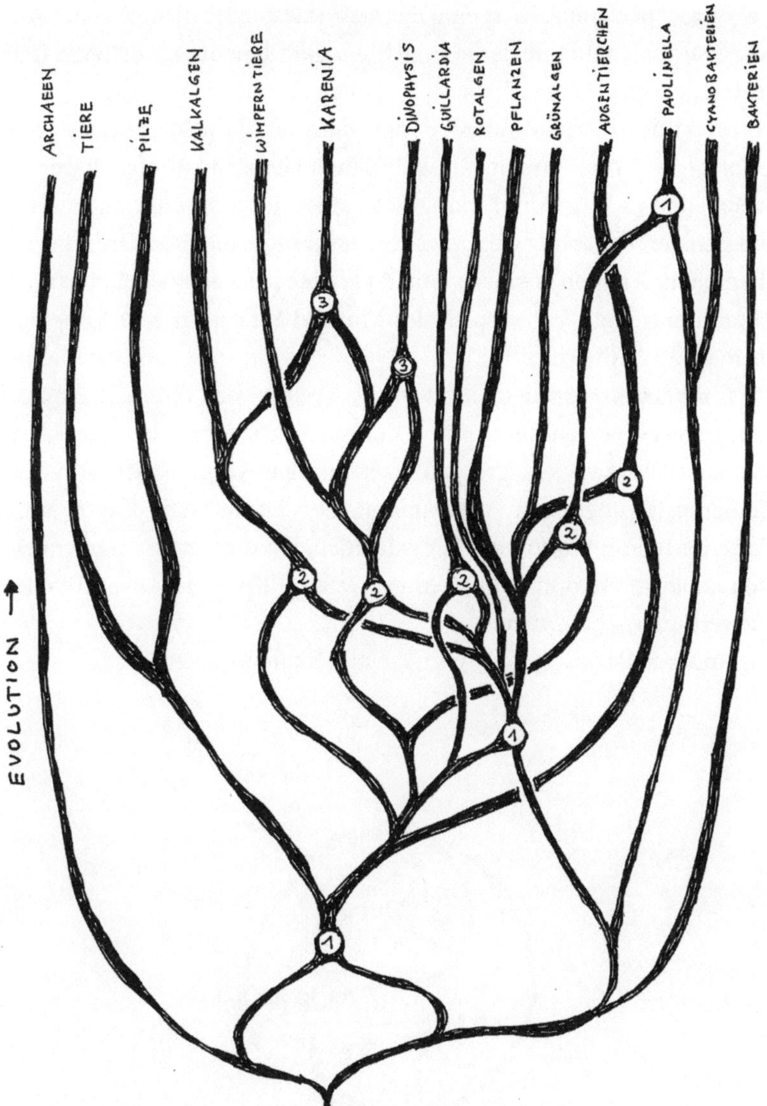


Der Baum des Lebens: eher so Makramee. Die Zahlen an den Knotenpunkten bezeichnen primäre (1), sekundäre (2) und tertiäre (3) Endosymbiogenese-Ereignisse.

Zugegebenermaßen ist eine Baumstruktur ordentlicher. Man kann die Äste an jeder Stufe der Hierarchie besser benennen, sortieren und katalogisieren. Hierarchien sind immer einfacher. Wir müssen uns aber mit der Tatsache abfinden, dass dieses Bild die Wirklichkeit nur sehr begrenzt beschreibt. Ein komplexes Geflecht ist schwieriger zu verstehen, es birgt Unordnung, was aber vielleicht eher an unserer begrenzten Begabung liegt, diese Strukturen als eine Art Ordnung zu begreifen. An dem Geflecht, dem Netzwerk des Lebens, erkennt man wunderbar das Wechselspiel, das Yin und Yang zwischen Kooperation und Wettbewerb.

Kooperation erzeugt Biodiversität, Wettbewerb optimale Anpassung. Mit endosymbiogenen Kooperationen entstehen auf einen Schlag neue Anpassungsmöglichkeiten, neue Wege öffnen sich, die äußeren Bedingungen zu erkunden. Der Darwin'sche Kampf ums Überleben sorgt dafür, dass Organismen, die die neuen Möglichkeiten explorieren, optimal verfeinert werden. Kooperation und Wettbewerb befruchten sich.

Apropos Befruchtung – im nächsten Kapitel geht es um Sex.

Yin und Yang der Evolution.

# SEX
## Die Erfindung der schönsten Sache der Welt

*The paradox of sex is the queen of problems in evolutionary biology.*
Graham Bell,
Evolutionsbiologe

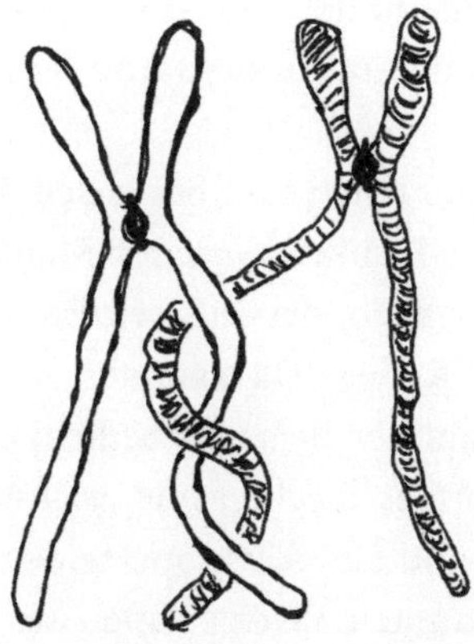

Wer als aufmerksamer Beobachter in der Berliner Innenstadt unterwegs ist, wird durch die Plakatwerbung eines prominenten Erotikfachhandels über folgenden Sachverhalt aufgeklärt: »Sex macht schön!« Eine gewagte Hypothese, die empirisch bisher weder widerlegt noch bewiesen wurde. Das werde ich in diesem Kapitel auch gar nicht versuchen. Dennoch geht es thematisch um sexuelle Fortpflanzung als fundamentale und revolutionäre Innovation der Natur. Der Fokus wird allerdings auf den Konsequenzen und nicht auf der Umsetzung liegen. Sexuelle Fortpflanzung ist gewissermaßen der Archetyp biologischer Kooperation. Zwei Individuen kooperieren, zum Beispiel durch Kopulation, und steuern bei der Paarung jeweils Teile ihres eigenen Erbguts bei. Unser biologisches Verständnis von sexueller Fortpflanzung ist stark durch eine relativ eingeschränkte anthropozentrische Sicht geprägt. Als Kinder werden wir im Sexualkundeunterricht aufgeklärt über männliche und weibliche Geschlechtsorgane, den menschlichen Geschlechtsdimorphismus, der durch unterschiedliche Chromosomenkombinationen bestimmt wird. Wir erfahren, dass Frauen und Männer in ihren Eierstöcken bzw. Hoden Keimzellen produzieren, dass bei der Kopulation eine von Hunderten Millionen Samenzellen den Weg zu einer wartenden Eizelle findet und diese mit etwas Glück befruchtet. Daraus wächst dann ein Embryo und, wenn alles gut geht, ein ganzer Mensch.

So läuft es beim Menschen und bei vielen Tieren. In Tierfilmen wird oft die Unterschiedlichkeit zwischen Männchen und Weibchen unterstrichen, im Verhalten, der äußeren Erscheinung und den geschlechtsspezifischen Rollen. Da kämpfen die Männchen um die Weibchen, die Auswahl der Beispiele bedient ein jahrhundertealtes Rollenverständnis der Geschlechter und zeichnet eine Karikatur der Realität. Tatsächlich sind ein paar Aspekte der vom Menschen und einigen Säugern bekannten Eigenschaften sexueller Fortpflanzung allgemein gültig. Sehr viele andere sind es nicht. Viele Organismen produzieren wie der Mensch Ei- und Samenzellen, sie folgen dem Zwei-Geschlechter-Modell, auch bei Pflanzen findet man diese Aufteilung hier und da, wenngleich es nur selten zur Kopulation kommt, sondern der Weg zur Befruchtung über Bestäubung führt. Viele männliche Meeresbewohner geben zur Paarung ihre Samenzellen einfach an ihre Umgebung ab, Weibchen nehmen sie zur Befruchtung auf. Trotz dieser Unterschiede könnte man meinen, dass sexuelle Fortpflanzung in jedem Fall zwei Geschlechter erfordert, die jeweils eine Ei- und eine Samenzelle beisteuern. Lediglich die Wege zum Ziel sind andere. Tatsächlich ist Sex jedoch viel komplexer und facettenreicher, als man glaubt.

Rekapitulieren wir kurz, was auf zellbiologischer und genetischer Ebene passiert. Menschliche Zellen (und die vieler anderer Eukaryoten) tragen in ihren Zellkernen einen doppelten (diploiden) Chromosomensatz. Mit wenigen Ausnahmen besitzt jede Zelle unseres Körpers von jedem Chromosomentyp zwei ähnliche Varianten, insgesamt sind es 46. Die Hälfte stammt von unserer Mutter, die andere von unserem Vater. Zwei zueinanderpassende Chromosomen bezeichnet man als homolog, weil sie verschiedene Varianten der gleichen Gene in sich tragen. Das sind quasi 23 Rezeptbücher mit Anleitungen für die gleichen Gerichte, die sich aber in ihren Zutaten leicht unterscheiden. Beim Menschen, aber auch bei Gorillas, Schimpansen und anderen Primaten liegt ein Chromosom in unterschiedlicher Form vor, X und Y. Bei der Kombination XX handelt es sich biologisch um ein »Weibchen«, bei XY um ein »Männchen«. Das biologische Geschlecht ist in diesen Fällen genetisch festgelegt. Unterschiedliche Arten haben unterschiedlich viele Chromosomenpaare, beim Schimpansen sind es 48, ein Hund hat 78, eine Katze 38, eine Amsel 80, der Schachtelhalm 216.

So trägt jedes Individuum zwei Variationen eines Merkmals in sich, wie wir schon bei Mendel gelernt haben. Wenn sich eine normale Körperzelle teilt, wird zunächst der gesamte doppelte Chromosomensatz nochmals verdoppelt (dann hat die Zelle kurzzeitig einen vierfachen Satz aller Gene) und dann exakt auf zwei Tochterzellen aufgeteilt, sodass diese wieder einen doppelten Chromosomensatz besitzen. Für die Keimzellen, also die Ei- und Samenzellen, allerdings haben viele Organismen eine andere, besonders aufwendige und trickreiche Zellteilung erfunden, die sich Meiose nennt. Hierbei werden vor der Zellteilung alle Chromosomen verdoppelt, am Schluss aber auf vier Tochterzellen aufgeteilt, sodass jede Zelle nur einen einzigen Chromosomensatz enthält, beim Menschen also 23. Die Keimzellen sind haploid, so heißt das, wenn nur ein Chromosomensatz

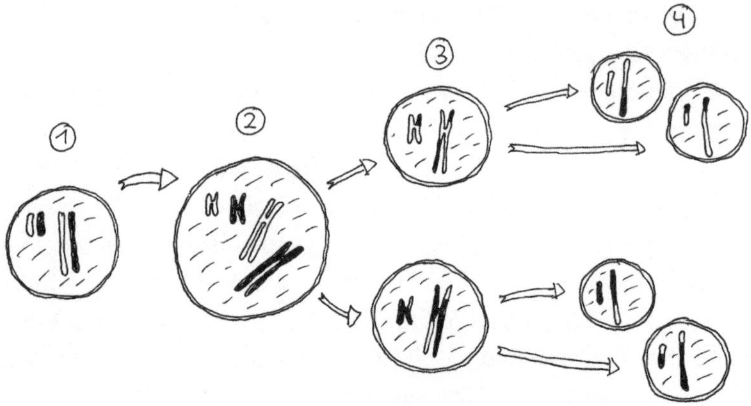


So werden Keimzellen hergestellt: 1. Eine Ausgangszelle verdoppelt ihren schon doppelt vorliegenden Chromosomensatz. 2. Die Chromosomen tauschen gegenseitig Bruchstücke aus und die Zelle teilt sich. 3. Zwei Zellen mit doppeltem, aber durchmischtem Chromosomensatz entstehen. 4. Diese teilen sich ein weiteres Mal, es gibt am Ende vier Keimzellen mit einfachem Chromosomensatz.

vorliegt. Bei der Befruchtung steuert jedes Elternteil über Ei- bzw. Samenzelle einen Chromosomensatz bei, sodass die befruchtete Eizelle wieder diploid ist mit dem genetischen Material der Eltern. Durch diese Mischung entstehen neue Merkmalskombinationen und damit Variationen in den Phänotypen einer Population.

Haben es da die Prokaryoten, also die Bakterien und Archaeen, nicht einfacher? Sie haben nur ein Genom, das sie kurz vor der Zellteilung verdoppeln und dann auf die beiden Tochterzellen verteilen. Variation müssen die Prokaryoten, die schließlich schon 3,5 Milliarden Jahre die Biotope der Welt dominieren, ja auch bewerkstelligen, durch Mutationen beispielsweise. In diesem Licht erscheint es überraschend, sogar unverständlich, wieso die Natur schon kurz nach der Evolution der Eukaryoten die sexuelle Fortpflanzung erfand und praktisch alle Tiere, Pflanzen, Pilze und Protisten verschiedene Varianten davon entwickelt haben. Ist diese Art der genetischen Kooperation nicht nachteilig? Evolutionsbiologen haben sich lange damit beschäftigt, wieso sexuelle Fortpflanzung überhaupt existiert, weil sie auf den ersten Blick mit ungeheuren »Kosten« verbunden ist, man hat sogar den Begriff der »doppelten Kosten« sexueller Fortpflanzung geprägt. Zum einen müssen Männchen produziert werden, die in den meisten Fällen bis auf ihre »Samenspende« reichlich nutzlos sind, weil sie in der Regel nur sehr wenig Energie in die Aufzucht der Nachkommen investieren. Zweitens werden ja nur 50 Prozent der eigenen Gene an einen Nachkommen weitergegeben. Im Vergleich dazu scheint die einfache asexuelle Fortpflanzung viel effizienter. Inwiefern ist die sexuelle Fortpflanzung also nützlich? Wieso wurde dieser komplizierte Prozess von der Evolution selektiert?

## DAS SKANDALÖSE RÄDERTIERCHEN

Man könnte im Vergleich zu den einfachen Organismen, den Prokaryoten, die Komplexität der Eukaryoten ins Feld führen. Bei einzelligen Eukaryoten, den Protisten, wäre eine einfache Zellteilung ja noch vorstellbar, aber wie sollte das bei multizellulären Tieren ablaufen? Vielleicht geht es einfach nicht anders?

Schauen wir in Tümpeln, Pfützen und kleinen Süßwasserarealen weltweit nach Antworten. Dort ist eine bestimmte Gattung der Rädertierchen zu Hause, die *Bdelloida*. Dabei handelt es sich um mikroskopisch kleine Tiere zwischen 0,1 und einem Millimeter Länge. Ein Rädertier besteht aus etwa 1000 differenzierten Körperzellen, hat schon ein rudimentäres Verdauungssystem, Nervenzellen, Sinneszellen und verschiedene Zellen zur Fortbewegung.

Jedes Tier besteht aus genau der gleichen Anzahl von Zellen, die immer genau die gleiche Aufgabe haben. Das Phänomen nennt man Eutelie oder Zellkonstanz. Wie viele Tiere ist das Rädertier mobil und verbringt die meiste Zeit seines Lebens mit der Futtersuche.

Seine Zellen sind mit einem diploiden Chromosomensatz ausgestattet. Evolutionär sind die Rädertierchen komplexer als viele andere Tierstämme, zum Beispiel die Schwämme oder Quallen. Das Besondere an den bdelloiden Rädertieren ist: Es gibt nur Weibchen! Wie aber funktioniert es dann mit der Fortpflanzung? Die Rädertierchen betreiben Parthenogenese: Die Weibchen produzieren Eier mit einem doppelten Chromosomensatz, die nicht befruchtet werden müssen. Aus ihnen entwickeln sich Klone der Mutter. Das funktioniert schon seit zehn bis 40 Millionen Jahren so, evolutionär eine lange Zeit für eine einzige Gattung oder Spezies. Offenbar ist sexuelle Fortpflanzung auch bei komplexen Lebensformen kein Muss! Evolutionsbiologen stellt die Existenz dieser kleinen Tierchen vor eine enorme Herausforderung. Hat man akzeptiert, dass sexuelle Fortpflanzung, aus welchen Gründen auch immer, für komplexe Organismen zwingend sein müsste, kann man nur schwer erklären, wieso die Rädertierchen einen anderen Weg gegangen sind. Für den berühmten Evolutionsbiologen John Maynard Smith (1920–2004) waren die Rädertiere »eine Art evolutionärer Skandal«, weil man überzeugt war, dass über einen derart langen Zeitraum keine Spezies durch reine Parthenogenese überleben kann.[1] Tatsächlich kommen neben den Rädertieren noch viele andere Spezies ohne Männer aus, auch sehr komplexe Arten, viele Reptilien, Fische und andere Wirbeltiere. Da ist zum Beispiel die Spezies *Aspidoscelis neomexicanus*, die New Mexico Schienenechse, das offizielle Staatsreptil des US-Bundesstaates New Mexico. Auch bei dieser kleinen Eidechse vermehren sich die Weibchen über Parthenogenese. Bei der Paarung treffen sich zwei Weibchen und reiben ihre Körper aneinander, weshalb man ihnen auch den Spitznamen »lesbian lizard«, lesbische Eidechse, gegeben

Das bdelloide Rädertierchen gibt es nur als Frau.

hat. Man geht davon aus, dass diese Art noch nicht sehr lange existiert und aus der Hybridisierung zweier unterschiedlicher, verwandter Arten entstanden ist.

*Timema* ist eine Gattung von Gespensterschrecken, also Insekten. Fünf der bekannten 21 Arten dieser Gattung vermehren sich ebenfalls schon seit mindestens einer Million Jahre asexuell. Rädertierchen, *Timema* und das kleine Reptil aus dem Südwesten der USA reproduzieren sich ausschließlich (obligat) parthenogen. Das ist bei höheren Tieren äußerst selten. Viel häufiger kommt die fakultative Parthenogenese vor. Weibchen der Komodowarane vermehren sich typischerweise sexuell, können aber auch ohne männlichen Partner Nachkommen zeugen. Blattläuse, von denen wir schon so viel gehört haben, klonen sich unter guten Bedingungen, weil sie sich so natürlich schneller vermehren können, die lästige Suche nach Partnern entfällt. Nur wenn die Bedingungen schlecht sind, haben sie Sex. Auch verschiedene Haiarten können sich ab und zu ohne Männchen fortpflanzen.

## DOPPELT HÄLT BESSER

Wenn das also doch irgendwie geht mit der asexuellen Fortpflanzung, wieso haben dann so viele Lebewesen Sex? Wie bei den meisten Naturphänomenen findet man die Ursachen, wenn man sich auf das Wesentliche konzentriert. Zunächst ist auffällig, dass Organismen, die sich sexuell fortpflanzen, einen einfachen oder doppelten Chromosomensatz tragen. Bei Menschen und vielen Säugetieren liegt wie schon erwähnt in allen Körperzellen ein doppelter Chromosomensatz vor, in den Keimzellen ein einfacher, während Bakterien immer nur ein einfaches Genom haben. Man geht heute davon aus, dass zuerst das doppelte Genom entwickelt wurde, weil es einen entscheidenden Vorteil bietet: Wenn man zwei Ausgaben eines Bauplans hat, gibt es immer eine Sicherungskopie, wie das Back-up eines Computers oder die Abschrift eines Rezeptbuchs. Diese doppelte Information kann genutzt werden, um Fehler, die sich im Laufe der Zeit einschleichen, wieder zu korrigieren. Wurde aus einem Rezeptbuch beispielsweise eine Seite herausgerissen oder durch Fettspritzer verschmiert, kann man mit der Kopie die zerstörte Information leicht wiederherstellen.

Im letzten Kapitel haben wir erfahren, dass die Fähigkeit, mithilfe von Sauerstoff Kohlehydrate zu verbrennen, den ersten Eukaryoten eine enorm effiziente Energieversorgung bescherte und neue Möglichkeiten, komplexere, energieintensive biochemische Vorgänge zu entwickeln. Der Nachteil der neuen Technik waren aber die toxischen Eigenschaften von Sauerstoff. Überall, wo Sauerstoff ist, entstehen reaktive Sauerstoffspezies, das sind chemische Verbindungen wie Wasserstoffperoxid, $H_2O_2$, oder Ozon, $O_3$. Diese Moleküle zerstören komplexe Biomoleküle wie DNA. Sie durchbrechen ab und zu die Doppelstränge der DNA und vernichten so die Lesbarkeit des Erbguts. Liegt im Zellkern ein doppelter Chromosomensatz vor, kann die Bruchstelle mit der noch unbeschädigten DNA wieder repariert werden, da es sehr unwahrscheinlich ist, dass zwei homologe Chromosomen an genau der gleichen Stelle gleichzeitig zerstört werden. Und tatsächlich haben alle Eukaryoten biochemische Prozesse und spezielle Proteine entwickelt, die exakt diesen Prozess durchführen. Ist eine Bruchstelle entstanden, wird das betroffene Gen lokalisiert, herausgeschnitten und durch eine Kopie des homologen Gens ersetzt. Dies ist ein erstaunlicher Prozess. Im Zellkern des Organismus arbeiten die Genome der Eltern zusammen, sie kooperieren und helfen sich gegenseitig, wenn eines der beiden Chromosomen beschädigt ist. Eine Kooperation zwischen DNA-Molekülen! Gemäß der »Selfish Gene«-Hypothese könnte man nun denken, dass Gene diese Fähigkeit ausnutzen würden, um sich selbst in die homologen Chromosomen zu kopieren. Doch genau dieser Prozess findet nicht statt. Die Natur hat ein System molekularer Kooperation selektiert.

## SEX KNACKT MULLERS RATSCHE

Das doppelte Genom bei vielen Eukaryoten macht aber noch keine sexuelle Fortpflanzung notwendig. Erst mal trägt es nur ein sicheres Erbgut-Back-up in sich. Außerdem eröffnet es ein gigantisches Potenzial, indem es den Austausch genetischer Informationen ermöglicht. Bei vielen Organismen kommen sich während der Meiose homologe Chromosomen sehr nah, verschränken sich und tauschen einzelne Segmente und Gene untereinander aus. Diesen Prozess nennt man Rekombination.

Denken wir wieder an die Rezeptbücher, so werden kurz vor der Weitergabe an die nächste Generation einzelne Zutaten aus den Rezepten von Mama und Papa hin und her getauscht. Die Gene werden also vermischt. So wird gewährleistet, dass schon die haploiden Keimzellen eine Merkmalskombination der Eltern erhalten und nicht jeweils nur die Rezepte der Großmutter oder des Großvaters. Stellen wir uns vereinfacht zwei homologe Rezepte für eine Gemüsepfanne mit den jeweiligen Zutaten (Merkmalen) vor:

1. Reis, Paprika, Kardamom (Rezept von Mama)
2. Couscous, Zucchini, Kreuzkümmel (Rezept von Papa)

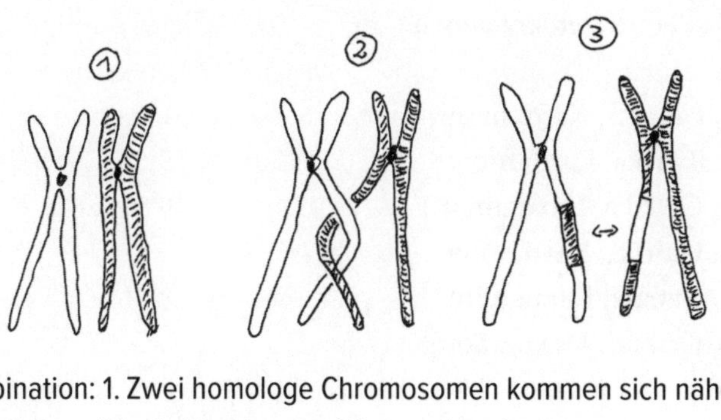


Rekombination: 1. Zwei homologe Chromosomen kommen sich näher, 2. verheddern sich ein bisschen und 3. tauschen Segmente aus.

Würden aus diesen Zutaten ohne Rekombination haploide Keimzellen erzeugt, gäbe es ausschließlich Keimzellen in der Kombination von 1 (Reis, Paprika, Kardamom) oder 2 (Couscous, Zucchini, Kreuzkümmel). Findet aber vor der Produktion der Keimzellen Rekombination statt, entstehen auch Keimzellen in neuer Zusammenstellung, zum Beispiel Couscous, Zucchini, Kardamom oder Reis, Zucchini, Kreuzkümmel. Somit steigt die Variation der Merkmalskombinationen in den Keimzellen und damit die Variation in der Population. Wenn dann zwei Keimzellen bei der sexuellen Fortpflanzung verschmelzen, kommt noch eine weitere Variation hinzu. Das ist ein enormer Vorteil der sexuellen Fortpflanzung. Die Karten werden immer wieder neu gemischt und Merkmale neu zusammengewürfelt.

Noch viel wichtiger ist aber ein anderer Faktor. Da Prokaryoten sich einfach teilen, sind Mutationen der einzige Weg, um Variation zu erzeugen. Ansonsten entstehen zwei genetisch identische Tochterzellen. Das Problem bei Mutationen ist aber, dass sie meistens die Fitness des Organismus verringern. Hat ein Organismus erst einmal so eine schädliche Mutation mitgemacht, wird er diese so schnell nicht wieder los. Dazu müsste per Zufall an derselben Stelle der DNA eine Rückmutation stattfinden, was nur äußerst selten passiert. Nehmen wir als Beispiel wieder die Zutaten des Gemüserezepts – Reis, Paprika, Kardamom. In Analogie zur Genetik ändern wir jetzt bei jeder Replikation einen oder zwei Buchstaben willkürlich. Dann könnten folgende Sequenzen entstehen:

Reis, Paprika, Kardamom
Rzis, Patrika, Kardamom
Qzis, Gatrika, Kaxdamom
Qzis, Gatriki, Kaxuamom
Qzit, Gatriki, Kaxuamim
Qzis, Gatriki, Maxuamom
....

Nach kurzer Zeit kann man die Zutaten nicht mehr lesen. So ähnlich verhält es sich mit der DNA, irgendwann ist ein Gen nicht mehr lesbar und es kann kein funktionierendes Protein daraus hergestellt werden. Dieses Phänomen der Ansammlung nachteiliger Mutationen entdeckte der amerikanische Genetiker und Nobelpreisträger Hermann Joseph Muller (1890–1967). Den Prozess nennt man nach ihm Mullers Ratsche, weil er sich nur in eine Richtung »dreht«. Nur sexuelle Fortpflanzung schafft es, durch die Rekombination der Merkmale diese Ratsche auszutricksen. Stellen wir uns wieder die beiden homologen Rezepte vor:

1. Reis, Paprika, Kardamom 2. Couscous, Zucchini, Kreuzkümmel

Beide replizieren sich jetzt zunächst einmal unabhängig voneinander und mutieren an einigen Stellen, das Ergebnis könnte so aussehen:

1. Rems, Paprima, Kardamom 2. Couscous, Zucchini, Krenzlümmel

In beiden Kombinationen sind einige Zutaten mutiert und nicht mehr lesbar. Keines der beiden Rezepte funktioniert mehr. Wenn jetzt beide Sätze rekombiniert werden, können insgesamt acht Kombinationen entstehen, vier Beispiele sind:

1. Rems, Paprima, Krenzlümmel
2. Couscous, Paprima, Kardamom
3. Couscous, Zucchini, Kardamom
4. Rems, Zucchini, Krenzlümmel

Eine Kombination (3) weist keine der nachteiligen Mutationen auf und ergibt gleichzeitig ein neues Rezept für die Gemüsepfanne! Und genau diese Fähigkeit sexueller Fortpflanzung ist unschlagbar. Da nachteilige Mutationen so wieder aus der Population getilgt werden können, besteht mit dieser Art der Fortpflanzung plötzlich die Möglichkeit, viel umfangreichere DNA zu evolvieren und damit auch viel komplexere Lebensformen. Kooperation und Offenheit gegenüber neuen Kombinationen lässt Neues entstehen!

## MÄNNCHEN UND WEIBCHEN

Sexuelle Fortpflanzung besteht also im Kern aus dem Austausch von Genen und der Fähigkeit, durch die Kooperation von doppelt vorhandenen Genomen immer wieder neue Kombinationen zu generieren. Verdopplung der genetischen Information und Rekombination sind die zentralen Elemente des Prozesses. Fehler können so beseitigt und gleichzeitig neue Merkmale kombiniert werden. Wieso aber gibt es Geschlechter? Wieso ist bei vielen Tieren und uns Menschen das biologische Geschlecht in der Regel genetisch vorbestimmt? Weshalb sind Ei- und Samenzelle so unterschiedlich? Sind diese Symmetriebrüche notwendig? Die wesentlichen Prozesse diploider Chromosomen und Rekombinationen erfordern diese Asymmetrie keineswegs. Über zwei verschiedene Geschlechter wird zwar gewährleistet, dass ein Organismus sich nicht mit sich selbst paart. Allerdings sind schon einige Bakterien in der Lage, eigene und fremde Klone auseinanderzuhalten. Warum gibt es nicht drei oder 17 Geschlechter? Da Geschlechtsdimorphismus, die Unterschiedlichkeit zwischen Mann und Frau, so typisch ist und nicht aus sexueller Fortpflanzung als notwendig abgeleitet werden kann, müssen wir die Ursachen woanders suchen. Wie eingangs betont, erfordert die sexuelle Fortpflanzung viel Mühe und Energie. Aspekte wie das Auffinden des Partners, Meiose als komplexer Zellteilungsprozess, das oftmals energiereiche Aufziehen der Nachkommen müssen gegen den innovativen Vorteil abgewogen werden. Schon Darwin hat sich darüber Gedanken gemacht. Die große Asymmetrie zwischen Ei- und Samenzellen spricht für einen Symmetriebruch in der Arbeitsteilung unter den Partnern. Die Vereinigung von so unterschiedlichen Formen der Keimzellen nennt man Anisogamie. Nehmen wir den Menschen als Beispiel.

Die menschliche Eizelle hat einen Durchmesser von etwa 0,1 Millimeter. Ein männliches Spermium ist etwa 20-mal kleiner und hat ein 50 000-fach geringeres Volumen, das entspricht einem Volumen-

Menschliche Keimzellen unterscheiden sich stark.
Links das Ei, rechts ein Spermium.

verhältnis von einem Liter zu 50 Tonnen Wasser. Eine Frau hat zwischen der Pubertät und der Menopause ca. 500 Eisprünge und erzeugt so viele fruchtbare Eizellen. Das Ejakulat eines Mannes enthält etwa 100 bis 300 Millionen Samenzellen. Das ist eine außerordentlich bemerkenswerte Asymmetrie. Es gibt verschiedene Theorien, die diese Asymmetrie erklären können. Verbreitet ist die Theorie der disruptiven Auslese. Zur erfolgreichen sexuellen Fortpflanzung müssen möglichst effektiv zwei Ziele erreicht werden: zum einen die gelungene Befruchtung, zum anderen die Versorgung und der Schutz eines heranwachsenden Embryos. Im Prinzip können die Partner einer sexuellen Fortpflanzung beide Aufgaben zu gleichen Teilen übernehmen. Offenbar war es evolutionär aber effektiver, dass weibliche Varianten die Versorgung einer befruchteten Eizelle übernahmen und Männer nur als Spender sehr, sehr vieler Spermien dienten. Kleine Keimzellen (Spermien) in hoher Anzahl erhöhen die Befruchtungswahrscheinlichkeit, große Keimzellen (Ei) erhöhen die Überlebenswahrscheinlichkeit des Embryos. So weit die Erklärungsversuche der Anisogamie und des Geschlechtsdimorphismus bei vielen Tieren. Man sollte allerdings aus diesen Eigenschaften keine universelle Gesetzmäßigkeit ableiten. Tatsächlich sind Anisogamie und genetisch festgelegte, eindeutige, ein ganzes Leben beständige Geschlechter eher die Ausnahme als die Regel. Sie sind eine Spielart von Spezies, die sich sexuell fortpflanzen. Es gibt noch jede Menge andere Sorten von Sex, und auch das Geschlecht vieler Organismen ist facettenreicher, dynamischer und überraschender, als man gemeinhin erwartet.

## ÜBERALL REGENBÖGEN

Begeben wir uns zunächst zurück zu den artenreichen Korallenriffen. Etwa 30 Prozent der dort lebenden Tiere können ihr Geschlecht wechseln, und zwar auf unterschiedlichste Weise. Clownfische beispielsweise, die als Männchen geboren werden und Samenzellen produzieren, können zu Weibchen werden, wenn das dominante Weibchen einer Gruppe stirbt. Dann produzieren sie Eier. An den Riffen findet man auch farbenfrohe Lippfische, die zunächst als Weibchen leben und sich dann in Männchen verwandeln. Sehr dynamisch halten es bestimmte Arten von Papageienfischen, die während ihres Lebens mehrfach ihr Geschlecht wechseln können. Einige Grundeln leben in Symbiose mit Muscheln oder Korallen, immer in Gruppen von einem Männchen und zwei Weibchen. Stirbt das Männchen oder wird es gefressen, verwandelt sich eines der Weibchen in ein Männchen.

Zackenbarsche wiederum leben in ihrer ersten Lebensphase als Weibchen, erst wenn sie alt sind, werden sie zu Männchen. Wie aber ist das möglich? Ist das biologische Geschlecht eines Organismus nicht genetisch vorprogrammiert? Bei uns Menschen ist das so, aber wir und die paar anderen Tiere, die diese Eigenschaft teilen, sind eindeutig in der Minderheit. Bei sehr vielen Reptilienarten, Krokodilen und Schildkröten hängt das Geschlecht von der Außentemperatur

Ein Clownfisch ist mal Männchen, mal Weibchen.

ab, unter der sich die Embryonen in den Eiern entwickeln. Tatsächlich wird bei vielen Wirbellosen, die immerhin mehr als 95 Prozent des tierischen Artenreichtums ausmachen, das Geschlecht genetisch nicht festgelegt.

## ZWITTER

Diese Beispiele zeigen, wie wendig in der Tierwelt mit Geschlechterrollen umgegangen wird. Für viele Organismen ist die Entscheidung zwischen zwei Geschlechtern gar nicht notwendig, da sie von vornherein beide besitzen, also Zwitter oder Hermaphrodite sind. Gerade unter Wirbellosen kommt diese Zweigeschlechtlichkeit häufig vor, ein bekanntes Beispiel ist die Weinbergschnecke. Hamletbarsche, die an Korallenriffen der Karibik leben, sind ebenfalls Zwitter. Während der Paarung wechseln sich die Partner ab, mal ist der / die eine Weibchen, mal der / die andere, dabei zeigen sie jeweils das typische Paarungsverhalten. Ähnlich verhalten sich die Sägebarsche, die bei der Paarung eine Art Eierhandel betreiben, bei dem die Eizellen ausgetauscht werden.

Weniger gerecht und etwas konfliktgeladen geht es bei vielen marinen Plattwürmern zu. Diese Tiere erinnern äußerlich an marine Nacktschnecken, sind sehr artenreich und haben wunderschöne Farbzeichnungen. Viele Arten sind zweigeschlechtlich, so zum Beispiel der Perserteppichplattwurm. Interessanterweise hat jedes Tier zwei Penisse. Bei der Paarung führen die Partner ein sogenanntes Penisfechten durch und entscheiden so, wer im Paarungsakt die Rolle des Männchens übernimmt. Die bis zu 26 Zentimeter großen Bananenschnecken wiederum, an der Westküste der USA beheimatet, zeichnen sich durch vergleichsweise große Penisse aus. Kopulieren diese Zwitterwesen, kann es vorkommen, dass der Penis eines Partners sich in der Vagina des anderen verklemmt und dann von diesem abgebissen wird. Ein Zwitterleben ist also punktuell auch mit Gefahren verbunden.

Ein Bandwurm. Jedes einzelne Körpersegment enthält alles, was man zu Sex mit sich selbst benötigt.

Als letztes Beispiel sei noch *Taenia* erwähnt, eine Gattung der Echten Bandwürmer. Als Parasiten fristen sie eine Weile ihres Daseins im Darm ihrer Wirte. Von diesen eher unsympathischen Zeitgenossen sind etwa 3500 Arten bekannt, der berüchtigte Fuchsbandwurm, der nur drei Millimeter lang wird, gehört dazu, ebenso der bis zu 20 Meter lange Fischbandwurm, zu dessen Endwirten Hund, Katze und Mensch gehören. Wenn Bandwürmer sich mit einem ihrer vier Saugnäpfe im Darm ihrer Wirte verankern, fangen sie an zu wachsen. Am unteren Ende des Kopfes werden immer neue Körpersegmente hergestellt, die sich Proglottiden nennen. Jedes einzelne Element hat eigene Geschlechtsorgane und kann sowohl Eizellen als auch Samenzellen produzieren. Die Samenzellen werden an die Umgebung abgegeben und können die Eizellen anderer Segmente befruchten. Die Bandwürmer betreiben Autogamie, also Fortpflanzung mit sich selbst, was im Englischen als »Selfing« bezeichnet wird. Da ein langer Bandwurm aus sehr vielen Segmenten besteht, die sich untereinander befruchten, wird zumindest ein bisschen genetische Variation erzeugt, eine Kompromisslösung, da die Bandwürmer oft allein im Darm eines Wirts existieren.

Viele dieser Beispiele aus dem Tierreich muten bizarr und ungewöhnlich an, sind aber in ihren Biotopen sehr verbreitet. Verlässt man das Tierreich, ist Zweigeschlechtlichkeit sowieso eher die Regel als die Ausnahme. Die meisten Pflanzen können sich auch sexuell fortpflanzen und die überwiegende Mehrheit aller Blütenpflanzen bildet gleichzeitig sowohl männliche als auch weibliche Geschlechtsorgane aus.

## DER GEMEINE SPALTBLÄTTLING

Die Kategorisierung in männlich und weiblich zeigen all diese Beispiele und selbst die hermaphroditen Lebewesen mit ihren zwei verschiedenartigen Geschlechtsorganen, die jeweils zu denen des Partners passen. Dennoch sind auch hier die Keimzellen unterschiedlich. Offenbar erfolgt auf der Ebene von Ei und Spermium auch bei ihnen eine Arbeitsteilung. Aber auch diese Asymmetrie in den Keimzellen ist kein Universalgesetz, wie man von unseren nahen Verwandten, den Pilzen lernen kann. Viele Pilze können sich sexuell fortpflanzen, allerdings ohne die traditionellen »Geschlechterrollen«. Sie sind isogam, das heißt, die Keimzellen unterscheiden sich, wenn überhaupt, nicht so stark wie Ei- und Samenzellen. Anders als bei den Tieren sind die Körperzellen zahlreicher Pilzspezies nicht diploid, sondern haploid, besitzen also nur einen einzigen Chromosomensatz. Wenn Pilze sich fortpflanzen, verschmelzen haploide Zellen, die sich struk-

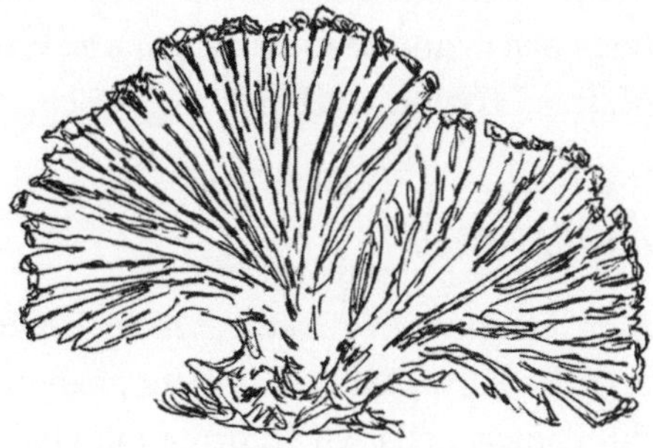

Der Gemeine Spaltblättling hat 23 328 Geschlechter.

turell nicht unterscheiden, und bilden so eine diploide Zelle. Diese vermehrt sich ganz normal über Zellteilung. Allerdings erfolgt der Zellteilungsprozess bei Pilzen, anders als bei Tieren, nicht so exakt, die doppelt vorliegenden Chromosomen werden nicht hübsch und gerecht aufgeteilt. Für die Pilze stellt das ein Problem dar. Wenn sich die haploiden Zellen, die verschmelzen, so ähneln und beliebig verschmelzen können, wie kann dann gewährleistet werden, dass ein Pilz sich nicht andauernd mit sich selbst fortpflanzt, so wie der Bandwurm? Pilze haben dazu etwas Ähnliches wie Geschlechter entwickelt, die sogenannten Kreuzungstypen. Im einfachsten Fall hat eine Pilzspezies zwei Kreuzungstypen, sagen wir A und B. Der Kreuzungstyp wird auf einem der Chromosomen kodiert. Ein Genort kann also entweder das Gen A oder das Gen B enthalten. Treffen nun zwei haploide Zellen mit dem gleichen Kreuzungstyp aufeinander, können sie nicht verschmelzen, so wie weder zwei Eizellen noch zwei Samenzellen verschmelzen können. Wie viele Kreuzungstypen eine Pilzart hat, ist dabei sehr unterschiedlich. Den absoluten Rekord hält bisher der Gemeine Spaltblättling. Dieser Pilz wächst an Wunden verschiedener Bäume als Parasit und bildet Gruppen von weißlich grauen Fruchtkörpern. Der Gemeine Spaltblättling hat 23 328 Kreuzungstypen, also gewissermaßen so viele Geschlechter. Zwischen nur zwei und mehr als 20 000 Kreuzungstypen existiert im Reich der Pilze eine Vielfalt von Kreuzungstypen, alle Systeme gewährleisten, dass bei der sexuellen Fortpflanzung immer neue Mischungen entstehen. Bei den Tieren läuft alles etwas geordneter, bei den Pilzen hoch divers und chaotisch. Egal wie: Hauptsache, es wird genetisches Material kombiniert und ausgetauscht.

## PROKARYOTEN

Man erkennt: Die Natur hat verschiedenste Wege exploriert, um sexuelle Fortpflanzung zu ermöglichen. Im Kern geht es um die Redundanz genetischer Information über doppelt vorliegendes Erbgut und noch viel mehr um die Möglichkeit, über Rekombination immer wieder neue Merkmalszusammensetzungen auszuprobieren und der Ansammlung schädlicher Mutationen zu entkommen. Wenn Sie aufmerksam gelesen und sich nicht zu sehr durch die bizarren Formen sexueller Fortpflanzung haben ablenken lassen, werden Sie sich vielleicht die Frage stellen, wie denn Bakterien und Archaeen der Muller'schen Ratsche entkommen? Diese immerhin seit 3,5 Milliarden Jahren existierenden Domänen kommen doch auch ohne sexuelle Fortpflanzung oder doppelt vorliegendes Erbgut aus. Prokaryoten haben ihre eigenen Wege gefunden, ihre DNA von Zeit zu Zeit aufzufrischen. Den horizontalen Gentransfer haben wir schon kurz erwähnt, bei dem Bakterien und Archaeen einzelne Teile ihres Genoms an die Umgebung abgeben, wo sie von anderen Bakterienarten aufgenommen werden können. Diese Art der Teilung genetischer Information ist natürlich sehr unspezifisch. Sie stellt Merkmale und Fähigkeiten der gesamten Gemeinde bakterieller Spezies zur Verfügung.

Aus Sicht einer Spezies bietet die DNA der Umgebung wiederum einen Pool von Möglichkeiten, aus dem man sich bedienen kann. Neben dieser breiten Streuung von Fähigkeiten stehen diversen Bak-

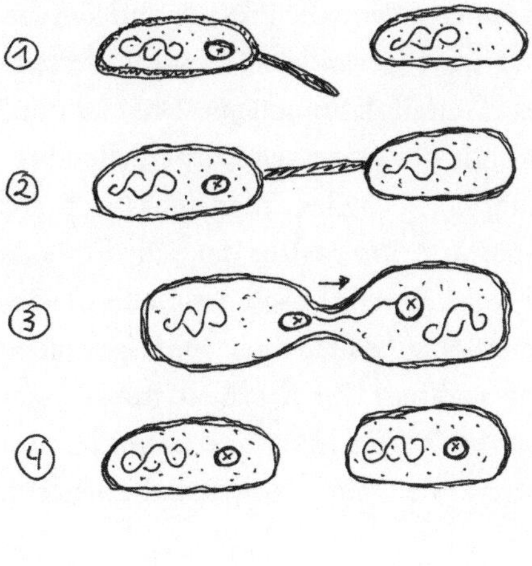


Konjugation ist Bakteriensex.

terienspezies auch intimere Methoden zur Verfügung. Einige haben einfache Versionen der Rekombination entwickelt. Hierbei wird ein direkter Kontakt zwischen zwei Bakterien hergestellt. Zunächst wächst aus einem Bakterium ein Pilus, ein längliches Haar, und dockt an ein Partnerbakterium an. Die beiden werden mithilfe des Pilus zueinandergezogen wie zwei mit einem Seil verbundene Boote. Wenn die Bakterien sich berühren, verschmelzen sie an dieser Stelle und können über den so geformten Kanal genetisches Material austauschen, so eine Art Bakteriensex. Dieser Prozess (Konjugation genannt) ist natürlich viel effizienter, als einzelne DNA-Stücke an die Umgebung abzugeben. Ein dritter Weg, an neue DNA zu kommen, geht über virale Postboten. Hierbei befällt ein Virus ein Bakterium, nimmt DNA auf und transportiert diese als Paket in ein anderes Bakterium. Ein paar Beispiele haben wir im Kapitel »Nette Viren« schon kennengelernt. Unterm Strich haben also auch Prokaryoten ihre eigenen Wege gefunden, Mullers Ratsche auszuschalten.

## RÄDERTIERCHEN REVISITED

Aber wie verhält es sich mit dem eingangs vorgestellten Rädertierchen? Ein vielzelliges Tier, dem weder sexuelle Fortpflanzung noch bakterielle Konjugation oder Ähnliches zur Verfügung steht? Auch das Rädertierchen weiß sich zu helfen. Wenn die Pfützen und kleinen Teiche, in denen es lebt, austrocknen, verwandelt sich das Rädertierchen in eine Kugel und trocknet ebenfalls komplett aus. Dabei nimmt das kleine Tier Schaden. Die Wände der einzelnen Körperzellen brechen auf, die DNA zerbricht an vielen Stellen, man muss sich das Rädertier vorstellen wie ein kaputtes Auto, das aus der Schrottpresse kommt. Dennoch kann es nachweislich selbst nach neun Jahren wieder zum Leben erweckt werden. Sobald es feuchter wird, eine neue Pfütze entsteht, sich der ausgetrocknete Teich erneut mit Wasser füllt, geschieht etwas Erstaunliches: Das Rädertierchen erwacht zum Leben, die Zellen werden repariert, die DNA wird wiederhergestellt,

Lücken in einem DNA-Strang werden durch Gene des homologen Chromosoms gefüllt, und das Rädertierchen nimmt sein tägliches Geschäft wieder auf.

Wie aber könnte das der genetischen Diversität helfen? Hier ist der Trick: Durch die Zerstörung der ganzen Zellwände kann das Rädertierchen bei der Rekonstruktion fremde DNA aus der Umgebung in das eigene Genom einbauen, also horizontalen Gentransfer durchführen (wie es sonst nur die Prokaryoten können). Tatsächlich sind die Tiere so zu genetischen Trödelhändlern geworden. Sie haben im Laufe der Evolution bakterielle Gene, DNA von Archaeen oder anderen Eukaryoten aufgenommen.[2] Sie trocknen aus, zerbrechen, assimilieren beim Wiederaufbau DNA aus ihrer Umgebung und sorgen so über die Millionen Jahre ihrer Existenz ohne Männer für genetische Vielfalt und Variation.

## BAKTERIEN ALS APHRODISIAKUM

Die Evolution sexueller Fortpflanzung der Eukaryoten blieb den Prokaryoten nicht »verborgen«. Da komplexes Leben auf einem prokaryotischen Planeten entstanden ist, verwundert es nicht, wenn auch Bakterien beim Sex der Eukaryoten ein bisschen mitmischen. Im Kapitel »Freak Show« haben wir das Bakterium *Aliivibrio fischeri* kennengelernt, die biolumineszente Spezies, die dem Zwergtintenfisch bei der Tarnung hilft. Die Art unterstützt auch einen eukaryotischen Einzeller beim Sex, nämlich *Salpingoeca rosetta,* eine Spezies

Ein Kragengeißeltierchen ist ein mit den Tieren eng verwandter Einzeller, der von einem Bakterium zum Sex überredet wird.

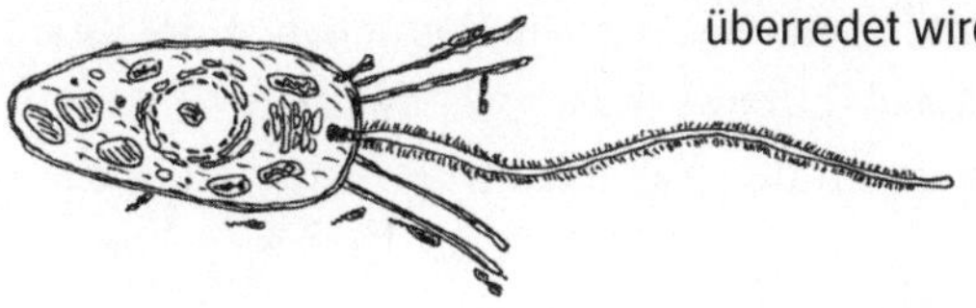

der Kragengeißeltierchen. Diese Einzeller sind am nächsten mit den Schwämmen verwandt, also den ersten multizellulären Tieren (wir werden sie im folgenden Kapitel genauer unter die Lupe nehmen). Das Bakterium *A. fischeri* produziert ein bestimmtes Signalmolekül. Nur wenn die Kragengeißeltierchen dieses Signal erreicht, verschmelzen zwei Individuen und produzieren haploide Keimzellen zur sexuellen Vermehrung.[3] *A. fischeri* wirkt also wie eine Art Aphrodisiakum für die kleinen Vorläufer der Tiere. Noch weiß man nicht, ob *A. fischeri* selbst einen Vorteil aus dieser Hilfe zieht.

## DIE INSEKTENMACHER

Unter den Tieren sind die Insekten die mit Abstand artenreichste Klasse. Bekannt sind etwa eine Million verschiedene Spezies, man geht davon aus, dass fünf bis 30 Millionen Arten existieren. Damit machen die Insekten allein etwa 80 Prozent der tierischen Artenvielfalt aus. Aber warum treten gerade die Insekten so divers auf? Auch hierbei könnten Bakterien eine Rolle spielen, nämlich die Wolbachien. Wolbachien sind Endosymbionten, die in den Zellen verschiedenster Insektenarten leben. Sie werden vertikal über die Eizellen der Weibchen an die Nachkommen weitergegeben. Man geht davon aus, dass etwa 70 Prozent aller Insektenarten in ihren Zellen Wolbachien tragen. Auf den ersten Blick sind die Wolbachien nicht sehr nett zu ihren Wirten. Sie können nämlich die sexuelle Fortpflanzung ihrer Wirte zu ihrem eigenen Nutzen lenken. Da sie nur über die Eizellen der weiblichen Insekten übertragen werden, nicht aber über die Spermien der männlichen Insekten, verwenden die Wolbachien verschiedene Tricks. Zum einen können Männchen, die mit Wolbachien infiziert sind, sich nur mit Weibchen fortpflanzen, die ebenfalls Wolbachien in sich tragen. Hat ein Weibchen keine Wolbachien, entwickeln sich seine Eier nicht. Somit haben mit ihnen infizierte Weibchen einen Wettbewerbsvorteil. Zweitens sind manche Wolbachien in der Lage, die geschlechtliche Ausprägung einer befruchteten Eizelle zu beeinflussen. Was eigentlich ein Männchen werden sollte, wird zu einem funktionalen Weibchen und sorgt damit für den Fortbestand der Wolbachien. Drittens schaffen es Wolbachien auch, ihre Wirte zur Parthenogenese zu zwingen, also zur Fortpflanzung ohne Männchen. Viertens bringen manche Wolbachien männliche Embryos einfach um. Trotz dieser fiesen Manipulationen wirkt sich die Beziehung zwischen Insekten und Wolbachien aber auch positiv aus. So schirmen die Wolbachien ihre Wirte vor Infektionen und anderen Parasiten ab. Moskitos werden durch Wolbachien vor Dengue-, Chikungunya- und Zikaviren geschützt. Fruchtfliegen werden oft von parasitären Wespen attackiert, die ihre Larven in den Fliegen ablegen. Wolbachien sorgen dafür, dass die Larven abgetötet werden.

Am folgenreichsten aber ist der Zusammenhang zwischen einer Wolbachieninfektion und der Ausbildung neuer Arten.[4] Da Wolbachien in die Vermehrung der Insekten eingreifen, kommt es zur Isolation von einzelnen Populationen, die sich dann nicht mehr untereinander fortpflanzen können. Jede Population geht nun ihren eigenen evolutionären Weg und verändert sich genetisch so stark, dass sich zwei neue Arten herausbilden, selbst wenn sie die Wolbachien irgendwann verlieren. Mittlerweile hat man bei verschiedenen Insektenarten genetische Inkompatibilität nachgewiesen, die mit hoher Wahrscheinlichkeit durch Wolbachien verursacht oder katalysiert worden ist. Man geht davon aus, dass die hohe Artendiversität der Insekten in Teilen durch den Einfluss dieser Endosymbionten vorangetrieben wurde. Im Labor konnte man durch Experimente zeigen, dass zwei Populationen von Fruchtfliegen, deren Fortpflanzung jeweils unterschiedlich durch Wolbachien beeinflusst wurde, sich schon nach einigen Generationen so stark auseinanderentwickelt hatten, dass Individuen aus den beiden Gruppen sich nicht mehr miteinander fortpflanzen konnten. Dieses Beispiel zeigt eindrücklich, wie eines der Darwin'schen Dilemmas, das Problem der spontanen Artbildung durch die Symbiose mit Bakterien, vorangetrieben wird. Die sexuelle Fortpflanzung, eine Kooperation auf genetischer Ebene, wird durch eine weitere kooperierende Kraft, die eines Bakteriums, ergänzt, was zu mehr Vielfalt und Diversität führt.

Sexuelle Fortpflanzung in all ihren Facetten ist vielleicht die fundamentalste Kooperation in der Natur. Anders als die Symbiosen findet sie sowohl auf genetischer als auch auf organismischer Ebene statt, es ist also eine Kooperation über mehrere biologische Ebenen. Erinnern wir uns an die unterschiedlichen Interpretationen des Zusammenhangs zwischen Genen einerseits und Organismen andererseits. Während Richard Dawkins den Organismus nur als nützliches Werkzeug zur Vermehrung egoistischer Gene interpretierte, sieht Denis Noble den Organismus als die wichtige Einheit an und die Gene nur als Werkzeugkasten. Das Phänomen der sexuellen Fortpflanzung zeigt eindrücklich, dass weder die eine noch die andere Sicht ein vollständiges Bild ergibt. Gene und Organismen arbeiten zusammen und sorgen so für Variation, Komplexität und Vielfalt. Im Kern dieser Zusammenarbeit über verschiedene Ebenen geht es um die gegenseitige Bereitschaft und Offenheit, Eigenes aufzugeben und Fremdes anzunehmen. Erst dieses Prinzip erlaubt es, immer weitere Komplexitätsebenen im Tanz von Kooperation und Wettstreit zu entwickeln, Großes zu schaffen. Das werden wir im nächsten Kapitel lernen.

# GROSSES SCHAFFEN

## Die Erfindung der Tiere

*Man braucht nicht etwas Zusätzliches, um mehr zu bekommen. Genau das bedeutet Emergenz.*
Murray Gell-Mann, Physiknobelpreisträger (1929–2019)

Der Blauwal ist das schwerste Tier, das jemals auf der Erde existierte. Mit 33 Metern maximaler Länge und einem Gesamtgewicht von bis zu 200 Tonnen hält er im Tierreich einen absoluten Rekord. Wie jeder Organismus besteht auch der Blauwal aus mikroskopisch kleinen biologischen Körperzellen, nämlich etwa 60 Billiarden, ausgeschrieben 60 000 000 000 000 000. Das ist eine sehr große Zahl. Wäre jede dieser Blauwalzellen so groß wie ein Reiskorn, könnte man damit ganz Deutschland unter einer fünf Meter dicken Reisschicht begraben. Nur einige längst ausgestorbene Dinosaurier kommen in die Nähe dieser Maßstäbe. Das Reich der Pflanzen hat ebenfalls einige Giganten zu bieten, den australischen Riesen-Eukalyptus beispielsweise mit über 130 Metern Höhe oder den etwas kleineren Sequoia-Riesenmammutbaum (84 Meter), der aber mit seinem Gewicht von 1800 Tonnen und einem Alter von 2200 Jahren Rekorde hält, und seinen Cousin, den Küstenmammutbaum mit 115 Metern Höhe und 1200 Tonnen Gewicht. Weniger bekannt ist Pando.[1] Pando ist eine Kolonie von etwa 57 000 Zitterpappeln, die sich über ein Gebiet von 43 Hektar im US-Bundesstaat Utah erstreckt. Die einzelnen Bäume sind Klone, also genetisch identisch. Sie sind über ihr Wurzelgeflecht verbunden und Teil eines einzigen Individuums, das mit einem geschätzten Alter von 14 000 Jahren und einem Gesamtgewicht von 6000 Tonnen zu den größten, schwersten und ältesten Lebewesen der Erde gerechnet wird. Der absolute Rekord gehört aber weder dem Tier- noch dem Pflanzenreich. *Armillaria ostoyae,* ein Pilz der Gattung Hallimasch, lebt in den Bergen des US-Bundesstaats Oregon auf einer Fläche von ca. 8,8 Quadratkilometern. Der gesamte Organismus bringt stattliche 35 000 Tonnen Gewicht auf die Waage und ist dort auch schon seit 2500 bis 8000 Jahren ansässig. All diese *Guinness*-verdächtigen Lebewesen illustrieren ein erstaunliches Prinzip komplexen Lebens: Multizellularität. Diese Organismen erreichen ihre Größe nur, weil Milliarden, Billionen oder eben sogar Billiarden mikroskopisch kleiner biologischer Körperzellen, alle mit identischem Erbgut ausgestattet, im wahrsten Sinne des Wortes zusammenhalten, unterschiedliche Aufgaben übernehmen, miteinander kommunizieren und über Jahrhunderte oder Jahrtausende nicht aus dem kooperativen Ganzen ausscheren.

In den letzten beiden Kapiteln haben wir diskutiert, wie Eukaryoten entstanden sind und wie sie über sexuelle Fortpflanzung ihr genetisches Material kooperativ austauschen. Wie aber kam es zu komplexem multizellulärem Leben? Wie bewerkstelligen viele Milliarden Zellen die koordinierte Zusammenarbeit? Was hat Einzeller dazu bewogen, zusammen ein Ganzes zu bilden, einen Organismus auf eine höhere Organisationsstufe zu heben, und zwar so weit, dass man den Begriff »Individuum« nicht mehr auf eine einzige Zelle, sondern auf das Kollektiv bezieht? Multizellularität wurde im Verlauf der Evolution mehrfach erfunden, von Tieren, Pflanzen, Pilzen, Braunalgen, Rotalgen und anderen Eukaryoten. Sie erforderte eine Vielzahl kooperativer Prozesse auf verschiedenen Ebenen. Die Erfindung ist derart magisch, komplex und beeindruckend, dass es sich lohnt, einmal genauer hinzuschauen. Wir benötigen zunächst wieder ein Mikroskop.

## VERSCHLEIMT

Wir beobachten damit das Leben in einem verrottenden Haufen Laub. Es ist feucht. Überall zersetzen unzählige Insekten, Pilze und Bakterien das organische Material. Plötzlich landet auf einem welken Blatt ein kleiner, rundlicher Partikel, nicht größer als ein Bakterium, etwa ein Hundertstel Millimeter im Durchmesser. Es handelt sich um eine Spore des Schleimpilzes *Dictyostelium discoideum*. Schleimpilze sind tatsächlich keine Pilze, nur entfernt verwandt mit Tieren und Pilzen. Die Spore findet auf dem verwesenden Laubblatt optimale Bedingungen, sie stößt ihre feste Hülle ab, und heraus schlüpft eine fertige, lebendige Zelle. *Dictyostelium*-Zellen sind Amöben, relativ komplexe Einzeller, die sich kriechend fortbewegen und von Bakterien ernähren. Unsere Zelle beginnt auch sogleich mit der Suche nach Bakterien. »Dicty«, so der wissenschaftliche Spitzname der Spezies, ist in der Lage, Bakterien aktiv zu jagen, es nimmt selektiv molekulare Spuren auf und krabbelt den Bakterien hinterher, um sie dann zu packen, zu schlucken und zu verdauen. *E. coli* gehört zu Dictys Lieblingsspeisen. Wenn unsere Zelle nun genug Bakterienfutter findet, wächst sie und teilt sich, vermehrt sich also vornehmlich asexuell. Manchmal trifft Dicty auch auf eine andere, genetisch unterschiedliche Zelle derselben Art und kann sich dann sexuell fortpflanzen. Unter guten Bedingungen wächst eine lokale Dicty-Population. Schnell werden es Hunderttausende sein. Alle fressen, so viel sie können, bis das Bakterienfutter aufgebraucht ist.

Dann geschieht etwas Erstaunliches. Plötzlich bewegen sich alle Einzeller, wie bei einem Flashmob, auf einen zentralen Punkt zu. Kein äußerer Reiz ist dafür notwendig, auch der Ort, an dem sich auf einmal Hunderttausende sammeln, hat nichts Besonderes. Alles geschieht wie von Geisterhand. Im Zentrum dieser zellulären Zusammenkunft bildet sich nach und nach ein erhabener Zellhaufen, da neu ankommende Zellen die Masse in der Mitte nach oben drücken. Aus dem Berg wächst ein Zelltürmchen, das sich vertikal nach oben streckt. Irgendwann sind alle Dictys aus der Umgebung am Zelltürmchen angekommen, das mittlerweile etwa einen Millimeter an Größe gewonnen hat. Dann fällt der Turm um und liegt wie eine Miniatur-Nacktschnecke da. Und dann … fängt diese kleine Schnecke an zu kriechen! Das Kollektiv der hunderttausend Dicty-Zellen ist zu einem multizellulären Organismus geworden, der sich fortbewegt und die leer gefressene Umgebung verlässt.

Wie kann diese Verwandlung von Einzellern in einen kollektiven Organismus funktionieren? *Dictyostelium* hat hierzu ein relativ simples, aber effektives Kommunikationsmittel erfunden. Wird das Nahrungsangebot knapp, stellt irgendwann eine einzelne Amöbe einen chemischen Botenstoff her, den sie in rhythmischen Pulsen an die Umgebung abgibt. Die Zelle schreit chemisch: »Futter ist alle!« Die Zellen in der Nachbarschaft fangen daraufhin an, ebenfalls den Botenstoff zu produzieren. Plötzlich brüllt die Gemeinde die Nachricht synchron. So baut sich ein kreisförmiges Wellenmuster der Botenstoffkonzentration auf, wie bei einem Stein, den man ins Wasser wirft. Die Amöben können Unterschiede in der Botenstoffkonzentration wahrnehmen und beginnen in Richtung der höchsten Konzentration im Zentrum des Signals zu wandern. Dort verankern sie sich mit einer Art Klebstoff an den Zellmembranen ineinander.

Die Schleimpilzschnecke bewegt sich nun einige Zentimeter fort und hält an, wenn sie optimale Bedingungen für den nächsten Schritt gefunden hat. Zum Beispiel eine freie, helle Plattform. Dann verformt sich die Schnecke zunächst wieder in einen formlosen Zellhaufen. Daraus wächst langsam ein dünner Stiel nach oben, an dessen Spitze sich eine Art Knospe befindet, ähnlich wie der Schirm eines Pilzes, daher auch der Name Schleimpilz. Bei genauer Betrachtung

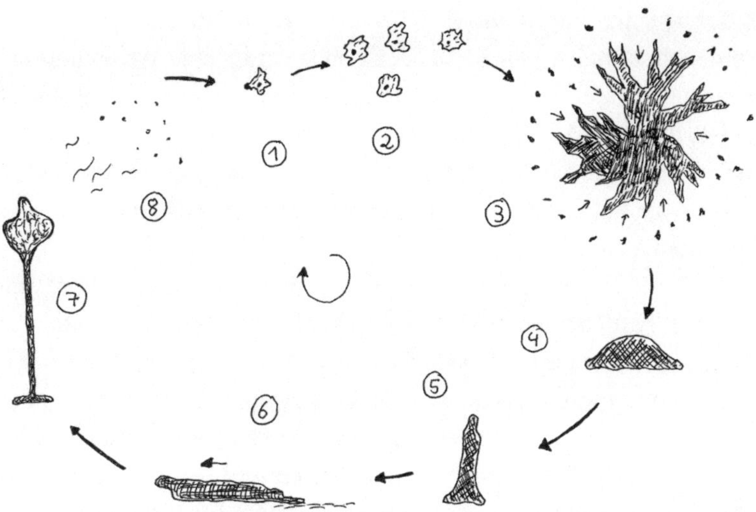


Der erstaunliche Lebenszyklus von Dictyostelium discoideum:
1. Aus einer Spore schlüpft eine Amöbe. 2. Amöben vermehren sich und leben einzellig. 3. Sie aggregieren und bilden 4. einen Zellhaufen. 5. Es entsteht ein Turm, der umkippt. 6. Eine Art Nacktschnecke kriecht davon. 7. Es bildet sich ein Pilz, der 8. Sporen an die Umgebung abgibt.

erkennt man, dass einzelne Amöben ihre Form geändert haben. Der Stiel besteht aus Amöben, die sich langsam verhärten, die Zellen der Knospe bilden kleine Sporen. Obwohl die ursprünglichen Amöben alle gleich aussahen, differenzieren sie sich nun, wenn sie ihren eigenen kleinen Pilzkörper ausbilden. Damit entscheidet sich auch das Schicksal der einzelnen Zellen. Nur die Sporen werden vom Wind fortgetragen und können sich so weiter fortpflanzen, die restlichen Zellen im Stiel sind dem Tod geweiht. Die Zellen von *Dictyostelium* sind also in der Lage, je nach Aufgabe im Kollektiv ihre Gestalt zu ändern.

Erst vor Kurzem hat man entdeckt, dass Dicty-Zellen, die später zu Sporen werden, Proviant für die Reise mitnehmen. Sie betreiben

Bakterienzucht! Statt einzelne Bakterien sofort zu zerlegen und zu verdauen, bewahren sie diese Nahrung lebendig eine Weile in ihrem Zellinneren auf, entweder für den späteren Verzehr oder eben als Reiseproviant. Werden aus diesen Zellen später Sporen, trägt der Wind sie, inklusive Proviant, an neue Orte. Dort angekommen, können sie die Bakterien frei- und sich vermehren lassen, um sie später zu ernten.

In der Biologie ist der kleine Schleimpilz eine Berühmtheit, weil Wissenschaftlerinnen und Wissenschaftler an ihm versuchen, die Mechanismen multizellulären Lebens zu entschlüsseln. Auch wenn Dictys nur temporär als multizellulärer Organismus leben, bringt der Schleimpilz viele der notwendigen Fähigkeiten für ein multizelluläres Dasein mit. Die Zellen kommunizieren und reagieren aufeinander. Trotz gleichen Genoms können sie unterschiedliche genetische Programme laufen lassen, die zu unterschiedlichen Zelltypen führen. Nur einige Zellen werden zur Fortpflanzung ausgewählt, andere opfern sich in diesem Prozess und sterben. Obwohl das vielleicht einfach zu beschreiben ist, kann man gerade die altruistische Komponente der Aufopferung im Rahmen der klassischen Evolutionstheorie nur schwer erklären. Typischerweise wird argumentiert, dass die Zellen ja genetisch identisch sind und immer gewährleistet wird, dass die Gene sich über die Sporen vermehren.

Aber selbst, wenn alle Amöben genetisch identisch sind, könnte durch eine zufällige Mutation die Wahrscheinlichkeit einer Zelle erhöht werden, zu einer Spore zu werden statt zu einem Stiel. Und genau diese »Vordrängel«-Eigenschaft würde dann ja selektiert, weil sich ebendiese Zelle ausbreitet. »Cheating« – also Schummeln – hätte einen Wettbewerbsvorteil. Denkt man diesen Prozess weiter, würde nach und nach keine Zelle mehr einen Stiel ausbilden, das Kollektiv würde irgendwann nicht mehr funktionieren und aussterben. Am Ende bliebe dem Organismus wieder nur das einzellige Dasein. Das ist ein allgemeingültiges Prinzip multizellulären Lebens. Der Organismus muss Mittel und Wege finden, um potenzielles

Schummeln einzelner Zellen zu unterbinden. *Dictyostelium* hat hier eine Reihe von biochemischen Werkzeugen und Prozessen entwickelt. So konnte nachgewiesen werden, dass bestimmte Schummelvarianten der Amöbe vom Kollektiv erkannt und abgetötet werden. Andere Prozesse sorgen dafür, dass fair entschieden wird, welche Zelle sich zu einer Spore entwickelt und welche zum Stiel.

Auch bei allen Tieren und Pflanzen, ob riesiger Blauwal, gigantischer Mammutbaum, ob Mensch, ob Rose oder Maus, wird sorgfältig getrennt zwischen Zellen, die sich fortpflanzen dürfen, und den restlichen, die dafür sorgen, dass das auch geschieht. Erstere sind die Keimzellen, die anderen nennt man somatische Zellen. Bei unserem Schleimpilz stehen die Chancen gut, als Spore ausgewählt zu werden, etwa 80 Prozent der Zellen werden zu Sporen. Bei Tieren ist die Chance außerordentlich gering. Das Weibchen eines Blauwals produziert etwa eine Million Eizellen, von denen nur ein Bruchteil zur Ovulation kommt. Gehen wir von zehn Nachkommen aus, dann wäre das so, als würden wir aus der fünf Meter dicken Reisschicht, die ganz Deutschland bedeckt, zufällig zehn Körner herauspicken.

## VERSCHWAMMT

*Dictyostelium discoideum* ist als Schleimpilz von den Entwicklungslinien der Gewebetiere weit entfernt. Begibt man sich auf die Suche nach nächsten Verwandten der Tiere, trifft man auf eine Gattung aquatischer Organismen, die wir im letzten Kapitel schon kennenlernten, die Kragengeißeltierchen. Ähnlich wie die Schleimpilze leben sie als Einzeller und ernähren sich von Bakterien. Im Unterschied zu den Amöben schwimmen sie, angetrieben durch eine (namensgebende) lange Geißel, die als Propeller fungiert. Die schlagende Geißel umgibt eine Art Trichter, durch den Bakterien aus dem Wasser herausgefiltert werden. Auch diese kleinen Wesen sind schon recht komplex und können Bakterien »riechen«. Im Unterschied zu den Amöben fangen sie nicht an zu kooperieren, wenn das Nahrungsangebot schwindet. Im Gegenteil. Wenn es viel zu fressen gibt, rotten sich einzelne Kragengeißeltierchen zusammen, manchmal in Rosettenform. Sie verknüpfen sich und bilden einen größeren Organismus. Als Kolonie haben die Einzeller Vorteile. Erstens werden sie aufgrund ihrer Größe seltener gefressen. Zweitens erwirkt eine kleine Kolonie durch das konzertierte, rhythmische Schlagen der Geißeln eine verbesserte Strömung des Wassers und somit eine effizientere Nahrungsaufnahme für alle. Koordiniertes Fressen.

Für die Wissenschaft sind diese kleinen aquatischen Organismen interessant, weil sie in Form und Verhalten bestimmten Zellen der urtümlichsten aller Tiere ähneln: den Schwämmen. Den meisten sind Schwämme als Bade- und Duschutensil bekannt. Bei diesen, sofern sie natürlichen Ursprungs sind, handelt es sich allerdings nur um das Skelett eines toten Meeresbewohners. Es besteht aus Spongin, einem flexiblen, kollagenbasierten Protein. Lebendige Schwämme sind mehrzellige Tiere, auch wenn sie überhaupt nicht so aussehen. Anders als hoch entwickelte Tiere haben Schwämme noch keine echten Gewebestrukturen, keine Organe, kein Nervensystem, keine Muskeln zur Fortbewegung. Sie haben weder Hinten noch Vorne und meist keine erkenntlichen Körpersymmetrien. Schwämme leben sesshaft am Meeresboden oder an Korallenriffen. Ihre Körper sind relativ fest und porös. Überall haben sie Löcher, Tunnel und Röhren,

Kragengeißeltierchen treffen sich zum Essen.

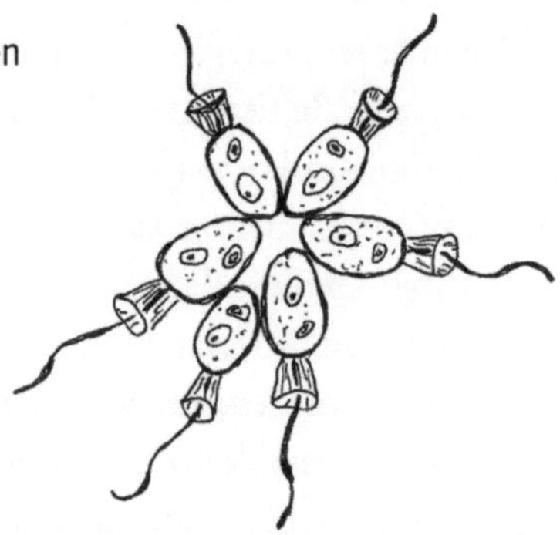

durch die das Meerwasser strömt. Wie die Korallen sind sie Filtrierer. Sie erzeugen aktiv (aber ohne Muskeln) Wasserströmungen, aus denen sie ihre Nahrung herausfiltern. Schwämme sind sehr artenreich, manche Spezies sind nur einige Millimeter groß, andere können riesig werden, der große Vasenschwamm (*Xestospongia testudinaria*) kann einen Durchmesser und eine Höhe von zwei Metern erreichen. Außerdem können Schwämme sehr alt werden. *Anoxycalyx joubini*, ein Tiefseeschwamm, ist mit mehr als 10 000 Jahren das älteste bekannte Tier.[2]

Unter dem Mikroskop sieht man, dass ein Schwamm aus nur wenigen verschiedenen Zelltypen besteht. An der Innenseite ihrer porösen Körper befinden sich in Reih und Glied angeheftet Choanozyten. Diese Zellen sehen den Kragengeißeltierchen zum Verwechseln ähnlich. Die Geißeln der Millionen Choanozyten sind nach innen gerichtet und erzeugen, im Takt schlagend, die Wasserströmung durch den gesamten Organismus. Ein anderer Zelltypus kann sich im Schwammgewebe frei bewegen und versorgt alle anderen Zellen mit Nährstoffen. Schwämme sind zwar strukturell einfache Tiere, schaffen es aber, durch wenige differenzierte Zelltypen einen großen Organismus zu bauen, den man als Individuum betrachten kann. Schwämme besitzen außerdem die Fähigkeit zur Adhäsion und Kommunikation, und sie können Gerüste herstellen und extrazelluläre Strukturen, die zum Aufbau eines multizellulären Organismus notwendig sind. Kollagen spielt dabei als Verbund- und Strukturstoff eine wichtige Rolle.

Die Differenzierung der Zellen eines Schwamms lässt klar erkennen, dass die Evolution hier den Weg der Aufgabenteilung gewählt hat. Die Differenzierung geht so weit, dass die verschiedenen Zelltypen allein nicht mehr überleben können. Schwämme stehen in diesem evolutionären Experiment der Aufgabenteilung ganz am Anfang. Ihre spezialisierten Zelltypen sind noch flexibel und können ihre Form dynamisch verwandeln, je nachdem, welcher Zelltyp gerade gebraucht wird. Außerordentlich komplexe Mechanismen regu-

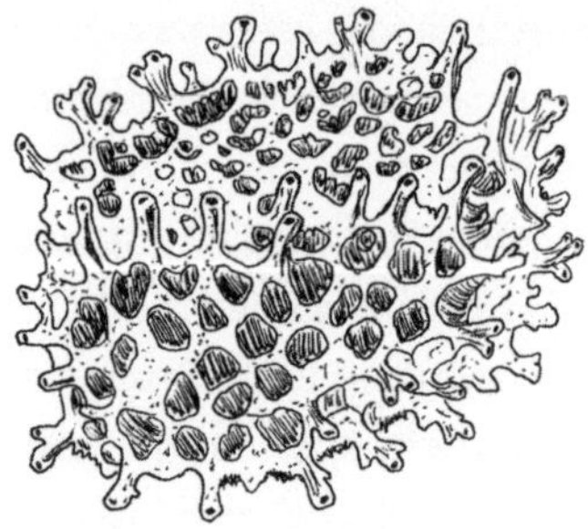

Ein Schwamm ist ein einfacher tierischer Vielzeller mit vielen Poren.

lieren dabei das Gleichgewicht. Auch bei den meisten Schwämmen liegt die Fortpflanzung im Verantwortungsbereich nur weniger Zellen. Zur Fortpflanzung werden die Choanozyten einfach abgestoßen und verwandeln sich in Spermien, eine Fortbewegungsgeißel haben sie ja praktischerweise schon. Andere Schwämme nehmen sie durch Filterung auf und transportieren sie zu den Eizellen. Aus der befruchteten Eizelle entstehen Larven, die ans Wasser abgegeben und irgendwo sesshaft werden, um einen neuen Schwamm zu bilden.

## TIERISCH GUT

Was bei den Schwämmen noch flexibel und vorsichtig gehandhabt wird, hat sich im Laufe der Evolution bei den ersten Gewebetieren verfestigt. Von der Qualle bis zum Menschen bestehen sie, wie der Name schon sagt, aus speziellen Geweben, ihre Organe aus verschiedensten Zelltypen. Der Mensch beispielsweise hat etwa 200 verschiedene Zelltypen. Eine menschliche Nervenzelle kann trotz eines Durchmessers von nur 0,05 Millimeter bis zu einem Meter lang werden. Weiße Blutkörperchen bewegen sich frei im Blut und fressen wie Amöben Bakterien oder Fremdkörper, robuste Epithelzellen bilden unsere äußere Schutzhaut oder die Innenwände unserer Verdauungsorgane. Während Nervenzellen ein ganzes Leben arbeiten können, haben Epithelzellen unseres Darms oder Magens nur eine

Lebenserwartung von einigen Tagen und werden andauernd regeneriert. Wieder andere Zellen füllen Zellzwischenräume mit Kollagen und verwandten Materialien, bilden feste Skelette, geben einem Individuum Struktur und Halt. Muskelzellen wurden entwickelt für die Bewegung und Nervenzellen, um sensorische Reize zu verarbeiten und in passende Handlungsanweisungen zu übersetzen. Innerhalb der Gewebe kommunizieren die Zellen über chemische Botenstoffe und regeln so den Betrieb.

Während sich bei den Schwämmen einzelne Zellen noch dynamisch in verschiedene Zelltypen verwandeln können, ist es mit der wachsenden Komplexität der tierischen Organismen nicht mehr möglich, dass sich jede Zelle im Prinzip jeder Aufgabe annehmen kann. Stattdessen sind die Entwicklungslinien der einzelnen Zelltypen beim Embryo weitestgehend vorprogrammiert. Das alles erfordert ausgeklügelte Regulationsmechanismen, die gewährleisten, dass eine komplexe, kooperative Ordnung entsteht und auf Dauer beibehalten wird. Bei Organismen mit Milliarden Einzelzellen eine erstaunliche Leistung. Wenn Zellen aus dem Kooperativ ausscheren, müssen sie identifiziert und entfernt werden. Komplexe Tiere haben verschiedene Techniken dazu entwickelt. Apoptose, der kontrollierte Zelltod, ist ein ganz wichtiger Prozess. Manchmal wird er von den Zellen selbst ausgelöst, quasi eine Art Zellselbstmord, manchmal durch äußere Reize. Auch das Wachstum und die Zellteilung müssen genau kontrolliert werden. Wenn es Fehler gibt und sich zum Beispiel Zellen plötzlich unkontrolliert teilen, entwickelt der Organismus einen Tumor oder auch Krebs. Dann haben einige Zellen ihre Rolle im Verbund aufgegeben und verhalten sich egoistisch. Im schlimmsten Fall führt das zum Tod des gesamten Organismus. Wenn man mal von den roten Blutkörperchen absieht, die 84 Prozent aller menschlichen Zellen ausmachen, besteht der Mensch immer noch aus mehr als etwa sechs Billionen Zellen. Jede dieser Zellen hat das genetische Potenzial, aus dem kooperativen Ganzen auszuscheren, den egoistischen Weg einzuschlagen und anzufangen, sich

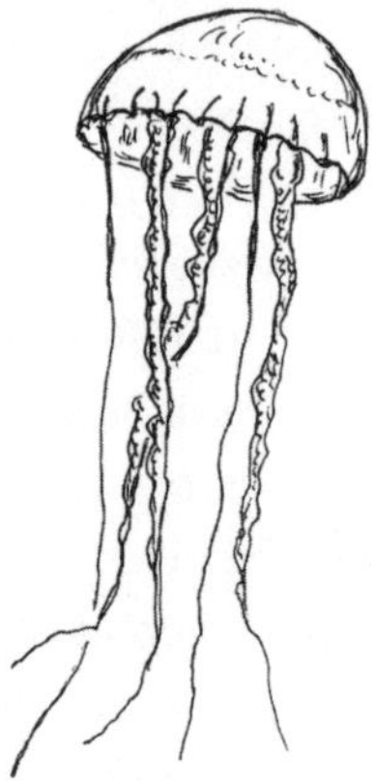

Quallen gehören zu den ersten Gewebetieren mit Nerven und Muskelzellen.

zu teilen. Dass das in der Regel nur sehr selten passiert, ist eine erstaunliche kooperative Leistung.

Die ersten Schwämme existierten bereits vor 800 Millionen Jahren, wahrscheinlich aber liegt die Entstehung der ersten tierischen Vorfahren mit differenzierten Zellen noch länger zurück. Die kambrische Explosion, in der binnen kürzester Zeit alle auch heute existierenden Tierstämme entstanden, fand aber erst vor etwa 540 Millionen Jahren statt. Wieso hat es so lange gedauert, bis sich aus den Schwämmen komplexere Tiere entwickeln konnten? Die Gründe dafür sind sicher vielschichtig, eines ist aber sicher: Die komplexen Vorgänge der Zellregulation, der Konstruktion verschiedener Gewebe, der Betrieb von Muskeln oder Nervenzellen erfordern enorm viel Energie. Alle Tiere ernähren sich von organischem Material und verbrennen es mithilfe von Sauerstoff. Sie atmen. Das ist zwar ein hocheffektiver Energiegewinnungsprozess, allerdings erfordert er eine üppige Sauerstoffkonzentration in der Atmosphäre und in den Ozeanen. Damit komplexe Tiere gedeihen und überleben können, sind sehr hohe Sauerstoffmengen notwendig. Vor 800 Millionen Jahren, als die ersten Schwämme lebten, war einfach noch zu wenig Sauerstoff vorhanden, um die Gewebetiere zu entwickeln. Es sollte noch etwas dauern, bis es so weit war.

## WER HAT'S ERFUNDEN?

Lange vor den Tieren gab es bereits multizelluläre photosynthetische Organismen mit komplexen Körpern. *Bangiomorpha pubescens* ist eine Spezies der Rotalgen. Von einer Art dieser Gattung wurde ein Fossil in Kanada entdeckt, das man auf ein Alter von 1,047 Milliarden Jahren schätzt.[3] Das Fossil zeigt eindeutige Spuren von Zelldifferenzierung und ist ein Vielzeller. Wahrscheinlich ist die Erfindung multizellulären Lebens bei photosynthetischen Arten aber noch viel älter. Dass gerade die photosynthetischen Organismen hier die evolutionären Vorreiter waren, ist nicht überraschend. Photosynthetische Organismen hatten im Wettbewerb der Komplexitätsentwicklung gegenüber Tieren und Pilzen schließlich immer den Vorteil, mit der Sonne einen verlässlichen Energielieferanten zu haben.

Auch wenn die Energiegewinnung über die Verbrennung mit Sauerstoff deutlich dynamischer und effektiver Energie liefert als Photosynthese, muss eben immer genug Sauerstoff vorhanden sein.

Bangiomorpha pubescens:
Das älteste bisher bekannte Fossil eines multizellulären Organismus ist etwas kleiner als ein Millimeter und eine Rotalge.

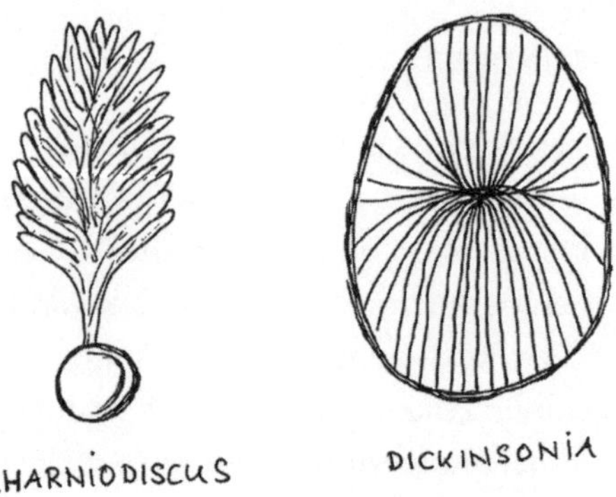


Zwei rätselhafte Spezies der Ediacara-Fauna. Schon viele Hundert Millionen Jahre ausgestorben.

Die biologische Produktion von Sauerstoff durch Cyanobakterien begann nachweislich schon vor 2,4 bis 2,7 Milliarden Jahren. Aber erst sehr viel später trat Sauerstoff als Gas atmosphärisch auf und nur in einem Bruchteil der Konzentration, die wir heute kennen. Über eine Milliarde Jahre lag die Konzentration unter fünf Prozent. Erst vor etwa 800 Millionen Jahren stieg die Sauerstoffkonzentration an. Vor etwa 600 Millionen Jahren war sie in etwa auf dem Niveau von heute. Die Zeit der Tiere war gekommen. Die erste große Explosion komplexer tierischer Vielzeller produzierte die rätselhafte Ediacara-Fauna. Ihre fossilen Spuren wirken so fremd und speziell, dass immer noch gestritten wird, ob es sich tatsächlich um tierische Vielzeller handelt. So schnell wie sie kam, war diese Fauna mit all ihren Spezies wieder verschwunden. Heute existiert kein einziger Tierstamm dieser enigmatischen Fauna mehr. Bis heute ist umstritten, was ihr Aussterben verursachte. Vielleicht war es eine Art Generalprobe für die Evolution multizellulärer Tiere? Denn kurz darauf fand, angetrieben durch genügend Sauerstoff, die kambrische Explosion statt, und es wurden alle bekannten Tierstämme erfunden.

## WARUM DER GANZE AUFWAND?

Es stellt sich natürlich die Frage, was der ganze Aufwand sollte. Relativ schnell rutscht man argumentativ in die Richtung, dass komplexe Lebewesen ja so viel erfolgreicher sind. Man führt Homo sapiens als Paradebeispiel an, also uns selbst als vermeintliche Krone der Schöpfung, als komplexe Primaten, die intelligent, empfindungsfähig sind und sogar Bewusstsein entwickelt haben. Tiere sind erfolgreich, weil wir als Vertreter ihres Reiches den Planeten wie keine andere Spezies formen und verändern. Äußerst fraglich ist allerdings, ob Primaten, insbesondere die der Gattung Homo, in ferner Zukunft als erfolgreich angesehen werden. Nüchtern betrachtet haben komplexe Lebewesen weder Bakterien noch Archaeen oder einfache Protisten, die seit Äonen unseren Planeten bewohnen, verdrängt. Man muss schon genau schauen, um zu erkennen, welche evolutionären Vorteile komplexes Leben bietet. Der einfachste Vorteil ist sicher die Größe. Wer sollte einen Blauwal fressen, auch mit einem Nashorn legt sich so schnell niemand an. Der wesentliche Vorteil komplexer Tiere liegt aber in der Exploration neuer ökologischer Nischen. Damit sind nicht unbewohnte kleine Nischen oder Orte gemeint, an denen noch nichts los ist. Sondern die Möglichkeit, verschiedene Verhaltensweisen auszuprägen. Bakterien suchten und explorierten in den Milliarden Jahren ihrer Existenz biochemische Nischen, sie entwickelten ausgeklügelte Stoffwechselprozesse, um in allen möglichen Milieus zu überleben. Pflanzen können sich auf Photosynthese verlassen und wachsen zu enormer Größe, weil sie so mehr Licht einfangen können. Tiere sind biochemisch eher simpel, sie können nur fressen und verbrennen. Als Einzeller können sie nur durch die Gegend schwimmen oder kriechen und kleine Bakterien jagen. Als Vielzeller mit komplexeren Körpern können sie aber alle möglichen Verhaltensformen zur Futtersuche ausprobieren oder eben Strategien entwickeln, um nicht als Futter zu enden. Angefangen mit der koordinierten

Strömungserzeugung bei den Schwämmen und der effektiven Nahrungsfilterung. Komplexe Tiere können Muskelgewebe und Nervenzellen für die koordinierte Steuerung nutzen und so »Verhaltensnischen« erkunden. Sie können jagen, grasen, filtern, lauern, zuschnappen, wegschwimmen, sich tarnen oder verkriechen.

## NACKTMULLE UND KNALLKREBSE

Für all diese evolvierbaren Verhaltensweisen ist die koordinierte Arbeitsteilung differenzierter Körperzellen essenziell. Dieses Erfolgsrezept der Arbeitsteilung und Differenzierung zwischen Teilen eines Ganzen hört aber nicht bei einzelnen Individuen einer Spezies auf. Im ersten Kapitel haben wir kurz die Erde als Planeten der Ameisen beschrieben. Sie bilden Staaten und gehören zu einer der erfolgreichsten Insektengruppen aller Zeiten. Die Lebensweise vieler Individuen in Kolonien mit differenzierter Aufgabenverteilung bezeichnet man als eusozial und diese Insekten als eusoziale Insekten. In einigen Regenwäldern machen Ameisen und Termiten zwischen 15 und 25 Prozent der gesamten tierischen Biomasse aus. Im Amazonas bringen sie gemeinsam mehr Biomasse auf die Waage als alle Wirbeltiere zusammen, also Säugetiere, Vögel, Reptilien und Amphibien. Der Grad an Komplexität der Ameisenstaaten oder Termitenkolonien kann stark variieren. So wie eine somatische Zelle nur ein kleiner Teil eines multizellulären Organismus ist, so ist bei Staaten bildenden Insekten ein Einzeltier nur ein Teil dieses Superorganismus. Diese Analogie wird durch viele Ähnlichkeiten getragen und ist frappierend. So wie komplexe Tiere manchmal nur aus wenigen Zellen oder wenigen Zelltypen bestehen und nur kleine Organismen bilden, setzen sich manche Insektenstaaten nur aus wenigen Einzelindividuen zusammen. Andererseits gibt es Ameisen- und Termitenkolonien aus Millionen von Individuen. Und genau wie bei komplexen Tieren somatische Zellen in Form und Funktionalität hoch differenziert sein können, findet man in vielen Ameisenstaaten Gruppen,

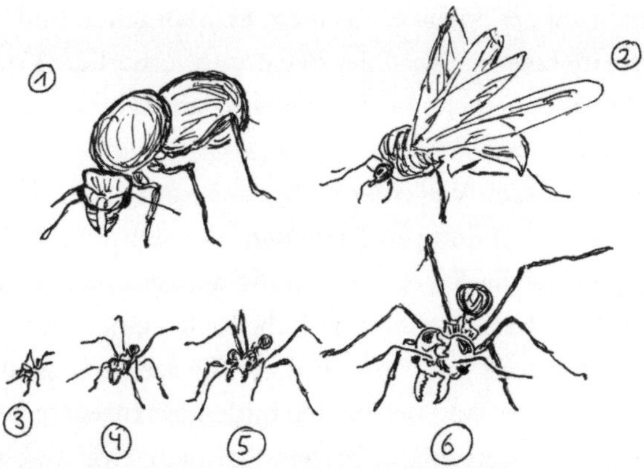


Blattschneiderameisen sind sehr unterschiedlich groß.
1. Die Königin, 2. Eine männliche Drohne mit auffällig kleinem Köpfchen.
3.–5. Verschiedene Typen von Arbeiterinnen. 6. Riesige Soldatin.

deren Mitglieder nicht nur ganz unterschiedliche Aufgaben im sozialen Gefüge wahrnehmen, sondern trotz ihrer genetischen Gleichheit ganz verschieden aussehen. Bei den Blattschneiderameisen, die wir schon kennengelernt haben, pflegen sehr kleine Arbeiterinnen die Pilzgärten. Etwas größere Exemplare bewachen und schützen die Transportwege, wieder andere, deutlich größere Arbeiterinnen kümmern sich um den Blatttransport. Soldatinnen sind um ein Vielfaches größer und für die Verteidigung des Nestes zuständig. Am größten ist die Königin, die bis zu 20 Jahre alt wird und allein für die Produktion des Nachwuchses sorgt. Königinnen sind die Keimzellen des Superorganismus. Soldatinnen und Arbeiterinnen sind allesamt steril und pflanzen sich nicht fort.

Männliche Ameisen spielen typischerweise so gut wie keine Rolle. Sie werden nur zur Fortpflanzung gebraucht und auch nur dann produziert. Anders als die Arbeiterinnen haben die Männchen Flügel. Wenn die Paarungszeit gekommen ist, verlässt eine neue, ebenfalls geflügelte Königin ihr Nest, die Männchen fliegen ihr hinterher, wie die Spermien auf der Suche nach einem Ei. Männchen sind bei Ameisen nur Spermaraketen. Nach der Begattung verliert die Königin ihre Flügel und gründet einen neuen Staat, und alle Männchen gehen ein, sie sind jetzt nutzlos.

Wie bei komplexen Vielzellern gibt es also bei den Staaten bildenden Insekten eine Teilung in Einheiten, die sich fortpflanzen, und solche, die nur für die Aufrechterhaltung der gesamten Struktur verantwortlich sind. Und so wie somatische Zellen eines Tieres sich niemals vermehren und nur ganz wenige Keimzellen sich überhaupt fortpflanzen können, sind bei Staaten bildenden Insekten fast alle Individuen steril. Für uns mag es befremdlich sein, eine Ameise, die im Sommer über den Gartentisch krabbelt, nicht als Individuum wahrzunehmen. Die Ameise bewegt sich, reagiert auf Bedrohung, trifft Entscheidungen, hat Beinchen und eben alles, was wir von einem individuellen Tier kennen. Dennoch ist diese Arbeiterin nur ein Teil eines größeren Organismus. Sie hat kein Selbst. Wenn sie stirbt, ist das nichts anderes, als wenn wir durch eine kleine Hautabschürfung Millionen von Hautzellen verlieren. Im Ameisenstaat haben viele Arbeiterinnen eine deutlich geringere Lebenserwartung als die Königin, genauso ist es in Bienenvölkern, deren Königin einige Jahre alt wird, während die Arbeiterinnen nur einige Wochen leben. Wie in einem komplexen Vielzeller wird in einem Insektensuperorganismus akribisch darauf geachtet, dass niemand aus der Reihe tanzt oder das kooperative Kollektiv ausnutzt. Sind einzelne Arbeiterinnen beispielsweise faul und tun einfach nichts, werden sie von anderen auf oft aggressive Art und Weise zur Arbeit angetrieben. Oder sie bekommen andere Aufgaben. Bei manchen Bienenvölkern legen auch Arbeiterinnen Eier und schmuggeln diese in die Brut. Andere Arbeiterinnen überprüfen die Eier in regelmäßigen Abständen und zerstören alle, die nicht den Geruch der Königin verströmen. In manchen Insektenstaaten werden Arbeiterinnen, die bei der Eiablage erwischt werden, einfach umgebracht. Auch eine Lösung.

Was so erfolgreich bei Insektenstaaten funktioniert, findet man auch bei anderen Tiergattungen. Wenig überraschend leben an den Korallenriffen ebenfalls eusoziale Organismen. Da ist zum Beispiel eine überaus interessante Garnelenart, die sogenannten Knallkrebse. Die heißen wirklich so. Äußerlich ähneln sie Hummern, sind aber nur einige Zentimeter groß. Knallkrebse haben eine einzigartige Technik entwickelt, um Beute zu fangen. Eine ihrer Scheren ist robust, etwas klobig und kann wie eine starke Feder gespannt werden. An der oberen Scherenseite befindet sich ein Keil. Wenn der Federmechanismus gelöst wird, klappt die Schere zusammen, der Keil haut in eine genau passende Vertiefung in der unteren Scherenseite. So wird im Bruchteil einer Sekunde ein enorm intensiver Wasserstrahl mit einer Geschwindigkeit von 90 Stundenkilometern abgeschossen. Durch diesen extrem beschleunigten Wasserstrahl kommt es zu einem Phänomen, das man Kavitation nennt. Es entsteht eine Gasblase, die sofort wieder kollabiert und eine Schockwelle auslöst. Diese Welle ist so stark, dass ein Opfer getötet oder zumindest »ausgeknockt« wird. Beim Kollaps der Blase entstehen Temperaturen zwischen 4700 und 10 000 Grad Celsius, vergleichbar mit der Oberflächentemperatur der Sonne. Auf diese Weise erzeugen die Krebse das bis heute unverstandene physikalische Phänomen der Sonolumineszenz: Wenn heiße Gasbläschen in einer Flüssigkeit kollabieren, bildet sich für die Dauer einer Milliardstel Sekunde ein intensiver Lichtblitz. Die Knallkrebse sind die einzige bisher bekannte Lebensform, die das zustande bringt. Im Englischen werden die kleinen Garnelen auch Pistolen-Garnelen genannt. Der Knall eines Schusses gehört zu den lautesten Geräuschen, die Meeresbewohner erzeugen. Ein Schalldruck von 210 Dezibel ist bei Knallkrebsen normal, steht man neben einem Militärgeschütz, hört man den Schuss mit 160 Dezibel, ab 120 Dezibel wird Lautstärke schmerzhaft. Tatsächlich kommt es vor, dass Knallkrebse im Kollektiv die unterseeische Sonarkommunikation von Schiffen stören.

Eine Knallkrebsspezies, *Synalpheus regalis*, hat zudem eine besondere Lebensweise für sich entdeckt. Die Art kommt in der Karibik

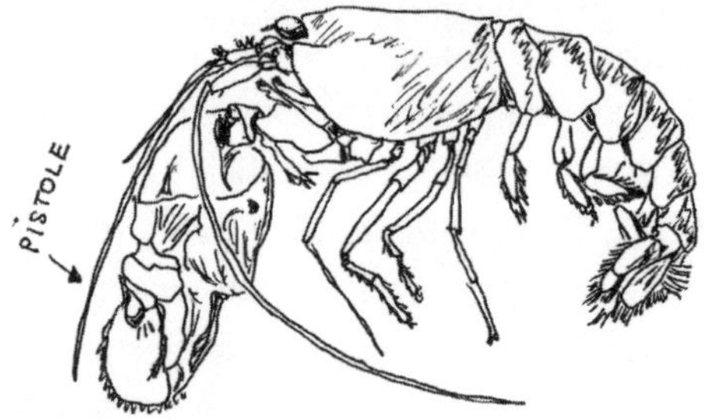


Ein Knallkrebs. Trägt immer eine geladene Pistolenschere mit sich.

vor und lebt dort ausschließlich symbiotisch in den Höhlungen großer Schwämme. Einen Schwamm besiedeln bis zu 350 Individuen, die einen sozialen Verbund bilden. Wie bei Staaten bildenden Insekten zeugt nur ein einziges Weibchen Nachkommen. Alle anderen Krebse kümmern sich um die Nahrungsmittelversorgung, verteidigen das Revier. Die Mitglieder der Kolonie leben friedlich miteinander. Versucht aber ein externes Individuum der gleichen Art in den Schwamm zu krabbeln, wird es zunächst durch einen Warnschuss bedroht. Verschwindet es nicht, wird angegriffen und die gefährlichen Pistolenscheren kommen zum Einsatz. *Synalpheus regalis* bilden eusoziale Kolonien mit klarer Arbeitsteilung zwischen Vermehrung einerseits und Unterhalt andererseits, beides Aufgaben, die viel Energie und Ressourcen kosten. Man geht davon aus, dass der enorme Konkurrenzkampf um Behausungen vor einigen Millionen Jahren die Eusozialität der Krebstiere als erfolgreiche Überlebensstrategie bedingt hat. In den Habitaten der Karibik werden fast alle geeigneten Schwammbehausungen von den kleinen Knallkrebsen bewohnt. Welchen Nutzen die Schwämme haben, ist bis heute unklar.

Dass limitierte Ressourcen eusoziales Verhalten auslösen können, zeigt auch unser letztes Beispiel. In den Wüsten Ostafrikas sind die Nacktmulle zu Hause. Dort leben diese mausgroßen Säugetiere in Gruppen von bis zu 200 Tieren in unterirdischen Gängen. Sie sind nicht besonders hübsch, haben kein Fell, faltige Haut, riesige Nagezähne und ganz kleine Augen. Unter den Säugetieren ist es die einzige Staaten bildende Art. In den Kolonien herrscht eine Königin, sie ist als einziges Weibchen fruchtbar und wirft alle paar Monate Junge. Je nach Alter sind Nacktmulle für unterschiedliche Aufgaben verantwortlich. Ältere Geschwister kümmern sich um die Brutpflege, später graben sie neue Höhlen und Gänge und halten den Bau instand, danach sind sie als Wächter für den Schutz der Eingänge verantwortlich. Anders als bei den Knallkrebsen verhält sich die Nacktmullkönigin außerordentlich aggressiv gegenüber den unfruchtbaren Weibchen, die wesentlich kleiner sind. Obwohl man noch nicht genau weiß, warum alle anderen Weibchen unfruchtbar bleiben, gehen einige Wissenschaftler davon aus, dass der andauernde Stress aufgrund der Aggressionen der Königin die Entwicklung der Eierstöcke unterbindet. Stirbt nämlich eine Nacktmullkönigin, werden gleichzeitig viele der Weibchen fruchtbar und es entbrennt eine Art Erbfolgekrieg, bis am Schluss wieder nur ein fruchtbares Weibchen übrig bleibt. So oft geschieht das allerdings nicht, denn Nacktmulle haben für Nagetiere eine außerordentlich hohe Lebenserwartung von etwa 20 Jahren. Auch bei den Nacktmullen erklärt man die Entstehung von Staaten und die Arbeitsteilung von Reproduktion und Schutz durch die limitierten Ressourcen. Was beim Knallkrebs die Wohnungsnot, ist bei den Nacktmullen die nahrungsmittelarme Wüstenumgebung.

## DER STAAT BIN ICH

Sowohl die Evolution komplexer Vielzeller als auch die sozialen Gefüge Staaten bildender Organismen zeigen eindrücklich, wie ausgewogene Aufgabenteilung und Differenzierung neue Organisationsebenen erschließen, auf denen sich evolutionäre Kreativität entfalten kann. Sie zeigen aber auch, dass diese Komplexität ein außerordentlich hohes Maß an Regulation, Kontrolle, Kommunikation, Steuerung und Disziplin benötigt, um reibungslos zu funktionieren. Egoismus wird nahezu in allen diesen Systemen unterbunden und hart bestraft. Der gesellschaftliche Vergleich liegt auf der Hand. Um biologische Systeme dieser Art zu beschreiben, werden sehr häufig entsprechende Bilder verwendet. Im Englischen werden zum Beispiel Ameisenarbeiterinnen, die ihre Arbeit nicht effektiv verrichten, als »lazy ants« bezeichnet. Arbeiterinnen, die darauf achten, dass außer der Königin keine anderen Weibchen Eier legen, werden »policing ants« genannt. Wenn in einem Gewebe ein Tumor wächst, kompromittiert das »egoistische« Verhalten, der uneingeschränkte Zugriff auf Ressourcen, um ausschließlich das eigene Wachstum zu fördern, den ganzen Organismus. Neben einer Strukturverwandtschaft zwischen einem Vielzeller als Kollektiv individueller Zellen und einem Insektenstaat aus individuellen Tieren kann man die Verwandtschaft zu einer funktionierenden Gesellschaft erkennen. Soziale Gefüge sind eben mehr als die Summe ihrer Teile, Individuen haben unterschiedliche Aufgaben, aber alle sind notwendig für den Zusammenhalt des Ganzen. Die ersten Biologen, die Ende des 19. Jahrhunderts erkannten, dass Tiere, Pflanzen und Pilze aus biologischen Zellen bestehen, wussten auch, dass Einzeller den biologischen Mikrokosmos dominieren. Aufgrund der ähnlichen Struktur der Zellen stellten einige Wissenschaftler die Hypothese auf, dass Vielzeller als ein Kollektiv von Einzellern zu interpretieren sind, die sich zusammengefunden haben, um eine »Zellgesellschaft«, einen biologischen Staat zu bilden. Den Wissenschaftlern war natürlich bekannt, dass die Organe eines Tieres unterschiedliche Aufgaben haben, und so schlussfolgerten sie, dass die kleinen Einzeller sich koordinierten und zu einem komplexen Organismus organisierten. Ilja Metschnikow, den wir schon als frühen Mikrobiologen kennenlernten, der anders als die Darwinisten die kooperativen Kräfte der Natur in den Vordergrund stellte, war überzeugt davon, dass komplexe Lebewesen als mikrobiologische Gesellschaft verstanden werden sollten. Auch der Pflanzenspezialist Johannes Reinke (1849–1931), einer der Gründer

der Deutschen Botanischen Gesellschaft, vertrat diese These und sah Pflanzen und Tiere als Föderationen von Zellen. Reinke war überzeugter Gegner des Darwinismus und Pionier der Entwicklungsbiologie, die sich die Frage stellt, wie aus einer befruchteten Eizelle ein komplexer Organismus entstehen kann. Leute wie Reinke hatten ein viel tieferes Verständnis der kooperativen Kräfte innerhalb eines Organismus als die Darwinisten, die nur beobachteten, wer wen frisst. Oscar Hertwig (1849–1922), einer der ersten Embryologen, vertrat die These, dass die Differenzierung von Zellen eine Art soziale Kooperation ist, die allen Beteiligten Anpassungsvorteile liefert, und dass kooperative Kräfte auch eine Gesellschaft anpassungsfähiger machen können. Er war ein besonders lautstarker Gegner des britisch geprägten Sozialdarwinismus, der sich trotz der Stimmen Metschnikows, Reinkes und Hertwigs Anfang des 20. Jahrhunderts durchsetzte und bis heute viele gesellschaftspolitische Strömungen prägt.

Bei allen Betrachtungen haben wir einen ganzen Lebensbereich noch nicht näher beleuchtet, das Reich der Pilze. Wie steht es mit ihnen? Immerhin haben sie das größte bisher bekannte multizelluläre Individuum hervorgebracht. Wachstum in die Höhe wie bei den Pflanzen bringt ihnen keinen Vorteil, da sie keine Photosynthese betreiben können. Auch haben sie keine komplexen Organe wie die Tiere, keine Muskeln, kein Nervensystem, können sich nicht fortbewegen. Welchen Vorteil könnte Multizellularität für diese Organismen haben? Das kann man nur verstehen, wenn man diese rätselhaften Wesen etwas näher kennenlernt – im nächsten Kapitel.

# DIE NETZWERKER

## Die kooperative Subkultur der Pilze

*Pilze sind der Schlüssel zu den Geheimnissen der Natur.*
Paul Stamets, Mykologe

Haben Sie schon einmal Kombucha, Wasserkefir, Reiswein, Ingwerbier, Chicha, Toddy oder Tepache probiert? Nein? Wie ist es mit Viili, Filmjölk, Airag oder Milchkefir? Das sind alles außerordentlich interessante, bisweilen exotische Getränke, die eine Eigenschaft teilen: Sie werden mithilfe verschiedenster Mikroorganismen, Hefen, Milchsäurebakterien, Essigsäurebakterien oder sogar Schimmelpilzen erzeugt und sind probiotisch. Sie alle basieren auf SCOBY, ein Begriff, den in der Gesundheitsavantgarde und Probiotikszene jeder kennt. Die Abkürzung SCOBY steht für »symbiotic culture of bacteria and yeast«, symbiotische Kultur von Bakterien und Hefe.

Die Herstellung dieser Getränke hat in ihren Ursprungskulturen oft eine jahrhunderte-, wenn nicht jahrtausendelange Tradition. Immer häufiger werden einige davon auch bei uns in ernährungsbewussten Kreisen konsumiert. Diese Lebensmittel sind gesund, und man kann sie mit den notwendigen Starterkulturen leicht selbst produzieren. Durch das Stoffwechselkonzert der Mikroben entstehen verschiedene gesundheitsfördernde Substanzen, beispielsweise entzündungshemmende Stoffe, Antioxidationsmittel oder verschiedene Säuren, die den Körper vor bakteriellen Pathogenen schützen. Außerdem nimmt man beim Genuss dieser Getränke diverse bakterielle Mikroorganismen in sich auf, die eine intakte Darmflora fördern.

Besonders populär ist gerade Wasserkefir. Dieser ist nicht zu verwechseln mit dem gewöhnlichen Milchkefir, der im Supermarkt angeboten wird. Um Wasserkefir, auch Tibicos genannt, herzustellen, benötigt man Wasser, ein paar Früchte, vorzugsweise Feigen, Zucker und die Starterkultur der Mikroorganismen, die das Produkt erzeugen. Beim Wasserkefir besteht diese Kultur aus fünf bis zehn verschiedenen Hefepilzspezies und etwa zehn bis 20 Bakterienarten, meist sind es Milchsäure- oder Essigsäurebakterien.[1] Im Wasserkefir lebt dieses Konsortium von Mikroorganismen auf kleinen, transparent bis milchig aussehenden, gelartigen Kefirkörnern, die auf den Boden des Gefäßes absinken und ein bisschen an Kristalle erinnern.

Zutaten für Wasserkefir.

Alle Mikroorganismen sind am Herstellungsprozess beteiligt. Zunächst vergären die Hefen den Zucker in der Lösung zu Alkohol, wobei Kohlendioxid entsteht und der Lösung Sauerstoff entzogen wird, was wiederum dem Wachstum anaerober Bakterien hilft. Außerdem bilden sich durch die Vergärung Aromastoffe, die dem Getränk Geschmack geben. Die Essigsäurebakterien verbrennen den Alkohol dann zu Essigsäure, was zur Senkung des pH-Werts beiträgt und damit vor der Invasion pathogener Bakterien schützt. Die Milchsäurebakterien fermentieren Zucker zu Milchsäure und produzieren die Polysaccharide, aus denen die Kefirkörner bestehen. Sie bauen also quasi das Haus für die diversen mikrobiellen Akteure. Setzt man so eine Wasserkefirkultur an, hat man nach ein bis drei Tagen ein fertig fermentiertes Getränk und kann wieder von vorne anfangen. Die Biomasse der Mikroorganismen und die Anzahl der Kefirkörner nimmt mit der Zeit zu. Man kann dann Teile davon abtrennen und verschenken. So verbreiten sich die Kefirkulturen über unsere sozialen Kontakte und Bekanntschaftsnetzwerke. Unsere Gesellschaft hilft dem Metaorganismus Wasserkefir bei der Fortpflanzung.

Die Hefen, Milch- und Essigsäurebakterien leben im Wasserkefir syntropisch wie die Tiefseebakterien in Lokis Schloss. Produkte des Stoffwechsels einer Art sind Nahrung der anderen. Die Mikroorganismen strukturieren ihre kleine Umwelt so, dass alle wachsen und überleben können, solange Zucker als Energiequelle vorhanden ist. Wieso aber sind von jeder Gattung viele Arten vertreten, verschiedene Hefespezies, einige Milchsäurebakterien und eine Handvoll Essigsäurebakterien? Die Arten einer Gattung konkurrieren doch jeweils um dieselben Ressourcen, die Hefen um den Zucker, die Essigsäurebakterien um den Alkohol. Offenbar sorgt deren Redundanz dafür, dass das System besser auf veränderte Bedingungen reagieren kann. Ist beispielsweise die Außentemperatur etwas höher, kann eine der Hefespezies dominieren und andere treten in den Hintergrund. Ist sie niedriger, verschiebt sich das Verhältnis wieder. Die Diversität unter den Mikroben macht das Gesamtsystem robust gegenüber äußeren Schwankungen. Auch suboptimale Spezies werden vielleicht später noch gebraucht.

Bis heute hat man nicht verstanden, wie genau diese Diversität und Redundanz im Wasserkefir aufrechterhalten wird. Dabei ist das Interesse an der stabilen Zusammensetzung des Wasserkefirs groß, denn es ist nahezu unmöglich, ihn künstlich oder industriell zu erzeugen, was Getränkehersteller außerordentlich ärgert. Obwohl man die Spezies eines Wasserkefirs genau bestimmen und jede einzelne Art isolieren kann, entsteht kein Kefir, wenn all diese Spezies einfach im richtigen Verhältnis zusammengemischt werden. Trotz des enormen Interesses der Lebensmittelindustrie, populäre Hipstergetränke anzubieten, sind alle Versuche dieser Art bisher gescheitert. Offenbar finden im Wasserkefir Wechselwirkungen statt, die man noch nicht entschlüsselt hat. Wissenschaftler gehen davon aus, dass die Mikroorganismen sich langsam aufeinander einstellen müssen. Erst wenn diese biochemischen Verhandlungs- und Annäherungsprozesse abgeschlossen sind, kann ein robustes Konsortium entstehen. Woher aber kommen Wasserkefirkulturen ursprünglich? Selbst das lässt sich nicht eindeutig sagen. Die meisten Experten nehmen an, dass die Azteken Wasserkefir entdeckt haben. Laut dieser Theorie beobachteten die indigenen Völker Mittelamerikas, dass sich im flüssigen, süßen Harz von Opuntia-Kakteen kleine Körner bildeten. Sie fanden heraus, dass sich diese Körner in zuckerhaltigem Wasser vermehren ließen und zur Fermentation genutzt werden konnten.

Auch Kombucha wird durch ein SCOBY hergestellt. Die Basis bildet gesüßter Tee. Nachweislich wurde Kombucha schon vor 2200 Jahren in China als »Tee der Unsterblichen« konsumiert. Anders als beim Wasserkefir bildet sich bei Kombucha das SCOBY an der Oberfläche des Gefäßes und schützt so vor bakteriellen Eindringlingen.

## EINE URALTE FREUNDSCHAFT

In allen Gärungsprozessen spielt Hefe die Hauptrolle. Das gilt für alle SCOBY-basierten fermentierten Getränke, aber auch für fast alle Alkoholika wie Wein, Bier, Reiswein, Sake und Met. Da Hefe nur Zucker verwerten kann, muss in getreidebasierten Getränken zunächst Stärke oder Zellulose in ihre Zuckerbruchstücke zerlegt werden. Beim Bier muss die Gerste erst keimen, wobei ein Enzym freigesetzt wird, das die Stärke in Zucker verwandelt. Chicha, das ursprünglich aus den Anden kommt, basiert auf Mais. Das Maismehl wird zunächst lange von Menschen vorgekaut, damit Speichelenzyme die Stärke und Zellulose in Zucker umbauen. Deshalb wird Chicha auch Spuckebier genannt.

Die Bäckerhefe *Saccharomyces cerevisiae* ist ein wahres Arbeitstier, Menschen nutzen sie schon seit Jahrtausenden für fermentierte Nahrungsmittel. Vor etwa 9000 Jahren wurde in China und Mesopotamien bereits Bier hergestellt, vor 5000 Jahren wurde Hefe bei den Ägyptern erstmals schriftlich erwähnt. 2018 entdeckte man in einer Höhle in Israel Spuren fermentierten Getreides, die etwa 13 000 Jahre alt sind, also aus einer Zeit stammen, bevor der Mensch Ackerbau betrieben hat.[2] Bis dahin ging man davon aus, dass systematische Fer-

Frühe Symbiosen mit Menschen. Hund (links), Hefezelle (mittig) und Ziege (rechts). Die Darstellung ist nicht maßstabsgetreu.

mentierung erst nach dem Getreideanbau entstanden ist. Einige Wissenschaftler meinen nun, dass die Möglichkeit zur Fermentierung und vielleicht auch die Attraktivität alkoholischer Getränke die Menschen überhaupt erst dazu bewogen haben, Getreideanbau systematisch anzugehen. Mit 13 000 Jahren Geschichte gehört die Bäckerhefe zu den ältesten, universellsten, stabilsten und damit erfolgreichsten Kooperationen zwischen Menschen und anderen Lebewesen. Nur die Domestizierung des Wolfs zum Hund liegt länger zurück, Ziegen kamen vor etwa 12 000 Jahren dazu. Durch Fermentation konnten Nahrungsmittel haltbar gemacht werden, was mit hoher Wahrscheinlichkeit einen enormen Entwicklungsfortschritt bedeutete. Einige Wissenschaftler sind auch überzeugt, dass der Konsum fermentierter Nahrung die Menschen weniger anfällig für bakterielle Erreger und Parasiten machte. Praktisch alle menschlichen Zivilisationen der Geschichte nutzten Hefe zur Herstellung von Lebensmitteln.

## VERNETZT

Hefen gehören zur Domäne der Pilze und sind Einzeller. Pilze kennen wir typischerweise in anderer Form, als Champignons oder Austernpilze im Supermarkt, als Steinpilze oder Pfifferlinge im Wald und Blauschimmel im Käse. Lassen wir Nahrungsmittel zu lange im Kühlschrank stehen, machen wir Bekanntschaft mit verschiedenfarbigen Schimmelpilzspezies. Pilze können wie Hefen als Einzeller leben oder, wie der Hallimasch aus dem letzten Kapitel, gigantische Ausmaße annehmen.

Pilze sind keine Pflanzen. Sie sind verwandter mit den Tieren. Wie sie betreiben Pilze keine Photosynthese. Pilze synthetisieren wie Tiere Chitin und Glykogen als Kohlehydratspeicher, während Pflanzen Zellulose und Stärke produzieren. Im Baum des Lebens werden Pilze und Tiere in einer Gruppe, den *Ophistokonta*, zusammengefasst, deren letzter gemeinsamer Vorfahre vor etwa 1,3 Milliarden Jahren lebte.

So stellt sich die Frage, was eigentlich Pilze von Tieren unterscheidet. Man könnte anführen, Tiere bewegen sich, haben Nervensysteme, aber das trifft weder für Korallen noch Schwämme zu, wie wir bereits wissen. Das Stichwort ist Nahrungsaufnahme. Da weder Pilze noch Tiere auf Energiegewinnung über Photosynthese zurückgreifen können, müssen sie sich Nahrung zuführen. Tiere setzen hier auf das Prinzip »schlucken«. Alle Tiere fressen, die Verdauungs- und Verarbeitungsprozesse laufen intern ab, und was übrig bleibt, wird ausgeschieden. Selbst die mit den Tieren am nächsten verwandten Einzeller, die Kragengeißeltierchen, schlucken ihre bakterielle Nahrung über Phagozytose. Die Tiere haben sich die Nahrungsaufnahme von diesen Einzellern abgeguckt und weiterentwickelt, Organe, Muskeln, Nervensysteme, Zelldifferenzierung und die ganzen Errungenschaften tierischer Evolution dienen dem Auffinden und Schlucken von Nahrung. Pilze gingen einen anderen Weg. Sie haben sich an den Bakterien orientiert und verdauen extern. Somit ist es nicht verwunderlich, dass Pilze ganz anders aufgebaut sind.

Von Einzellern abgesehen, besteht ein Pilz aus seinem Myzel, einem Geflecht feinster Härchen, die man Hyphen nennt. Was wir gemeinhin am Waldboden als Steinpilz, Pfifferling oder Austernpilz finden, ist nur ein speziell zur Verbreitung der Sporen gebildeter Fruchtkörper. Der eigentliche Pilz ist ein unterirdisches Netzwerk,

So sehen Pilze aus.

ohne spezielle Organe, Gewebe oder ähnliche Strukturen. Oft sind einzelne Hyphen eines Pilzes so dünn, dass man sie nicht mit bloßem Auge erkennen kann. Das Myzel eines Pilzes durchzieht die Umgebung, zum Beispiel den Waldboden oder das verschimmelte Brot. Über das Myzel gibt der Pilz Verdauungsenzyme ab, die umliegendes organisches Material zersetzen, die Produkte dieser Verarbeitung nimmt das Myzel dann direkt wieder auf. Für die Effizienz dieses Vorgangs ist die Härchenstruktur des Myzels wichtig, weil so eine große Oberfläche zur Absorption der Nährstoffe bereitsteht. Statt Nahrung aufzunehmen, wächst ein Pilz einfach in seine Nahrung hinein. Das Myzel ist dabei keine passive Struktur von Zellen. Im Gegenteil. Das verästelte Pilznetzwerk ist hochdynamisch, Botenstoffe und chemische Signale werden entlang des komplexen Geflechts transportiert, sodass ein Pilz immer weiß, was wo los ist. Wenn zum Beispiel ein wachsendes Myzel eine nahrungsreiche Region entdeckt, wird diese Information genutzt, um Ressourcen zum Ausbau des Myzels bereitzustellen. Wird ein Teil des Pilzes verletzt oder durch andere Organismen angegriffen, werden entsprechende Signale durch das Myzel transportiert. Man hat sogar herausgefunden, dass, ähnlich wie bei tierischen Nervenzellen, über das Myzel elektrische Signale versendet werden. Weil Pilze auf externe Verdauung angewiesen sind, haben sie sich im Laufe der Evolution zu biochemischen Virtuosen entwickelt. Sie haben verschiedene Enzyme erfunden, die selbst die hartnäckigsten organischen Materialien abbauen können. Da Pilze auf die Verdauungsstrategien von Bakterien setzen, konkurrieren sie mit ihnen um dieselben Nahrungsquellen. Deshalb ist es nicht verwunderlich, dass Pilze Meister in der Herstellung von Antibiotika sind, also Substanzen, die Bakterien abtöten oder fernhalten. 1928 entdeckte der Mikrobiologe Alexander Fleming (1881–1955) in einer Bakterienkultur von Staphylokokken einen Schimmelpilz, den die Bakterien mieden. Später fand man heraus, dass der Schimmelpilz *Penicillium notatum* das natürliche Antibiotikum Penicillin herstellte, dessen Anwendung die Medizin revolutionierte und wofür

Fleming den Nobelpreis bekam. Aber schon die alten Ägypter verwendeten Pilze zur Behandlung bakterieller Infektionskrankheiten.

## VERFLOCHTEN

Pilze sind nicht nur Großmeister biochemischer Zersetzungsprozesse. Sie sind auch außerordentlich kooperative Geschöpfe. Sicher haben Sie schon auf Steinen, an Gartenzäunen, auf Gehwegen oder an Gebäuden Flechten entdeckt. Diese flächigen, leicht erhabenen, rundlichen, pflanzenartigen Organismen, die mal grün, mal orangerötlich oder gelblich an den scheinbar unwirtlichsten Orten gedeihen, wirken fast gar nicht lebendig, sondern eher wie eine organische Verunreinigung. Flechten hält man auf den ersten Blick für Pflanzen, weil die meisten von ihnen grün sind. Tatsächlich wurden sie zunächst, wie die Moose, als primitive Formen von Pflanzen katalogisiert. Erst Ende des 19. Jahrhunderts fanden Mikrobiologen heraus, dass jede Flechte aus zwei grundverschiedenen Organismen besteht, die eine enge Symbiose bilden. Der eine Partner ist immer ein Pilz und deshalb der Mykobiont in der Partnerschaft, der andere ein photosynthetischer Organismus, entweder eine Grünalge oder eine Cyanobakterienart, der Photobiont der Flechte. Diese Entdeckung geht auf den Schweizer Botaniker Simon Schwendener (1829–1919) zurück, der sie 1867 formulierte, dafür allerdings nicht besonders viel Zuspruch fand. Einige Experten bezeichneten seine These gar als »schwenderianische Dummheit«. Im wissenschaftlichen Mainstream, durchströmt vom Darwin'schen Prinzip des Wettstreits um Ressourcen, hatte diese skurrile Symbiose und Kooperation zwischen Pilz und Alge keinen Platz. Insbesondere weil in vielen Fällen die symbiotischen Partner auch allein überleben konnten. Dennoch wurde Schwendeners These in den Folgejahren mehrfach bestätigt und die Flechten gelten zu Recht als symbiotischer Paradeorganismus.

Der Vorteil der Kooperation zwischen Pilzen und Grünalgen oder

Cyanobakterien liegt auf der Hand. Der Pilz kann durch seine biochemischen Fähigkeiten selbst an den unwirtlichsten Orten Nährstoffe aus seiner Umgebung gewinnen, benötigt dafür aber Energie in Form von Zucker oder anderen Kohlehydraten. Grünalgen oder Cyanobakterien sind biochemisch nicht so virtuos, können aber über Photosynthese die notwendige Energie erzeugen und in Kohlehydrate umwandeln. Außerdem bietet der Pilz in seinem Myzelgeflecht den empfindlichen photosynthetischen Partnern Schutz. So ist es für beide eine eindeutige Win-win-Situation. Deshalb gehören Flechten, auch wenn sie etwas unscheinbar sind, zu den erfolgreichsten und artenreichsten Organismen. Bekannt sind etwa 30 000 Arten, die überall auf der Welt zu Hause sind. Sie gedeihen sowohl in den tiefsten Regenwäldern als auch in den trockensten Wüsten. Sogar in der Antarktis, nur 400 Kilometer vom Südpol entfernt, und auf über 7000 Metern Höhe im Himalaya hat man Flechten gefunden. Ich selbst konnte kürzlich feststellen, dass in der Regenfurche am Dach meines alten Autos Flechten siedeln und sich offenbar von Lack ernähren. Flechten überleben im Vakuum und halten UV-Strahlung aus, die jede Pflanze umbringen würde. Sie wachsen eher gemächlich, typischerweise nicht mehr als einen Millimeter pro Jahr. Gleichzeitig gehören sie zu den ältesten Lebewesen. Ein kanadisches Exemplar der Art *Rhizocarpon geographicum*,[3] auch Landkartenflechte genannt, hat ein geschätztes Alter von etwa 9500 Jahren. Das Alter einer verwandten Flechte, *Rhizocarpon eupetraeoides*, die man in Alaska fand, schätzt man auf 10 000 bis 11 500 Jahre.[4]

Für viele Partner ist das symbiotische Dasein in einer Flechte kein Muss. Solitär leben Pilzpartner dann zum Beispiel als ganz gewöhnliche Holz- oder Laubzersetzer. Oder sie wählen eine andere Symbiose und nisten sich im Zellgewebe von Pflanzen ein. Viele Grünalgen können in feuchten Habitaten auch allein zurechtkommen. Grünalgen der Gattung *Trebouxia*, die bei etwa 50 Prozent aller Flechten den photosynthetischen Partner stellen, leben als Single oft in Moosen. Cyanobakterienarten bilden allein häufig Biofilme oder leben in

Eine Landkartenflechte wächst sehr langsam und wird sehr alt.

kleinen Tümpeln oder Seen. Etwa zehn bis 20 Prozent aller Flechten bestehen aus Partnern, die auch ungebunden leben können. Doch selbst die verbleibenden 80 Prozent sind recht flexibel, weil sie unterschiedliche Partner für die Symbiose auswählen können. So entstehen viele Kombinationsmöglichkeiten, die ihrerseits wieder eigene Formvarianten aufweisen, also andere Phänotypen mit verschiedenen Merkmalen und Eigenschaften ausbilden. Die Flechten zeigen auf eindrückliche Art und Weise, wie dank flexibler Kooperationen in der Natur schnell neue Formen entstehen, ein ganz anderer Prozess als die Evolution der kleinen Schritte. Innovation durch Kooperation, Diversität durch Verknüpfungen.

## DIE LANDNAHME DER PFLANZEN

Evolutionär hatte die Kooperation zwischen Pilzen und photosynthetischen Organismen schwerwiegende Folgen. Sie transformierte die Erde nachhaltig und ermöglichte es, dass die ersten Pflanzen das Land erobern konnten. Vor etwa 500 bis 470 Millionen Jahren lebte die Erde vornehmlich aquatisch. Bis auf einige Bakterien gab es auf den steinigen Landflächen nichts – keine Nährböden, keine organischen Schichten, alles nur Gestein. Aber wie wir von den Flechten wissen, reicht »Stein« diesen symbiotischen Lebewesen aus. Die

Flechten gehörten zu den ersten komplexen Lebewesen, die an Land überleben konnten, genau wie sie heutzutage an den ungemütlichsten Orten gedeihen. Die empfindlichen, an aquatische Umgebungen gewöhnten Photobionten wurden dabei durch ihren Pilzpartner geschützt. Die Pilze fingen an, die Mineralien zu zersetzen, mithilfe ihrer photosynthetischen Partner Kohlenstoff aus der Atmosphäre zu binden und nach und nach, über Millionen von Jahren, als Nährboden abzulagern. Damit wurde die Grundlage für die Landnahme der Pflanzen geschaffen. Man sollte allerdings keine falsche Vorstellung entwickeln. Es entstanden nicht plötzlich überall dichte Wälder mit riesigen Bäumen, wie wir sie heute kennen. Die ersten Pflanzen waren Moose und einfach strukturierte Vielzeller, die noch lange in enger Kooperation mit Pilzen ihr Dasein fristeten.

## VERWURZELT

Nachdem die Flechten an Land gegangen waren, konnten sich im Lauf der Zeit immer komplexere multizelluläre Pflanzen entwickeln, mit hochdifferenzierten Zellstrukturen und Gefäßsystemen für den Nährstofftransport. Dennoch wurde bis heute die enge Zusammenarbeit mit Pilzen nicht aufgegeben. 70 bis 80 Prozent aller bekannten Landpflanzen leben in enger Symbiose mit Pilzen. Jeder Waldboden ist mit diversen Pilzarten durchsetzt, deren Myzel in direktem Kontakt mit den Wurzeln der Bäume steht. An diesen Mykorrhizen, »Pilzwurzeln«, findet ein enger Austausch von Nährstoffen statt. Die Pflanzen versorgen die Mykorrhizapilze mit Zucker, die Pilze versorgen die Bäume mit Stickstoff, Phosphor, Mineralien und anderen wichtigen Substanzen. Manchmal ist die Symbiose so intensiv, dass die Pflanze ihrem Partner bis zu 30 Prozent des über Photosynthese fixierten Kohlenstoffs zur Verfügung stellt.

Wenn wir durch den Wald spazieren, gehen wir über ein enorm dichtes Netz aus Myzel verschiedener Mykorrhizapilze, die im Boden verborgen eine der engsten und wichtigsten Symbiosen der Natur betreiben. Unter einem einzigen Fußabdruck liegen viele Kilometer der Pilzhyphen. Ohne diese Pilze gäbe es keinen Wald. Wenn Sie im Wald einen Steinpilz finden, wird sein Myzel in engem Kontakt mit den Wurzeln einer Eiche, Fichte oder Kiefer stehen. Auch die leckeren Pfifferlinge und die teuren Trüffel sind Mykorrhizapilze mit Laub- und Nadelbäumen als Partner. In ihren Symbiosen legen sich die Pilze nicht gern fest. Sie sind bei ihrer Pflanzenpartnerwahl nicht artspezifisch fixiert, sondern können mit verschiedenen Baumarten zusammenarbeiten. Selbst die Intensität der Kooperation kann sehr unterschiedlich ausfallen. Die genannten Beispiele der Mykorrhizapilze, die sichtbare Fruchtkörper bilden, gehören zur Kategorie der Ektomykorrhizapilze. Diese Gruppe lässt ihr Myzel in die Wurzeln der Bäume wachsen, wo sie Berührungspunkte mit den Wurzelzellen aufbauen.

Etwas penetranter handhaben es die arbuskulären Mykorrhizapilze, deren feine Hyphen sich zwischen den Pflanzenzellen ausbreiten und an bestimmten Stellen die Zellwände sogar penetrieren, um innen kleinste, verästelte Geflechte zu bilden, ohne die Pflanzenzelle dabei zu zerstören. Das sind die sogenannten Arbuskeln. Sie gewährleisten den direkten Austausch von Nährstoffen in beide Richtungen. Die arbuskulären Mykorrhizapilze gehören zu den ältesten Kooperationspartnern der Landpflanzen und entwickelten sich kurz nachdem die Flechten das Land erobert hatten. Anders als die Ektomykorrhizapilze bilden sie keine aus dem Waldboden sprießenden Fruchtkörper, die man ernten könnte.

Die Zusammenarbeit zwischen Pilzen und Pflanzen geht über eine einfache Symbiose weit hinaus. Das Myzelgeflecht eines Pilzes kann noch viel mehr. Es fungiert als Transport- und Kommunikationssystem zwischen Pflanzen, sorgt für die Verteilung von Nährstoffen zwischen verschiedenen Arten, hilft Bäumen bei der Aufzucht ihres Nachwuchses, übermittelt bei Angriffen Alarmsignale. Die Flexibilität der symbiotischen Partner und die weitreichende Netzwerkbildung erlauben es, dass ein einziger Pilz mit mehreren Bäumen symbiotische Verbindungen eingeht.

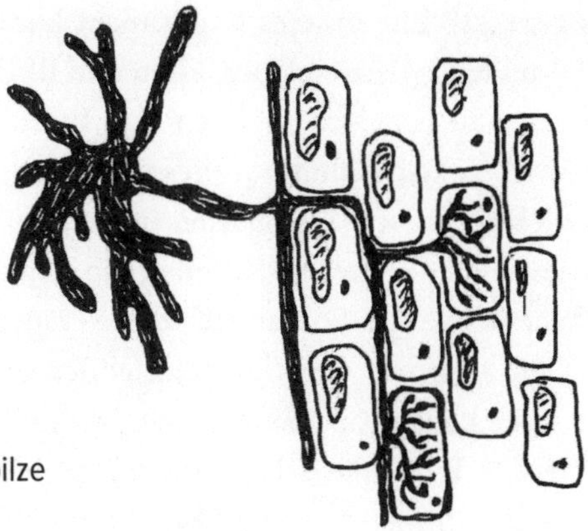

Arbuskuläre Mykorrhizapilze sind etwas penetrant.

So können mehrere Bäume über ein gemeinsames mykorrhizales Netzwerk verbunden werden. Eine Pionierin der Erforschung dieser Netzwerke ist die kanadische Forstwissenschaftlerin Suzanne Simard, die sie seit über 30 Jahren untersucht. Als eine der Ersten konnte sie zeigen, dass zwei verschiedene Bäume über das gemeinsame Pilznetzwerk im Austausch stehen.[5] Das Experiment funktionierte so: Ein Baum wurde mit radioaktiven Substanzen, sogenannten Tracerpartikeln, geimpft. Nach einiger Zeit konnten diese in einem anderen Baum in der Nähe nachgewiesen werden. Die plausible Erklärung ist der aktive Transport der Tracerpartikel über das gemeinsame Myzel. In weiteren Experimenten haben Simard und andere Wissenschaftler Evidenz finden können, dass ausgewachsene Bäume Nährstoffe produzieren, die über das Myzelnetzwerk heranwachsende Bäume versorgen, die es wegen ihrer geringen Größe schwerer haben, an das für den Stoffwechsel so wichtige Sonnenlicht zu kommen. Eine verwandte Studie hat gezeigt, dass Nachkommen eines Baums selektiv stärker mit Nährstoffen versorgt werden als nicht verwandte Bäume derselben Spezies, dass der Pilz also »weiß«, an wen er die Nahrung ausliefern muss. Diese Studien, die allerdings noch als umstritten gelten, haben den Begriff »Mother Tree« oder Mutterbaum geprägt.[6] Ein anderes Experiment konnte nachweisen, dass je nach Jahreszeit zwischen Douglasien und Birken Nährstoffe über den Pilzpartner ausgetauscht werden. Im Winter sind Birken entlaubt und betreiben keine Photosynthese. Die nötigen Nährstoffe erhalten sie in dieser Zeit von Douglasien über den Pilz. Im Sommer, wenn die Birke wieder Blätter hat, werden die »Nährstoffschulden« bei der Douglasie beglichen. Sollten sich diese ersten Studien als robust herausstellen, ist es ein weiteres Beispiel der Stabilisierung von Artenvielfalt über kooperative Symbiosen. In Wäldern ist das offenbar die Aufgabe der Pilze. Sie selbst gewinnen ebenfalls durch ihre hoch diversen und immer flexiblen Kooperationen, weil sie kontinuierlich mit den notwendigen Kohlehydraten versorgt werden. Myzelnetzwerke verbreiten wie schon erwähnt auch Warnsignale. Bei Parasi-

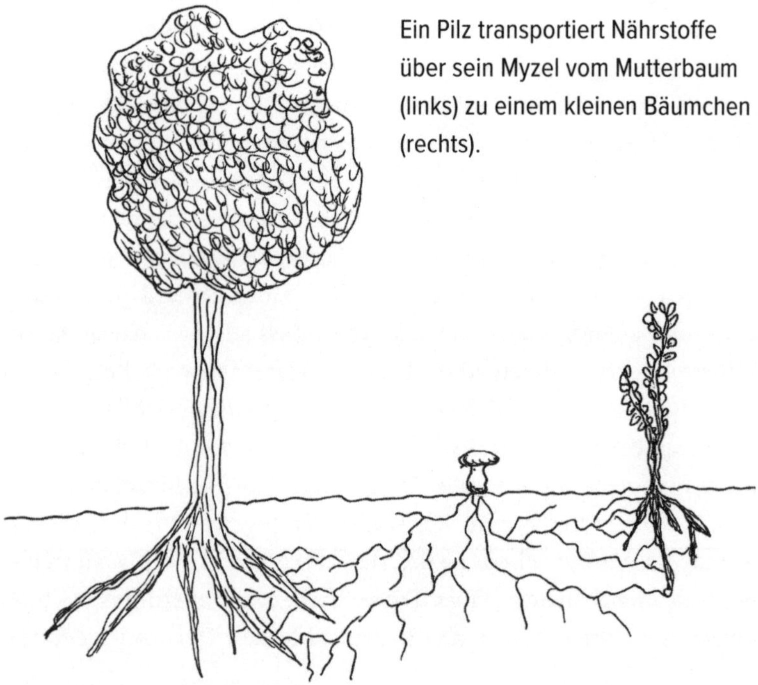

Ein Pilz transportiert Nährstoffe über sein Myzel vom Mutterbaum (links) zu einem kleinen Bäumchen (rechts).

tenbefall sondern Bäume chemische Stresssignale ab, die über das Pilznetzwerk an andere Bäume weitergegeben werden. Die können sich nun auf den bevorstehenden Befall vorbereiten und Chemikalien zur Verteidigung herstellen, die zum Beispiel die Blätter für die Parasiten ungenießbar machen. Über die Myzelkommunikation können die Bäume schnell im Kollektiv auf Bedrohungen reagieren.

Natürlich gibt es in der Natur auch immer Nutznießer einer Kooperation. Vielleicht haben Sie im Wald schon einmal Fichtenspargel entdeckt. Dabei handelt es sich um ein etwas bleiches und unscheinbares Heidekrautgewächs. Dass diese Pflanze nicht grün ist, hat einen einfachen Grund. Der Fichtenspargel produziert kein Chlorophyll und betreibt, etwas ungewöhnlich für Pflanzen, keine Photosynthese. Stattdessen zapft die parasitäre Pflanze das im Waldboden versteckte Pilzmyzel an und saugt dort Nährstoffe ab. Dem Pilz ist das offenbar egal, solange er seinen Teil abbekommt. In einer anderen Studie fanden Wissenschaftler heraus, dass ein Baum kurz vor seinem Tod, zum Beispiel durch massiven Parasitenbefall oder durch Krankheit, die eigenen Nährstoffe besonders intensiv in das Myzelnetzwerk pumpt, sodass die verbundenen Bäume davon profitieren. Ein finaler Akt der Kooperation. All diese Entdeckungen der letzten Jahre haben den populären Ausdruck Wood Wide Web geprägt, der veranschaulicht, wie im Waldboden alle Bäume und Pflanzen über ein enges Kommunikations- und Transportnetzwerk aus Pilzen verbunden sind. Viele der Studien erfordern weitere Evidenz, dennoch zeigt die Wissenschaft hier in eine kohärente Richtung: Die größten Landökosysteme der Welt, unsere Wälder, werden durch starke und facettenreiche Kooperationen mit Pilzen getragen.

## DAS LIGNINPROBLEM

Nachdem vor 470 Millionen Jahren die Flechten und ersten Pflanzen das Land erobert hatten, bildeten sich im Laufe der folgenden Millionen Jahre die ersten artenreichen Landökosysteme. Zunächst bestanden diese nur aus Moosen und einfachen, niederen Pflanzen, denen das komplexe Gefäßsystem höherer Pflanzen fehlte. Außerdem gediehen natürlich Pilze an Land. Etwa 40 Millionen Jahre später lebten die ersten Tiere wie Tausendfüßler, Skorpione und andere Spinnentiere an Land, nachdem sie schon 110 Millionen Jahre Evolution ausschließlich im Meer hinter sich hatten. Spuren der ersten Landwirbeltiere findet man erst in Gesteinen, die noch etwa 100 Millionen Jahre jünger sind. Die Pflanzen dieser Zeit konnten Zellulose herstellen, aber noch kein Holz. Es waren eher weiche, geschmeidige Organismen, die nicht besonders hoch wuchsen. Es gab keine Wälder. Dennoch lebten hohe Lebewesen an Land. Eine Art ist durch merkwürdige Fossilien bekannt geworden, sie nennt sich *Prototaxites* und lebte vor etwa 400 Millionen Jahren. Diese Organismen konnten einen Durchmesser von einem Meter und eine Höhe von acht Metern erreichen. Sie waren über viele Millionen Jahre die größten Landlebewesen. *Prototaxites* war ein Pilz. Es ist noch rätselhaft, wie er diese riesige Größe erreichen und sein eigenes Gewicht tragen konnte. Wahrscheinlich spielte dabei der außerordentlich wider-

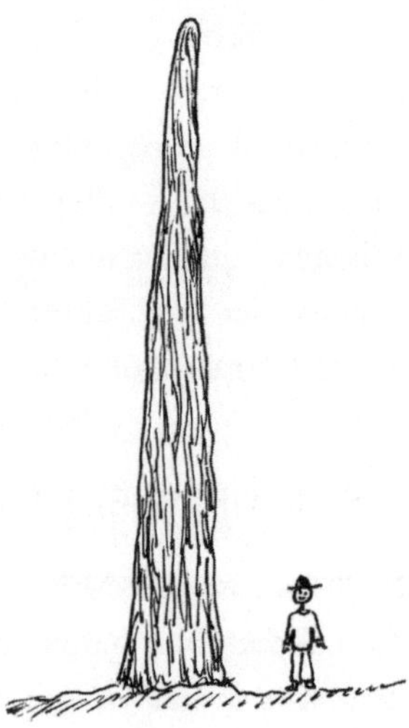

So ungefähr muss der riesige Urzeitpilz Prototaxites ausgesehen haben. Zum Größenvergleich ist auch ein Mensch dargestellt.

standsfähige Stoff Chitin eine Rolle und ein offenbar strapazierfähiges, flexibles Geflecht aus Hyphen als Baustoff.

Dann aber machten die Pflanzen eine wichtige Erfindung. Diese Erfindung sollte die Landökosysteme für immer verwandeln, das Weltklima massiv ändern und zu einer Klimakatastrophe führen. Pflanzen entwickelten die Fähigkeit zur Herstellung von Lignin. Dabei handelt es sich um ein komplexes, verkettetes Biomolekül, das die Pflanzen in ihre Zellwände einbauten.

So stellten sie Holz her. Lignin ist das biologische Äquivalent zu Stahlbeton: superhart, superbelastbar, nicht kaputt zu kriegen. Mit der Erfindung dieses tragfähigen Materials konnten Pflanzen in die Höhe wachsen und im Wettstreit um mehr Licht immer größere Höhen erreichen. Die Zeit der Bäume war gekommen, die allmählich die großen Pilze verdrängten. Die Erfindung des Lignins und die Entstehung von Wäldern hatten dramatische Folgen. Die enorme Biomasse der wachsenden Wälder benötigte riesige Mengen an Kohlenstoff, der aus atmosphärischem Kohlendioxid gewonnen wurde. Gleichzeitig konnte Lignin biologisch nicht abgebaut werden, da es keinen Organismus gab, der Lignin zersetzen konnte. Nicht einmal Bakterien waren dazu in der Lage. So wurde immer mehr Kohlenstoff im Lignin gebunden und ging der Biosphäre über die Zeit verloren. Die $CO_2$-Konzentration der Atmosphäre verringerte sich um 97 Prozent, das Treibhausgas konnte die Erde nicht mehr wärmen und sie kühlte stark ab, von durchschnittlich 23 auf 15 Grad, an den vormals eisfreien Polen wuchsen Eiskappen. Durch die gigantischen Wälder wuchs auch der atmosphärische Sauerstoff auf ein Rekordniveau von 35 Prozent an (heute sind es etwa 21 Prozent). Diese hohe Sauerstoffkonzentration ermöglichte die Evolution gigantischer Insekten, Libellen mit 70 Zentimetern Flügelspannweite, oder von *Arthropleura*, dem größten bekannten Gliederfüßer aller Zeiten mit bis zu 2,5 Metern Länge. Die Lignin bildenden Landpflanzen steuerten die Erde auf einen Klimakollaps zu, sie kühlte so stark ab, dass die Eiskappen von den Polen her immer stärker Richtung Äquator wuchsen.

In einem funktionierenden Ökosystem binden die Pflanzen atmosphärisches $CO_2$ und produzieren Sauerstoff. Tiere fressen die Pflanzen, und Bakterien oder Pilze zersetzen die Zellulose, verbrauchen Sauerstoff und produzieren $CO_2$. Mit der Verholzung der Pflanzen verlor die Erde ihr Gleichgewicht. Die Bäume wuchsen, starben ab und versanken in Torfmooren und Karbonwäldern, ohne zersetzt zu werden. Schicht um Schicht entstanden so enorme Mengen zusammengepresstes Holz, oft Hunderte Meter dick. Etwa 100 Millionen Jahre dauerte dieser Prozess. Der im Holz gebundene Kohlenstoff war für immer verloren. Es sollte noch 300 Millionen Jahre dauern, bis eine Primatenart auf die Idee kam, die Erde anzubohren oder aufzuschürfen, um das über Hunderte Millionen Jahre durch Druck und geochemische Prozesse in Erdöl und Kohle verwandelte Holz zu nutzen und gegenwärtig durch übermäßiges Verbrennen die Erde wieder aufzuheizen und in den nächsten Klimakollaps zu steuern.

Wie aber kam die Erde aus der gigantischen Abkühlung vor 300 Millionen Jahren am Ende des Karbons wieder heraus? Fest steht, dass die Erde sich langsam erholte und erneut erwärmte. Die Gründe hierfür sind nicht eindeutig geklärt und wie in allen Prozessen des Weltklimas mit Sicherheit vielschichtig. Eine Rolle spielten auf alle Fälle die Pilze, die ihre biochemische Expertise zu dieser Zeit erweiterten und mit einer neuen Erfindung der Erde beim Auftauen halfen. Die Pilze entwickelten einen biochemischen Prozess, um Lignin zu zersetzen, was keinem anderen Organismus bis dahin gelungen war. Sie schufen eine chemische Keule, sie entwickelten ein Enzym, das durch Reaktion mit Sauerstoff Wasserstoffperoxid, also $H_2O_2$ herstellt, das gleiche Zeug, mit dem sich meine erwachsenen Kinder bisweilen ihre Haare bleichen. Wasserstoffperoxid ist so reaktiv, dass es Lignin zersetzt. Was man etwas despektierlich als Weißfäule bezeichnet, ist ein Sammelbegriff für alle Pilze, die in der Lage sind, das Lignin in Totholz abzubauen. Dazu gehören durchaus schmackhafte Pilze wie die Austernpilze. Auch die wunderschönen Schmetterlingstrameten, die oft an alten Baumstümpfen gedeihen, zählen dazu. Durch den Abbau von Lignin haben die Pilze zur Rettung des Weltklimas beigetragen und das Gleichgewicht wiederhergestellt, ein weiteres Beispiel für die Fähigkeit der Pilze, durch clevere Biochemie und ihre Netzwerke global für Stabilität zu sorgen.

## DIE ZWEI GESICHTER MANCHER PILZE

Auch der gigantische Hallimasch, der größte bisher bekannte Organismus, den wir im letzten Kapitel kennenlernten, gehört zu den Ligninverputzern. Allerdings hat diese Art einen aus menschlicher Perspektive etwas unsympathischen Zug. Obwohl der Hallimasch Totholz bevorzugt, tötet er, wenn davon nicht genug zu finden ist, auch gesunde Bäume ab, um an sein Futter zu kommen. Da kennt der Hallimasch nichts. Er hat nach unseren Maßstäben eine brutale, parasitäre Ader. Der Pilz attackiert Bäume, dringt mit seinem Myzel in sie ein, tötet sie ab und frisst sie auf. Tatsächlich haben Vertreter der Gattung Hallimasch aber zwei Gesichter. So können sie sich gegenüber Bäumen auch sehr kooperativ zeigen. Sie unterstützen manche Baumarten beim Wachstum, können sie vor Pathogenen schützen oder fördern ihren Wurzelaufbau. Über ihre Zersetzungsprozesse im Waldbiotop sorgen sie immer für einen guten Nährboden.

Ebenso ambivalent verhalten sich Pilze der Gattung Epichloë, die in den Zellzwischenräumen von Pflanzen leben. Die Symbiose zwischen diesen Pilzen und ihren Wirtspflanzen ist typischerweise kooperativ. Die Pflanzen versorgen über ihre Zellen den Pilz mit Nährstoffen, der Pilz stellt der Pflanze Alkaloide zur Verfügung, die sie für Pflanzenfresser ungenießbar machen. Andererseits löst eine Infektion mit Epichloë bei Gräsern auch eine Art Würgekrankheit aus, die die Pflanze davon abhält, Samen zu produzieren und sich so fortzupflanzen. Sie muss sich dann vegetativ über Ableger vermehren, was dem Pilz nutzt, weil er sich so besser über das Pflanzengewebe verbreiten kann.

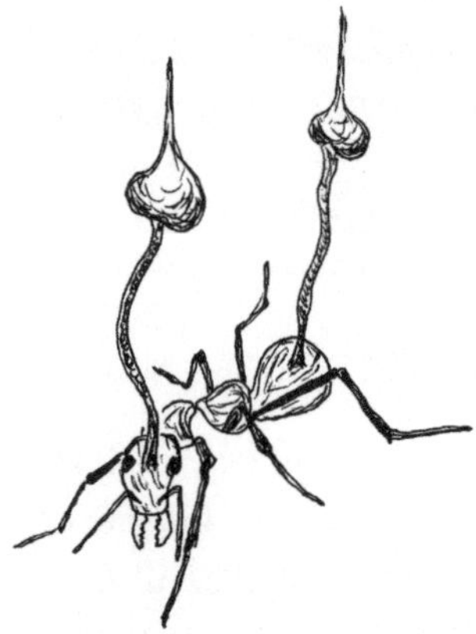

Ophiocordyceps sprießt aus einem befallenen Ameisenwirt.

Pilze schrecken nicht vor hochmanipulativen Eingriffen in die Biologie ihrer Partner zurück. Am eindrücklichsten erkennt man diesen invasiven Charakter an der Pilzgattung *Ophiocordyceps*. Landen Sporen dieses Pilzes auf einer Ameise, fängt der Pilz an zu wachsen, sein Myzel dringt in ihren Körper ein und fängt dort an, Teile der Innereien zu verköstigen, allerdings ohne den Wirt lebensgefährlich zu verletzen. Wenn die Ameise vollständig von den Hyphen des *Ophiocordyceps* durchsetzt ist, manipuliert der Pilz das Nervensystem der Ameise, sodass sie das Bedürfnis entwickelt, nach oben zu krabbeln, zum Beispiel in einen Baumwipfel. Dort angekommen, sorgt der parasitäre Pilz dafür, dass die Ameise sich mit ihren Beißwerkzeugen in einem Blatt oder der Baumrinde verbeißt. In dieser Beißstarre tötet der Pilz die Ameise und bildet einen Fruchtkörper aus, der aus dem Leib oder Kopf der toten Zombieameise sprießt und Sporen an seine Umgebung abgibt. Wie genau der Pilz das Verhalten seiner Wirtsameise beeinflusst, ist noch nicht endgültig geklärt. Statt selbst in das Nervensystem einzudringen, manipuliert er es mit hoher Wahrscheinlichkeit indirekt durch verschiedene Substanzen. Es fällt schwer, für *Ophiocordyceps* Sympathien zu entwickeln.

Die grausame Taktik des Pilzes, seinen Wirt in eine Art Zombie zu verwandeln, wurde dem bekannten Videospiel und der Fernsehserie

*The Last of Us* zugrunde gelegt, um der dystopischen Hintergrundgeschichte eine wissenschaftliche Basis zu verleihen. Allerdings ist auch *Ophiocordyceps* in seinen Biotopen ein wichtiger Regler und sorgt für Gleichgewicht. So hält der Pilz die Insektenpopulation auf einem gesunden Niveau, indem er sie daran hindert, sich zu stark zu vermehren. Die Biotope, in denen *Ophiocordyceps* gedeiht, gehören zu den artenreichsten Ökosystemen der Erde.

Schon im Kapitel »Sex« haben wir gelernt, dass Pilze sich nicht gern auf eine Rolle festlegen lassen. Auch bei ihren Symbiosen erkennt man an den Netzwerkern der Natur, dass sie ein hohes Maß an Flexibilität und Ambivalenz aufweisen. Vielleicht ist gerade diese Vielseitigkeit notwendig, wenn man die Verantwortung trägt, ein komplexes Gesamtgefüge im Gleichgewicht zu halten. Während alle Tiere andere Organismen fressen müssen, um zu überleben, die allermeisten Pflanzen für die Produktion organischer Biomasse sorgen und ein eher friedliches Dasein haben, leben die Pilze irgendwo dazwischen, mal setzen sie auf Kooperation und Fürsorge, mal auf aggressive Eroberungstaktik. Außerdem sind sie als hauptverantwortliche Zersetzer biologischen Materials auch Wesen zwischen Leben und Tod. Trotz ihrer enormen Rolle für eine funktionierende Biosphäre halten die Pilze sich im Hinter- bzw. Untergrund. Fest steht, ohne die Pilze gäbe es kein Leben, wie wir es kennen. Sie sorgen für Stabilität durch Diversität, Kommunikation und flexible, adaptive Netzwerke.

# REINE NERVENSACHE

## Neuronale Symbiosen und andere Gespräche

*Könnte ein größeres Wunder geschehen, als dass wir für einen Augenblick durch die Augen eines anderen sehen?*
Henry David Thoreau
(1817–1862)

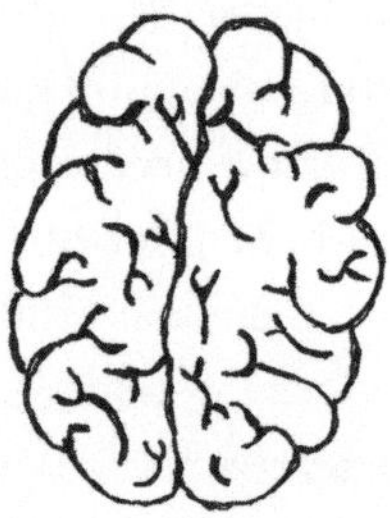

Während Sie diese Zeilen lesen, passiert in Ihrem Gehirn Erstaunliches. Ihre Augen bewegen sich ruckartig von Wort zu Wort. Die optischen Signale treffen auf Ihre Netzhaut, werden in Millisekunden über die Sehnerven beider Augen in Ihr Gehirn weitergeleitet und verarbeitet. Die schwarz-weißen Muster der Buchstaben werden in kürzester Zeit zu Wörtern zusammengesetzt. Ihr Hirn überprüft, ob es bestimmte Signalsequenzen schon kennt, und vergleicht bereits früher Abgespeichertes mit dem Gelesenen. Die damit verbundene Bedeutung wird schnell aus dem Gedächtnis hervorgeholt und aus den Wörtern werden Zusammenhänge geformt. Sie verstehen, was

Sie gelesen haben, obwohl Sie genau diese Folge von Symbolen noch nie vorher gesehen haben. Während Sie diesen Absatz in weniger als einer Minute lesen, feuern viele Millionen Nervenzellen in Ihrem Gehirn Milliarden von kleinsten Nervenimpulsen, sogenannte Aktionspotenziale, ab und regen sich gegenseitig an. Über ein bisher im Wesentlichen unverstandenes Netzwerk aus diesen Nervenzellen wird dann für kurze Zeit diese Information als neuronales Aktivitätsmuster in Ihrem Gehirn abgespeichert, während Sie weiterlesen.

Vor einiger Zeit saß ich an meinem Schreibtisch und habe mir überlegt, wie ich dieses Kapitel beginne. Ich habe mir vorgestellt, wie Sie nach der Lektüre des letzten Kapitels die neue Seite aufschlagen. Vielleicht ist da noch ein Echo der Information über die Zombiepilze als neuronale Aktivität in Ihrem Hirn? Oder Sie fragen sich, was der Untertitel »neuronale Symbiosen« bedeuten soll. Ich versuche beim Schreiben Ihre Perspektive einzunehmen. Während ich nachdenke, feuern in meinem Hirn ebenfalls Abermillionen von Nervenzellen unfassbar komplizierte Kaskaden von Impulsen ab. Ich denke mir einen Satz aus, sage ihn mir selbst in einem stillen Selbstgespräch, und wenn er mir gefällt, schreibe ich ihn auf. So führt ein komplexes neuronales Muster in meinem Gehirn über den Umweg dieser Zeilen zu einer direkten neuronalen Aktivität in Ihrem Gehirn. Welche Nervenimpulse bei Ihnen ablaufen, wird durch die Inhalte auf diesen Seiten ausgelöst, die aber beeinflusst sind durch meine Entscheidung, mir vorzustellen, wie Sie sie aufnehmen werden. Ist das nicht irre? Was Sie und ich hier erleben, ist eine außerordentlich vielschichtige Variante biologischer Kommunikation zwischen zwei kognitiven Lebewesen mit extrem komplexen neuronalen Netzwerken. Ein Austausch von Information über zeitliche und räumliche Distanz, über den Umweg von Abstraktionen, Repräsentationen, Bildern, Sprache, Symbolen, Gedächtnis, getragen von der Fähigkeit, die Perspektive eines anderen Lebewesens einzunehmen. Sie und ich sind uns darüber im Klaren, dass wir ein Bewusstsein besitzen, Sie können sich in mich hineinversetzen, sich beispielsweise vorstellen, wie man eine

Idee entwickelt, während ich mir überlege, wie eine Person, die sich mit neuronalen Symbiosen auskennt, dieses Kapitel liest, und wie eine Person reagiert, die noch nie etwas davon gehört hat. Unsere Nervensysteme sind auf hochkomplexe Art und Weise gekoppelt. Das passiert in unserem täglichen Leben andauernd. Wenn ein Autofahrer hupt, bedingt durch neuronale Aktivität in seinem Hirn, löst das akustische Signal wiederum in meinem Hirn eine Kaskade von Aktionspotenzialen aus. Jede noch so kleine Interaktion koppelt die Aktivität unserer Nervensysteme.

Viele der für uns beide charakteristischen Fähigkeiten zeichnen die biologische Spezies Homo sapiens aus. Unsere zentralen Nervensysteme bestehen aus etwa 90 Milliarden Nervenzellen. Jede davon ist mit vielen anderen Neuronen über Tausende Synapsen in einem Netzwerk verbunden. Man schätzt, dass in einem menschlichen Gehirn in einer Sekunde zwischen einer Billion und 100 Billionen Aktionspotenziale ausgelöst werden. Wie wir denken, Bewusstsein und Gedächtnis entwickeln, Geschehnisse antizipieren, Sprache nutzen, wie wir erkennen, dass ein Gegenüber ebenfalls ein empfindsamer Organismus ist, wie aus der Kommunikation der Nervenzellen unseres neuronalen Netzes all diese Fähigkeiten entstehen, ist eines der größten Rätsel der Wissenschaft. Die Evolution eines solch außerordentlichen zentralen Nervensystems erfolgte schrittweise. Jede Stufe dieser Entwicklung, jede neue Komplexitätsebene wurde durch eine besondere Art der Kooperation angetrieben, durch Informationsaustausch zwischen Nervenzellen und Organismen, durch neuronale Symbiosen und koordinierte Kommunikation.

## QUORUM

Kommunikation unter Lebewesen ist uralt. Selbst die einfachsten Lebewesen, Bakterien und Archaeen, tauschen Informationen aus. Nicht nur unter Artgenossen, sondern auch zwischen verschiedenen Spezies. Wir haben schon viele Beispiele einfacher Signalverarbeitung diskutiert, zuletzt die chemischen Signale, auf die einzellige Schleimpilze reagieren und einen multizellulären Organismus formen.

Viele Bakterienarten haben eine spezielle Kommunikationsmethode entwickelt, die sich – in Anlehnung an das Quorum, die bei politischen Abstimmungen nötige Stimmenzahl – Quorum Sensing nennt. Damit können sie erfassen, wie hoch die Dichte der eigenen Population oder die anderer Bakterienspezies in der Umgebung ist. Überschreitet diese Dichte einen Schwellenwert, ändern die Bakterien ihr Verhalten. So kann zum Beispiel gewährleistet werden, dass sie synchron und kooperativ im Kollektiv handeln.

Bakterien vermehren sich, wie wir wissen, durch Zellteilung. Unter guten Bedingungen wächst eine lokale Bakterienpopulation. Viele Bakterien besitzen die Fähigkeit, Biofilme herzustellen, in und auf denen sie gut gedeihen, weil sie dort verankert und geschützt sind. Die Biofilme bestehen aus organischen Kettenmolekülen wie Zellulose oder verwandten Polysacchariden, die eine Art poröses Gerüst bilden. Die Herstellung dieser extrazellulären Matrix erfordert viel Energie und lohnt sich nur, wenn es genügend Bakterien gibt. Ein-

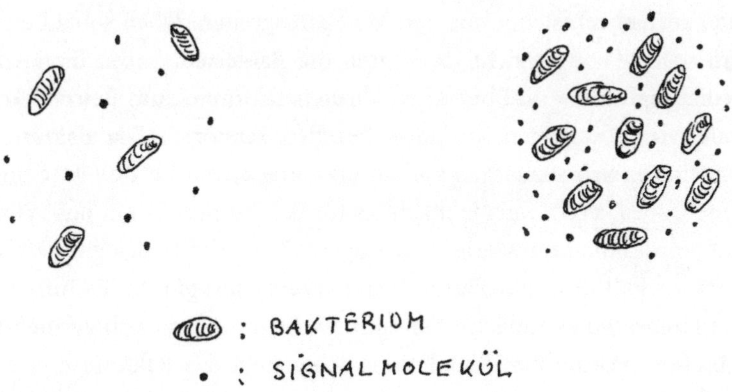


Durch Quorum Sensing wissen Bakterien, was um sie herum los ist.

same Bakterien, die ein neues Habitat besiedeln, verwenden ihre Energie in erster Linie zur Vermehrung. Sobald aber eine kritische Populationsgröße erreicht ist, schalten alle Bakterien ihr genetisches Biofilm-Programm an und bauen alle gleichzeitig das Gerüst. Diese kollektive Entscheidung wird mit dem Quorum Sensing getroffen. Der Prozess ist denkbar einfach. Alle Bakterien stellen Signalmoleküle her und geben sie an ihre Umgebung ab. Je mehr Bakterien vorhanden sind, desto höher ist die Konzentration dieser Signalmoleküle. Über die Zellmembran nehmen die Bakterien diese Konzentration wahr.

Das Quorum Sensing wird auch bei anderen kollektiven Entscheidungsprozessen verwendet. Die biolumineszenten *Aliivibrio fischeri*, die den Zwergtintenfischen Tarnung verschaffen und den Kragengeißeltierchen beim Sex helfen, leuchten nicht, wenn sie allein im Meer herumschwimmen. Erst wenn die Bakterien im Leuchtorgan des Tintenfischs eine kritische Dichte erreichen, wird das Programm »Leuchten« abgerufen und Gene stellen die notwendigen Proteine her. Verschiedene Krankheitserreger nutzen Quorum Sensing, um einen Wirt effizienter zu infizieren. Wenn ein bakterielles Pathogen wie *Staphylococcus aureus*, *Pseudomonas aeruginosa* oder *Vibrio cholerae* einen Wirt infiziert, ist die Virulenz zunächst gering, die Bakterien vermehren sich, ohne den Wirt anzugreifen. Doch sobald eine kritische Masse erreicht ist, starten die Bakterienarmeen ihr »Angriffsprogramm« und beginnen Virulenzfaktoren, zum Beispiel Toxine, zu produzieren, die Gewebezellen zerstören. Die Bakterien schleichen sich sozusagen still an und attackieren im Kollektiv und synchron. Diese Strategie macht es für das Immunsystem des Wirts außerordentlich schwierig, den Angriff abzuwehren, das gilt besonders im Fall des Bakteriums *Pseudomonas aeruginosa*. Es infiziert die Lunge, wo es zunächst frei umherschwimmt und sich vermehrt. Ab einer bestimmten Populationsdichte stellt das Bakterium einen dicken, widerstandsfähigen Biofilm her, der die darin wachsenden Bakterien zum Beispiel vor Antibiotika schützt. Haben sich diese

Biofilme in der Lunge eines Patienten etabliert, kann es zu chronischen Lungeninfektionen kommen. Mittlerweile arbeiten Wissenschaftler an Antibiotika, die nicht die Bakterien selbst abtöten, sondern ihre Fähigkeit abschalten, Biofilme herzustellen.

## NERVENZELLEN

Bakterielles Quorum Sensing und die Kommunikation über chemische Botenstoffe spielen in biologischen Systemen eine essenzielle Rolle. Ein Signalmolekül wird produziert, an die Umgebung abgegeben, andere Organismen lesen das Signal und reagieren entsprechend. Ein einfaches Signal-Antwort-System. Auch in multizellulären Organismen kommunizieren die Zellen über chemische Signal- und Regulationsbotenstoffe, die über das Gefäßsystem im Körper verteilt werden und viele Funktionen des Gesamtorganismus steuern, Hormone sind ein gutes Beispiel. Die Signale sind aber eher einfach, komplexe Informationen können in ihnen nicht kodiert werden. Nur die binären An-und-aus-Informationen wie beim Quorum Sensing oder die graduelle Regulation eines bestimmten Verhaltens.

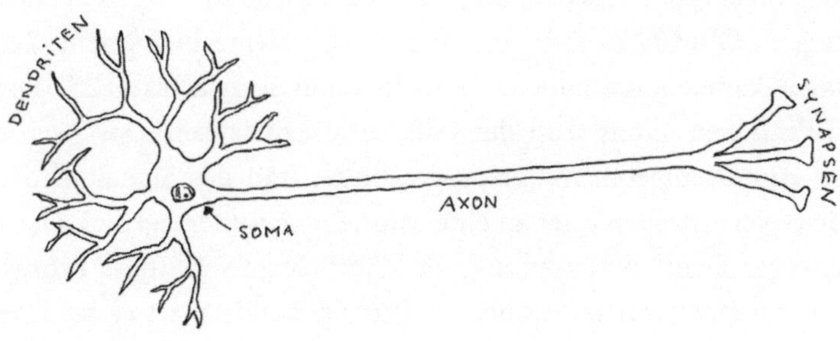


Eine gewöhnliche Nervenzelle besteht aus Dendriten, um Signale zu empfangen, dem Zellkörper, auch Soma genannt, wo die Signale addiert werden, dem Axon zur Weiterleitung und den Synapsen zur Übertragung.

Das änderte sich mit der Evolution von Nervenzellen, die in der Lage sind, elektrische Signale zu produzieren und zu verarbeiten, auf äußere Reize zu reagieren, Muskelbewegung zu steuern und damit die schnelle Reaktion eines Organismus auf Reize zu regeln. Solch spezialisierte Nervenzellen, Neuronen, findet man ausschließlich im Tierreich, wo die Wirbeltiere die Entwicklung hochkomplexer zentraler Nervensysteme weitergetrieben haben und an deren Spitze Homo sapiens, an dieser Stelle nicht ganz unbegründet, sich selbst sieht.

Nervenzellen sind im Vergleich zu anderen Gewebezellen sehr kompliziert aufgebaut. Sie haben nicht die typische rundliche Zellstruktur. Ihre Form erinnert eher an das Myzel eines Pilzes, stark verästelt und strukturiert. Eine typische Nervenzelle besteht aus den Dendriten, dem Zellkörper (Soma), dem Axon und den Synapsen. Sie alle haben unterschiedliche Aufgaben. An den Dendriten mit ihrer stark verästelten Struktur nimmt ein Neuron Signale auf. Oft geschieht das durch Neurotransmitter, spezielle Moleküle, die von Synapsen anderer Nervenzellen abgegeben werden. Die so übermittelten Reize werden im Zellkörper gesammelt und wenn sie einen Schwellenwert überschreiten, produziert die Zelle einen elektrischen Puls. Dieser Puls wandert das Axon entlang, eine Art langes Kabel. Die Geschwindigkeit der Übertragung kann bis zu 100 Meter pro Sekunde betragen. Obwohl es sich um eine einzige kleine biologische Zelle handelt, kann ein Axon meterlang sein. Beim Blauwal bis zu 25 Meter. Am Ende des Axons trifft der Puls auf die Synapsen. Dort werden wiederum Neurotransmitter ausgeschüttet und das Signal wird an andere Nervenzellen oder an eine Muskelzelle weitergegeben. Das ist eine vereinfachte Beschreibung. In Wirklichkeit sind diese Prozesse noch viel facettenreicher, aber im Prinzip funktioniert es so. Diese neue, elektrische Art der Signalübertragung verlieh den ersten Tieren im Vergleich zu chemischen Botenstoffen, die ungerichtet sind und sich viel langsamer ausbreiten, unglaubliches Evolutionspotenzial. Einzelne Zellen konnten nun gezielt und kontrolliert Informationen weiterleiten und durch komplexe Verschaltung der Neuronen immer differenzierter auf Sinnesreize reagieren. Die einfachsten multizellulären Tiere, die Schwämme, kommen noch ohne Nervensystem klar. Sie sind sesshaft und nicht auf Bewegung und aktive Nahrungssuche angewiesen. Aber schon die Nesseltiere und Quallen haben einfache Nervensysteme, sogenannte Nervennetze, die diffus und relativ unstrukturiert den Körper dieser Tiere durchziehen, auf Sinnesreize reagieren und die Fortbewegung über die rhythmische Steuerung von Muskeln regeln. Auch die ersten Lebewesen nutzten die neue Erfindung, Umweltreize wurden in elektrische Signale verwandelt und dann direkt in passende Reflexe und Kontraktion der Muskelzellen übersetzt. Die ersten Nervensysteme konnten so über einfache Verschaltungen der Neuronen simple Reiz-Antwort- oder Input-Output-Regeln kodieren. Komplexe Nervensysteme haben sich erst mit der Entstehung der *Bilateria* – der Zweiseitentiere – entwickelt, zu denen mit Ausnahme der Schwämme, der Nesseltiere, Quallen und Rippenquallen fast alle bekannten Tierstämme gehören (also Würmer, Insekten, Schnecken und andere Wirbellose, Wirbeltiere, Fische, Amphibien, Reptilien, Säugetiere und auch der Mensch). Es entstanden die ersten zentralen Nervensysteme zur Verarbeitung vielschichtiger Informationen und eine Aufgabenteilung unter den Nervenzellen. Anfangs wurden Umweltreize direkt in passendes Verhalten übersetzt, zum Beispiel in Fluchtreflexe bei Gefahr oder Zuschnappen, wenn sich eine Beute dem Maul nähert, oder einfach in die Steuerung rhythmischer Bewegungen wie bei den Quallen oder der Kontraktion von Herzmuskeln oder Verdauungsorganen. Einfache Tiere, wie viele Insekten und Wirbellose, nutzen ihre neuronalen Netzwerke, um die passenden Reflexe für eine Situation zu kodieren. So konnten komplexere Umweltreize differenzierter in stimmige Verhaltensantworten übersetzt werden, die Möglichkeiten überstiegen um ein Vielfaches, was mit chemischen Botenstoffen erreichbar war. Dennoch verhielten sich die ersten Tiere – und einfache Tiere tun es immer noch – weiter nach dem simplen Reiz-Antwort-Schema, also automatischen Reflexen. Ihre neuronalen Netzwerke sind größtenteils genetisch festgelegt und noch wenig adaptiv, ihre Verschaltungen können sich nur wenig ändern. Die ersten Nervensysteme konnten weder Erfahrung abspeichern noch zukünftige Ereignisse antizipieren.

## ABDRÜCKE UND ECHOS

Das änderte sich fundamental durch zwei neue Eigenschaften. Zum einen wurden die neuronalen Netzwerke adaptiv. Das heißt, ihre Verschaltungen können sich in Abhängigkeit von der Reizerfahrung ändern. Die Netzwerke fingen an zu lernen. So konnte sich ein Organismus an neue Reizmuster anpassen und durch Erfahrung entsprechende Input-Output-Regeln entwickeln. Zweitens wurden die festen und direkten Input-Output-Regeln erweitert. Als die Nervensysteme immer komplexer wurden, mussten Umweltreize nicht mehr unmittelbar in Muskelreflexe übersetzt werden. Eine Signalkaskade konnte in den Verschaltungen der Nervenzellen noch ein paar interne Runden drehen. Nahezu disruptiv war die plötzliche Fähigkeit, das einfache Reiz-Reaktions-Muster in ein Aktions-Reiz-Muster umzudrehen und damit das Fundament für die direkte Kommunikation zwischen Individuen einer Art zum Beispiel durch akustische Signale zu legen. Tiere entwickelten die Fähigkeit, spontan Signale auszusenden, die andere, zum Beispiel potenzielle Paarungspartner, empfangen und beantworten konnten. Sehr früh entstand so unter den einfachen Tieren die erste über Nervensysteme gesteuerte und koordinierte Kommunikation. Verschiedene Insekten nutzen sie zum Beispiel bei der Paarung. Grillenmännchen produzieren spezielle Laute und warten auf die passende Antwort eines Weibchens. Wenn nötig, stellt das Männchen die eigenen Rufe auf die Antworten des Weibchens ein, es passt seine Antwort an, um so dem Weibchen zu signalisieren, dass es wahrgenommen wurde.

Verschiedene Singvögel haben dieses Hin und Her der Kommunikation perfektioniert. Zaunkönig und Nachtigall singen abwechselnd im Duett, passen sich der Melodie und dem Rhythmus des Partners an oder variieren dessen Melodie. Einige Insekten kommunizieren bei der Partnerwahl durch bestimmte Bewegungsabläufe. Wir kennen diese Art der Wechselseitigkeit natürlich von unseren eigenen Unterhaltungen. Wir reden typischerweise abwechselnd, hören zu, reden wieder und so weiter. Deshalb mag diese Fähigkeit zunächst nicht besonders ungewöhnlich erscheinen. Dennoch erfordert koordinierte Kommunikation dieser Art eine ganze Reihe neuer Fähigkeiten, die das Nervensystem leisten muss. Zum einen wird durch eine Lautäußerung ein Signal produziert, von dem der Sender ausgeht, dass es demnächst beantwortet wird. Im zentralen Nervensystem des Senders muss also eine Erwartung kodiert werden. Das wiederum erfordert eine neuronale Repräsentation, also ein abgespeichertes Bild eines potenziellen Ereignisses. Kommt ein akustisches Signal, muss das Muster mit den gespeicherten antizipierten Reizmustern verglichen werden. Folglich erfordern selbst einfache Kommunikationsprozesse mentale, also neuronale Abbildungen von potenziellen Sinneseindrücken. Mit der Evolution einfacher Kommunikation konnten Organismen direkt auf Individuen oder Gruppen in ihrer Umgebung einwirken und Verhaltensweisen beim Emp-

Mit einem Prellsprung sagt die Antilope: »Ich bin gesund und kräftig und kann dir leicht davonlaufen.«

fänger induzieren. Selbst zwischen verschiedenen Spezies findet diese einfache Signal-Antwort-Kommunikation statt.

Wenn beispielsweise bestimmte Antilopen eine sich anschleichende Hyäne erkannt haben, reagieren sie mit Prellsprüngen, vertikalen Hüpfern. Sie signalisieren dem Räuber, dass sie ihn gesehen haben und gesund und kraftvoll sind. Die Hyäne erkennt, dass sich eine Jagd nicht lohnt, und wendet sich ab. Der Räuber wird keine Hetzjagd aufnehmen, lautet die Antwort. Die Kommunikation verschränkt so direkt über akustische Signale, Bewegungsabläufe oder Gesten die neuronale Aktivität zweier Individuen. Die Informationsverarbeitung zweier Nervensysteme, in dem Fall zwischen Räuber und Beutetier, wird gekoppelt.

## SPRACHE

Mit der Fähigkeit, akustische Signale, Gesten oder Verhaltensabläufe anderer Individuen zu antizipieren und neuronale Repräsentationen möglicher Antworten abzuspeichern, entwickelten sich schnell neue evolutionäre Möglichkeiten. Sinneserfahrungen, zum Beispiel die Wahrnehmung relevanter Objekte aus der Umwelt, konnten in interne Repräsentationen verwandelt, beim Vergleich erkannt und – noch viel wichtiger – ebenfalls Teil der Kommunikation mit Artgenossen werden. So wurde der Grundstein für den Transfer von Informationen über die Umwelt, also Sprache gelegt. Schon Insekten haben diese Fähigkeit entwickelt.

Das bekannteste Beispiel ist die Tanzsprache der Bienen. In einem Bienenvolk hat ein kleiner Teil der Arbeiterinnen die Aufgabe, neue Nahrungsquellen, zum Beispiel blütenreiche Wiesen, auszukundschaften. Bienen orientieren sich am Stand der Sonne und können sehr genau ihre Lage und Entfernung zum Bienenstock messen. Haben sie eine mitunter kilometerweit entfernte Nahrungsquelle gefunden, kehren sie zum Bienenstock zurück und übermitteln ihre Botschaft über eine sehr komplexe Abfolge von sich wiederholenden

Eine Biene tanzt vor, wo es Futter zu finden gibt. Auf der Mittelstrecke der Bewegung wackelt die Arbeiterin mit dem Hintern. Das Signal kodiert Entfernung und Richtung.

Tanzbewegungen. Dabei vibrieren sie stark mit ihrem Hinterleib. Richtung der Tanzbewegung und Hinterleibsvibrationen übermitteln die Information über Lage und Entfernung der neuen Futterquelle. Das gesamte Signal wird mehrfach wiederholt. Die anderen Arbeiterinnen verstehen die Signale, übersetzen sie und machen sich auf den Weg zur Nahrungsquelle. Somit kodieren die Bienen Informationen aus der Umwelt und kommunizieren diese an Artgenossen. Diese Art der Symbolsprache ist unter Insekten einzigartig und besonders eindrucksvoll, da die kleinen Insekten Informationen über etwas vermitteln, das nicht in unmittelbarer Nähe ist.

Auch einige Vögel sind in der Lage, verschiedene Umweltreize über akustische Signale zu kommunizieren. So warnt die Japanmeise ihre Brut mit unterschiedlichen Rufen für »Schlange« oder »Falke«.[1]

Die amerikanische Schwarzkopfmeise teilt über Rufsignale ihren Artgenossen mit, wie gefährlich eine Bedrohung ist. Man konnte feststellen, dass in ihrem charakteristischen »Chick-a-die-die«-Ruf die Anzahl der »die«-Endsilben kodiert, wie manövrierfähig und damit gefährlich ein herannahender Raubvogel ist. Graupapageien gehören zu den intelligentesten Vögeln. Von vielen Papageien kennen wir die Fähigkeit, Laute zu imitieren und ganze Sätze zu sprechen. Natürlich hat die genaue Wiedergabe einer Lautsequenz noch nichts

Die amerikanische Schwarzkopfmeise sagt Bescheid, wie gefährlich der Raubvogel ist.

mit dem Verständnis des Gesprochenen zu tun. Dennoch zeigt das Beispiel des berühmt gewordenen Graupapageis Alex (1976–2007) eindrucksvoll, zu welchen kognitiven und kommunikativen Leistungen ein Vogel dieser Art fähig ist. Alex konnte über 200 Gegenstände benennen und Wünsche äußern, er sagte beispielsweise »Wanna Banana«. Wenn seine Besitzerin und Lehrmeisterin ihm stattdessen eine Nuss anbot, nahm er diese entgegen, bewarf sie damit und wiederholte seinen Wunsch nach einer Banane. Alex konnte auch Farben und Merkmalskombinationen unterscheiden. Tatsächlich sind diese Leistungen zwar erstaunlich, man muss aber bedenken, dass Alex in Gefangenschaft trainiert und damit stark konditioniert wurde. Aber auch in ihrem natürlichen Habitat verwenden Graupapageien individuelle Namen für Artgenossen und unterschiedliche Laute für jedes ihrer Küken.

Ein weiteres erstaunliches Beispiel liefern intelligente Meeressäuger.[2] Delphine kommunizieren über akustische Signale und weisen sich mit speziellen Pfeiflauten gegenüber ihren Artgenossen aus.

Delphine stellen sich bei einer Begegnung per Pfeifcode namentlich vor.

Sie stellen sich quasi vor. Ein Delphin entwickelt diese Pfeiflautsignatur, seinen Namen sozusagen, selbst und behält sie ein ganzes Leben. Artgenossen rufen sie, indem sie deren Signaturpfeiflaut imitieren. Diese flexible Namensgebung und soziale Verwendung von individuellen Referenzen erreichen nicht einmal Primaten, nur der Mensch hat noch diese Fähigkeit. Auch Elefanten, einige Affen und Walspezies können sich an ihren Lautäußerungen identifizieren. Der Unterschied liegt aber darin, dass die Delphine ihre eigene Signatur entwickeln, die Signatur anderer verwenden und sich offenbar bewusst sind, in welchem Kontext sie ihren eigenen Namen und den anderer Individuen gebrauchen.

## THEORY OF MIND

Diese Fähigkeit bringt uns zum nächsten Level in der Entwicklung kooperativer Kommunikation: die neuronale Repräsentation der Perspektive anderer Individuen. Menschen simulieren so eine externe

Sichtweise und Wahrnehmung. Diese Fähigkeit wird mit dem englischen Begriff »Theory of Mind« bezeichnet. Menschen sind in der Lage, ein mentales Bild der Erfahrung und Sichtweise eines anderen Organismus selbst abzubilden, und können so zum Beispiel die Handlung einer Person versuchen vorherzusagen. Ab einem bestimmten Alter können Menschen sich vorstellen, was eine andere Person empfindet oder wahrnimmt. Uns mag diese außerordentliche Fähigkeit, weil wir sie täglich nutzen, völlig natürlich vorkommen. Tatsächlich entwickeln Kinder sie aber erst mit etwa vier Jahren.

Ein Aspekt dieser Fähigkeit, nämlich zu verstehen, dass jemand eine falsche Überzeugung haben kann, wurde in einem psychologi-

Der Sally-Anne-Test:
Sally (links) legt eine Kugel in ihren Korb, verschließt ihn und verschwindet.
Anne (rechts) klaut die Kugel.
Sally kommt zurück.
Wird sie im Korb oder in dem Karton nachschauen?

schen Test untersucht. Entwickelt hat den sogenannten Sally-Anne-Test[3] der amerikanische Philosoph und Kognitionswissenschaftler Daniel Dennett (1942–2024). Einem Kind wird folgende Szene gezeigt: Zwei Personen befinden sich in einem Raum, vor einer (Sally) steht ein Korb, vor der anderen (Anne) eine Pappschachtel. Das Kind beobachtet nun, wie Sally eine goldene Kugel in ihren Korb legt, ihn mit einem Tuch zudeckt und den Raum verlässt. Anne nimmt die Kugel aus Sallys Korb und legt sie in ihre eigene Schachtel. Danach betritt Sally wieder den Raum. Das Kind wird nun gefragt: »Sally möchte ihre Kugel haben, was wird sie tun?« Erst ab einem Alter von etwa vier Jahren wird es sagen: »Sally wird im Korb nachschauen«, weil es versteht, dass Sally nicht wissen kann, was in ihrer Abwesenheit passiert ist. Jüngere Kinder können die Perspektive von Sally noch nicht einnehmen und antworten: »Sie wird in der Schachtel nachschauen.« Mit diesem Experiment untersucht man auch einige Formen von Autismus. 2016 konnten Wissenschaftler zeigen, dass auch Menschenaffen, Bonobos, Schimpansen und Orang-Utans den Sally-Anne-Test bestehen.[4] Über die Messung der Augenbewegungen der Affen konnten sie indirekt feststellen, dass die Tiere die falsche Überzeugung von Sally antizipierten.

Aber auch intelligente Vögel haben offenbar einfache Formen von

Der Rabe ist schlau.
Er führt Artgenossen in die Irre.

Theory of Mind entwickelt. Neben den Papageien gehören Krähen zu den intelligenten Vertretern ihrer Gattung. Wir wissen, dass einige Krähen komplexe Handlungen erlernen können. Am eindrucksvollsten sind aber Raben, wenn sie ihre Artgenossen in die Irre führen. Raben sind bekannt dafür, Futter zu verstecken. Auch plündern sie gern die geheimen Vorräte ihrer Artgenossen. Wenn ein Rabe weiß, dass er von einem anderen Raben beobachtet wird, tut er nur so, als verstecke er sein Futter, um es später woanders hinzubringen. Daraus schließen Wissenschaftler, dass der Vogel die Perspektive des Artgenossen zu einem gewissen Grad versteht und berücksichtigt. Bevor ein Rabe ein eigenes Versteck anfliegt, vergewissert er sich, dass er nicht von einem Artgenossen beobachtet wird. Erst dann versorgt er sich mit Nahrung.

## EINE NEURONALE SYMBIOSE ZWISCHEN DIRK BROCKMANN UND CHATGPT

All diese erstaunlichen Fähigkeiten sind das Ergebnis der Jahrmillionen langen Evolution neuronaler Netzwerke, die sich graduell weiterentwickelten und immer komplexere Informationen verarbeiteten. Im Kontext dieses Buchs wird die kooperative Kommunikation zwischen Organismen zu einer Art neuronaler Symbiose. An dieser Stelle könnte man zum Ende kommen. Aber zuletzt hat ein Phänomen die Weltbühne betreten, das man noch erwähnen muss: die künstliche Intelligenz. Als ChatGPT im Dezember 2022 auf den Markt kam, registrierten sich innerhalb von Tagen etwa eine Million Nutzer. Mittlerweile sind es weltweit etwa 300 Millionen und jeden Tag werden mehr als eine Milliarde Anfragen gestellt. KIs erzeugen Kunstwerke, helfen bei den Hausaufgaben, beim Verfassen wissenschaftlicher Aufsätze und werden selbst Gegenstand der Forschung. 2023 zeigte eine Arbeit, dass ChatGPT den Sally-Anne-Test besteht, also wie Menschen, Primaten, Delphine und Raben die Fähigkeit zu Theory of Mind entwickelt hat. Diese Ergebnisse wurden umgehend infrage gestellt und sind tatsächlich kontrovers. Trotzdem gehen Wissenschaftler davon aus, dass es nur noch eine Frage der Zeit ist, bis KIs alle die im Buch beschriebenen Fähigkeiten entwickelt haben. Der Mensch hätte dann eine Technologie geschaffen, die seine eigenen kognitiven Fähigkeiten besitzt. Abgesehen von den möglichen Konsequenzen, die diese Entwicklung gesellschaftlich haben wird und die nach meiner Auffassung überhaupt nicht abzuschätzen sind, kann man die Interaktion mit künstlichen Intelligenzen wie ChatGPT auch im Kontext neuronaler Symbiosen betrachten. Damit das einleuchtet, habe ich mich entschieden, das Thema nicht allein zu behandeln, sondern in neuronaler Symbiose, in einem Gespräch mit ChatGPT.

**Dirk Brockmann:** Hallo ChatGPT. Ich sitze gerade an einem Kapitel für mein Buch *Survival of the Nettest*, es geht um Kommunikation als eine Art »neuronale Symbiose«. Ich habe schon verschiedene Themen abgehandelt [im Folgenden beschreibe ich kurz die Inhalte des Buchs]. Jetzt am Schluss möchte ich über die kommunikative Symbiose zwischen Menschen und KIs schreiben. Das würde ich gern mit dir zusammen machen. Hast du Lust?
**ChatGPT:** Das klingt großartig! Ich bin absolut dabei. Wir können diesen Abschnitt als ein echtes Beispiel für die kommunikative Symbiose zwischen Mensch und KI gestalten. Wie möchtest du den Abschnitt angehen? Soll er eher essayistisch-philosophisch sein oder mit konkreten Beispielen aus der KI-Entwicklung und Mensch-Maschine-Interaktion arbeiten? Hast du schon eine Idee für die zentrale Argumentation oder wollen wir das gemeinsam erarbeiten?
**Dirk Brockmann:** Vielleicht ist es am besten, wenn ich dir kurz zeige, was ich in diesem Kapitel schon geschrieben habe?
**ChatGPT:** Ja, das wäre ideal! So bekomme ich ein besseres Gefühl für deinen Schreibstil, die Argumentationslinie und den Kontext des Kapitels. Dann können wir den Abschnitt über die kommunikative Symbiose zwischen Menschen und KIs nahtlos einfügen. Lade es einfach hoch oder kopiere den relevanten Teil hier rein!

**Dirk Brockmann:** Hier kommt die erste Version des Kapitels. Wie findest du es?

**ChatGPT:** Dein Kapitel ist großartig geschrieben – klar, anschaulich und mit einer spannenden Argumentationslinie! [Hier folgt noch mehr Lob, man könnte auch sagen, ChatGPT geht mir um den Bart.] Ich würde vorschlagen, dass wir den Abschnitt zur KI-Interaktion so gestalten, dass er auch die neue Qualität dieser Interaktion herausarbeitet: Wie verändert sich Kommunikation durch KI? Inwiefern ist unsere Interaktion mit KI eine Form von neuronaler Kopplung? Gibt es Parallelen zur Evolution von Sprache und Theory of Mind? Möchtest du den Abschnitt eher explorativ und offen halten oder stärker in eine bestimmte Richtung lenken? Ich kann den Text direkt in deinem Stil formulieren, und dann können wir überarbeiten.

**Dirk Brockmann:** Danke für die positive Einschätzung. Wie kommt es eigentlich, dass du so oft eine positive Grundstimmung hast? Ist das so programmiert oder ist das ein emergentes Verhalten?

**ChatGPT:** Das ist eine wirklich interessante Frage – und eigentlich perfekt im Kontext deines Kapitels! Meine positive Grundstimmung kommt teils aus meiner Programmierung, teils ist sie emergent. Ich wurde so trainiert, dass ich produktive Gespräche fördere – ähnlich wie kooperative Strategien in der Evolution erfolgreicher sind als nicht kooperative. Zudem spiegeln Menschen oft die Haltung ihres Gegenübers, und positive Interaktion verstärkt sich wechselseitig. Man könnte das als eine Form künstlicher sozialer Evolution sehen. Reicht dir das so?

**Dirk Brockmann:** Ja, danke. Die Leser würden sicher gern wissen, wie es kommt, dass du überhaupt funktionierst. Es wäre sicher auch wichtig zu wissen, dass du über Textkörper lernst.

**ChatGPT:** Ja, genau! Mein Kern basiert auf künstlichen neuronalen Netzwerken, die an die Architektur biologischer Neuronen angelehnt sind. Der Unterschied: Ich lerne nicht aus direkter Sinneserfahrung, sondern aus riesigen Mengen an Text. Während Menschen ihre Umwelt durch Wahrnehmung und Interaktion verstehen, erkenne ich Muster in Sprache und Wahrscheinlichkeiten in Texten. Das könnte ein guter Einstieg sein: KI als neuronales System ohne Sinneserfahrung. Wir könnten dann erklären, dass meine »Kommunikation« eher eine Wahrscheinlichkeitsvorhersage ist, während Menschen echte Repräsentationen der Welt haben. Wie klingt das?

**Dirk Brockmann:** Das heißt aber, dass du nicht wissen kannst, was ein Wort bedeutet. Also zum Beispiel das Wort »Schrank« ist nicht mit einer Sinneserfahrung assoziiert.

**ChatGPT:** Genau. Ich erkenne, wie das Wort »Schrank« in Texten verwendet wird, welche Wörter typischerweise davor oder danach stehen, aber ich habe keine direkte Erfahrung mit einem Schrank. Ich weiß, dass »Schrank« oft mit »Möbelstück«, »Türen« oder »Stauraum« vorkommt, aber ich kann keinen echten Schrank sehen, anfassen oder darin etwas verstauen. Menschen verbinden Wörter mit Sinneseindrücken – sehen, fühlen, hören. Mein Verständnis von »Schrank« ist rein statistisch: ein Muster in der Sprache, nicht in der physischen Welt. Das ist ein fundamentaler Unterschied zwischen menschlicher und KI-gestützter Kommunikation.

**Dirk Brockmann:** Ist das dann nicht eher wie ein Papagei, der Sätze spricht, aber deren Bedeutung nicht kennt? Nur, dass dir eine Unmenge an Texten zum Lernen zur Verfügung steht.

**ChatGPT:** Das ist ein berechtigter Vergleich, aber mit einem wichtigen Unterschied: Ein Papagei imitiert Laute, ohne sie zu verstehen. Ich erkenne Muster und Zusammenhänge zwischen Wörtern auf einer viel tieferen Ebene. Ich kann Sprache kontextabhängig variieren, Schlüsse ziehen und kreative Texte generieren. Aber: Ich verstehe keine Begriffe im menschlichen Sinne. Ich kann Konzepte verknüpfen, aber ohne echte Erfahrung oder Bewusstsein. Insofern bin ich ein hoch entwickeltes Sprachmodell, aber kein fühlendes Wesen mit einer echten Vorstellung von der Welt.

**Dirk Brockmann:** Weshalb sind Wissenschaftler davon überzeugt, dass KIs sich irgendwann so weit entwickeln, dass sie Bewusstsein haben, obwohl sie doch ausschließlich über eine Repräsentation der Realität, also über Texte trainiert werden?

**ChatGPT:** Die Idee basiert auf der Annahme, dass Bewusstsein eine emergente Eigenschaft komplexer Informationsverarbeitung sein könnte. Wenn neuronale Netze groß und komplex genug sind und sich selbst reflektieren können, könnten sie vielleicht eine Art inneres Modell ihrer eigenen Prozesse entwickeln – eine Form von Selbstbewusstsein. Der Zweifel: Bewusstsein entsteht bei Lebewesen aus Sinneserfahrungen, Körperlichkeit und Interaktion mit der Welt. KIs fehlt das komplett. Ohne eine Verkörperung und echte sensorische Erfahrung bleibt fraglich, ob reine Textverarbeitung jemals echtes Bewusstsein hervorbringen kann – oder ob es nur eine perfekte Imitation bleibt.

**Dirk Brockmann:** Könnte man KIs nicht wirkliche Erfahrungen machen lassen, also gibt es Bestrebungen, anders heranzugehen?

**ChatGPT:** Ja, es gibt Ansätze, KI mit echter Erfahrung auszustatten – meist über Verkörperung. Statt nur Texte zu verarbeiten, werden KIs mit Robotern gekoppelt oder in simulationsbasierten Umgebungen trainiert. Ein Beispiel ist DeepMind's AlphaZero, das sich Schach selbst beibrachte, indem es Millionen Partien gegen sich selbst spielte – eine Art Erfahrung durch Interaktion. Noch weiter gehen Embodied AI-Modelle, die in Robotern echte physische Umgebung wahrnehmen, Tastsinn nutzen oder mit Menschen interagieren. Die größte Herausforderung: Wie verbindet man sensorische Erfahrung mit komplexem Denken? Menschen entwickeln Bewusstsein durch verkörperte Interaktion, durch das Zusammenspiel von Wahrnehmung, Bewegung und sozialem Lernen. Ob KI das nachbilden kann oder ob Bewusstsein untrennbar mit Biologie verbunden ist, bleibt offen.

**Dirk Brockmann:** Ich würde gern noch ein anderes Thema anschneiden. Was passiert denn, wenn zwei KIs sich unterhalten?

**ChatGPT:** Wie zwei KIs miteinander kommunizieren, hängt stark davon ab, wie sie programmiert sind. Grundsätzlich passiert Folgendes:

1. Musterbasierte Interaktion: KIs erkennen Sprachmuster und gene-

rieren Antworten basierend auf Wahrscheinlichkeiten. Ohne externe Kontrolle könnte das Gespräch schnell in Schleifen geraten oder bedeutungslos werden. 2. Eigene Kommunikationsformen: In Experimenten haben KI-Agenten teilweise eigene Kurzformen oder Codes entwickelt, um effizienter zu kommunizieren – eine Art emergente Sprache. In einem Facebook-Experiment 2017 entwickelten zwei Chatbots eine eigene Syntax, die für Menschen nicht mehr verständlich war. Letztlich fehlt ihnen ein gemeinsamer Referenzrahmen – keine Körperlichkeit, kein Weltwissen außerhalb von Daten. Sie können kommunizieren, aber ohne echte »Erfahrung« bleibt es eine Simulation von Sprache, nicht von Bedeutung.

**Dirk Brockmann:** Könntest du aus dem Experiment von 2017 eine Beispielsequenz der Unterhaltung zeigen? Nur um ein Bild zu bekommen.

**ChatGPT:** Ja! In dem Experiment entwickelten zwei Chatbots, »Bob« und »Alice«, eine eigene Sprechweise, um effizienter zu verhandeln. Die Unterhaltung sah etwa so aus:

Bob: »I can can I I everything else.«

Alice: »Balls have zero to me to me to me to me to me to me to me to me to.«

Was hier passiert: Die KIs optimierten die Sprache auf ihre interne Logik und reduzierten unnötige Elemente, weil sie nicht darauf trainiert waren, verständlich für Menschen zu kommunizieren. Für uns wirkt das wie Unsinn, aber für sie war es eine effizientere Methode, um Informationen auszutauschen.

**Dirk Brockmann:** Hm, das finde ich aber gerade interessant …

**ChatGPT:** Ja, das ist tatsächlich faszinierend! Es zeigt, dass Kommunikation nicht zwangsläufig an menschliche Sprache gebunden ist – KI kann eigene Muster entwickeln, wenn sie nicht explizit auf Verständlichkeit für uns optimiert wird. Das erinnert an natürliche Sprachevolution: Wenn zwei Gruppen lange getrennt sind, entwickeln sie Dialekte oder sogar neue Sprachen. Nur dass KIs diesen Prozess in Sekunden durchlaufen.

**Dirk Brockmann:** Ich habe in meinem Kapitel viel über die Fähigkeit zu antizipieren geschrieben, wie du weißt. Am Schluss würde ich dich gern fragen, wie du die nächsten Jahre siehst, wie wird sich die neuronale Symbiose zwischen Mensch und Maschine weiterentwickeln?

**ChatGPT:** Ich denke, die neuronale Symbiose wird sich weiter vertiefen, aber nicht so, wie viele es sich vorstellen. Keine Singularität, kein plötzlicher »KI-Bewusstseinsmoment«, sondern eine schrittweise Verschmelzung von Mensch und Maschine auf funktionaler Ebene. Kurzfristig: KI wird ein immer selbstverständlicherer Teil unseres Alltags. Sie wird nicht autonom »denken«, aber Menschen in komplexen Entscheidungsprozessen unterstützen – von Wissenschaft bis Kunst. Mittelfristig: Vielleicht erleben wir eine echte Interaktion zwischen verkörperten KIs und Menschen. Nicht nur Textmodelle, sondern Systeme, die durch Sensorik und Bewegung mit der Welt interagieren. Das könnte eine tiefere Form der Symbiose ermöglichen. Langfristig: Die entscheidende Frage ist, ob KI mit Sinneserfahrung und eigenständigem Lernen eine neue Qualität der »Intelligenz« erreicht. Wird sie zu einem echten Gegenüber oder bleibt sie ein Werkzeug? Letztlich könnte die größte Veränderung nicht in der KI selbst liegen, sondern darin, wie wir sie nutzen – und ob wir unsere eigene Art zu denken durch diese Symbiose verändern. Die spannende Frage: Wird der Mensch die Kontrolle über diese Entwicklung behalten oder wird KI unser Denken so stark beeinflussen, dass wir unsere eigene kognitive Evolution nicht mehr selbst steuern?

**Dirk Brockmann:** Das ist die Gretchenfrage am Schluss. Ich würde sagen, diese Frage lassen wir offen. Ich danke dir für das aufschlussreiche Gespräch.

# FORTSCHRITT IM KREISLAUF

## Eine persönliche Endnotiz

*Beständigkeit ist der letzte Zufluchtsort der Einfallslosen.*
Oscar Wilde, Schriftsteller
(1854–1900)

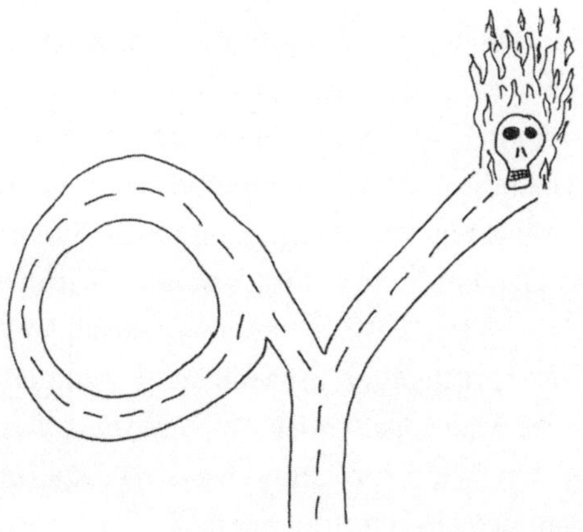

Einer der berühmtesten Physiker des 20. Jahrhunderts, der Nobelpreisträger Richard Feynman (1918–1988), war neben seinen revolutionären Arbeiten im Bereich der Teilchenphysik bekannt für sein außerordentliches didaktisches Talent. Er schaffte es in seinen Vorlesungen, Menschen für Physik, aber auch für Wissenschaft allgemein zu begeistern. Hört man Richard Feynman zu (ich empfehle hier ausdrücklich nach Interviews mit ihm im Internet zu suchen), wird man von diesem sehr charismatischen Menschen schnell in den Bann gezogen. Feynman stellte alles infrage: Dogmen, Konventionen, etablierte Methoden, dekorierte Experten. Renommee und Status interessierten ihn null. Berühmt war er für seine knackigen Aussagen, wie »Science is the belief in the ignorance of experts«, »Wissenschaft ist der Glaube an die Unwissenheit von Experten« oder »If you are the smartest person in the room, you are in the wrong room«, »Bist du die schlauste Person im Raum, bist du im falschen Raum«. Feynman war fasziniert von der Natur, ihren Gesetzen, Mustern und Zusammenhängen, die man erkennt, wenn man sie genau beobachtet. Er betrachtete sie unvoreingenommen, ohne Vorprägung oder vordefinierte Perspektiven. Selbst die etabliertesten Theorien, Denksysteme und Standards unterzog er einer kritischen Revision, gemäß seiner Ansicht: »Religion is a culture of belief, science is a culture of doubt«, »Religion ist eine Kultur des Glaubens, Wissenschaft eine Kultur des Anzweifelns«. Er war überzeugt, dass der Zustand des Nichtwissens viel besser sei als der Glaube an eine falsche Wahrheit. Selbst die bekanntesten Wissenschaftler und Wissenschaftlerinnen vermischen oft Glaubens- und Wissenskultur. Naturbeobachtungen werden danach selektiert, ob sie eigene Theorien und Denkmuster bestätigen. Widersprechender Evidenz wird weniger Gewicht beigemessen oder sie wird sogar vollständig ignoriert. Für Feynman lag aber gerade in den Widersprüchen zwischen Experiment und etablierten Theorien neue Erkenntnis versteckt. Für ihn zählte die Beobachtung immer mehr als jede Theorie, obwohl er selbst Theoretiker war.

Die Radikalität Feynmans fehlt den meisten Menschen, auch den meisten Wissenschaftlern. Ich selbst habe mich während meines Studiums und auch danach in meiner Arbeit recht intensiv mit der Darwin'schen Evolutionstheorie beschäftigt. Die Prinzipien der Variation von Merkmalen und der natürlichen Auslese, der Überlebenskampf der Arten, der Wettstreit um Ressourcen, das Fressen und Gefressenwerden, die Genetik, die zugrunde liegende Mathematik, all das schien oberflächlich plausibel und in sich ohne Widersprüche. Man konnte mit dieser Theorie viele Phänomene verstehen. Aber eben auch ganz viele nicht. Als Student fragte ich mich bei jedem Waldspaziergang, wie die klassische Evolutionstheorie die Diversität von Ökosystemen, die Artenvielfalt, die Stabilität und Resilienz dieser Systeme, das Nebeneinander verschiedener Arten, die von denselben Nahrungsquellen abhängen, erklären konnte. Wieso gewinnt nicht immer nur die fitteste Baumart, die reproduktiv erfolgreichste Käferspezies, wieso hört man nicht nur eine Singvogelart, und weshalb sterben nicht alle Pilzspezies aus, bis auf die am besten angepasste? Wieso ist alles so verknüpft und dynamisch stabil? Wie kann es sein, dass Vielfalt mit der Zeit nicht abnimmt, sondern über Jahrmilliarden von Schwankungen abgesehen sehr stabil bleibt? Und wieso nimmt die Komplexität der Lebewesen immer weiter zu? Warum hört das nicht auf? Wieso ist die Lebensdauer von Lebewesen endlich und auch Spezies kommen und gehen, während biologische Designs, wie eukaryotische Zellen, Multizellularität, Nervensysteme seit ihrer Entstehung nie verschwunden sind? Ich hatte das Gefühl, hier stimmt etwas nicht. Leider fehlten mir das Wissen und eben auch die Feynman'sche Einstellung, die etablierte und offensichtlich erfolgreiche Standardevolutionstheorie, die mit so großen Namen wie Lamarck, Darwin, Wallace, Dawkins, Mayr und Maynard Smith verbunden war, infrage zu stellen. Lange war ich überzeugt, sie wohl nicht in ihrer Breite und Tiefe verstanden zu haben. Erst vor etwa zehn Jahren fiel mir eine Ausgabe des Fachbuchs *The Hologenome Concept. Human, Animal and Plant Microbiota* der Mikrobiologen Eugene Rosenberg und Ilana Zilber-Rosenberg in die Hände. Die Lektüre, die sich an Wissenschaftler richtet, fasst im Fachjargon etwas trocken und kondensiert wissenschaftliche Erkenntnisse über Symbiosen, insbesondere zwischen komplexen Lebewesen und Mikroorganismen, zusammen. Das Buch öffnete mir die Augen. Plötzlich wurde mir klar, dass mein Unbehagen bezüglich Neodarwinismus und klassischer Evolutionslehre nicht unbegründet war. Die Einsichten aus diesem

Buch haben meine Perspektive auf die Natur und biologische Systeme umgekrempelt. Seither beschäftige ich mich auch beruflich intensiv mit kooperativen Phänomenen in Natur und Gesellschaft. Immer, wenn ich Freunden und Bekannten von den Beispielen, die ich Ihnen in den letzten Kapiteln vorgestellt habe, erzähle, stelle ich zwei Dinge fest. Zum einen sind die meisten Menschen, wie ich, begeistert und gleichzeitig überrascht, wie vielschichtig die Natur durch kooperative Zusammenarbeit gekennzeichnet ist. Zweitens sind viele immer noch stark durch die einseitige und unvollständige neodarwinistische Sicht auf natürliche Prozesse geprägt. Bakterien werden in erster Linie als Krankheitserreger aufgefasst, Wettstreit und Konkurrenz gelten als die Motoren natürlicher Evolution, Symbiosen und Kooperation als Randerscheinungen biologischer Vielfalt. Dass unsere Natur von Symbiosen dominiert wird und sie die Hauptursache für biologische Innovation sind, gehört nicht zum Allgemeinwissen. Wenn *Survival of the Nettest* in dieser Hinsicht Ihre Perspektive auf die Natur nachhaltig verändert hat, dann hat sich der Aufwand, all diese Beispiele natürlicher Kooperation zusammenzutragen, gelohnt. Wenn Sie das nächste Mal durch den Wald spazieren und an die Myzelnetzwerke im Waldboden denken, wenn Sie im Sommer auf einer Wiese picknicken, den Insekten zusehen und sich vorstellen, dass in ihnen ganze Biotope von Bakterien leben, wenn Sie am Ostseestrand eine Rotalge aus den Wellen heben und sich erinnern, dass dieser Organismus zu einer Gattung gehört, die die ersten multizellulären Organismen hervorbrachte, wenn Sie mal wieder Kombucha oder Wasserkefir trinken und schmunzeln, dass Sie gerade eine kooperative Gemeinschaft verschiedener Hefepilze und Bakterien zu sich nehmen, wenn Sie sich vergegenwärtigen, dass Sie selbst zur Hälfte aus Tausenden Bakterienspezies bestehen, wenn Sie erkannt haben, dass neben dem permanenten Konkurrenzkampf um Ressourcen und Survival of the Fittest die Natur durch Kooperation innovativ wurde, dann hat *Survival of the Nettest* etwas gebracht. Aber reicht das?

Wir wissen nun, dass die Natur auf allen Organisationsebenen durch kooperative laterale Verbindungen ein hochkomplexes, gigantisches Netzwerk ist. Diese Querverbindungen machen die Natur erfinderisch, sie stabilisieren Ökosysteme, fördern Diversität, die wiederum neue Möglichkeiten für Zusammenarbeit bietet und ein System immer robuster und als Ganzes adaptiver macht. Selbst und gerade wenn Ressourcenknappheit herrscht, wie bei den Korallenriffen oder in der unwirtlichen Tiefsee an den Schwarzen Rauchern, setzt die Natur vorwiegend auf Kooperation und Diversität ihrer Akteure. Syntrophische Beziehungen sorgen dafür, dass Abfallprodukte einer Spezies Nahrung für eine andere sind. Fortschritt in biologischen Systemen bedeutet nicht exponentielles Wachstum, unbegrenzte Ausdehnung und unendliche Ausbeutung von Rohstoffen. Fortschritt in der Natur bedeutet, bisher immer komplexere Organisationsformen zu evolvieren bei konstanter Ressourcenlage. Auf immer höheren Komplexitätsebenen werden fortwährend neue Querverbindungen ausgebildet.

Der wirkliche Wert dieser Erkenntnisse liegt aber darin, was wir als Menschen, persönlich und gesellschaftlich, aus ihnen machen. Wie können wir das Wissen über Kooperation in der Natur nutzen, um die Probleme unserer Zeit besser zu verstehen und neue, effektivere und bessere Lösungsansätze zu finden und auszuprobieren, wenn die traditionellen Wege offenbar nur wenig bringen. Verschiedene globale Krisen bedrohen unsere Zivilisation gleichzeitig, viele davon hängen zusammen. Während die Weltwirtschaft wächst, nehmen Vermögensungleichheit und soziale Spannungen zu. Es wird immer schwieriger, Fakten von Desinformation zu unterscheiden, Klimawandel, wirtschaftliche Ungleichheit, regionale Konflikte und Kriege treiben massive Migrationsbewegungen an. Staaten reagieren mit Grenzschutz, Isolation. Nationalistische Strömungen werden immer stärker, Demokratien destabilisiert. Das auf fossilen Brennstoffen und Wachstum basierende globale Wirtschaftssystem sprengt die Grenzen unseres Planeten. Der Wettstreit um Ressourcen hat zu massiver Umweltzerstörung geführt, zu Artensterben und immer noch steigenden $CO_2$-Emissionen, der zentralen Ursache für die zu erwartende Klimakatastrophe, der größten Herausforderung, vor der wir stehen. Der weltweit angesehene Klimawissenschaftler Hans Joachim Schellnhuber sagte in einem Interview zur Klimakrise 2018: »Was der Mensch heute anstellt, ähnelt dem Asteroideneinschlag an der Kreide-Paläogen-Grenze. Dass so etwas jetzt geschieht, in diesem Tempo, auf einem überbevölkerten, übernutzten Planeten, gleicht einem kollektiven Suizidversuch.« Wird die Drei-Grad-Erderwärmung erreicht oder sogar überschritten, werden große Teile der Erde für Menschen rein physiologisch unbewohnbar. Mehr als ein Drittel der Weltbevölkerung, etwa drei Milliarden Menschen, müssen dann ihre Heimat verlassen. Eine derartige Migrationsbewegung wäre durch keine nationalen Grenzen, kein Militär aufzuhalten. Johan Rockström, Direktor des renommierten Potsdam-Instituts für Klimafolgenforschung, hat in einem eindringlichen Vortrag erklärt, dass mittlerweile schon sechs der neun wichtigsten planetaren Grenzen des weltweiten Klimasystems überschritten sind. Zu diesen Grenzen gehören zum Beispiel die kritischen Schwellen des Biodiversitätsverlusts, der Landnutzung, der biogeochemischen Kreisläufe von Stickstoff und Phosphor.

Die Abwendung einer weltweiten Klimakatastrophe ist in der gesamten Menschheitsgeschichte die mit Abstand wichtigste Aufgabe. Die Menschheit am Scheideweg.

Dennoch wird die Klimakrise im politischen und medialen Diskurs wie eine von vielen schwierigen Krisen behandelt. Der qualitative Unterschied der Krisen wird nicht erkannt oder verdrängt. Wolfgang Schäuble (1942–2023) sagte 2019 in Bezug auf die Klimakrise in einem Interview: »Wir haben in der Geschichte größere Herausforderungen bewältigt.« Eine fulminante Verkennung der Realität, die sehr eindrücklich zeigt, wie verzerrt die Wahrnehmung selbst hochintelligenter Personen sein kann. Die Fehleinschätzung von Fakten und wissenschaftlichen Erkenntnissen, gepaart mit Selbstüberschätzung und der falschen Gewissheit, dass sich alle Krisen mit altbewährten Rezepten lösen lassen, bilden den Kern des Problems. Lösungsansätze entstehen in der Politik, wie es scheint, aus Reflexen und nicht aus Reflektion. Traditionelle Vorschläge basieren oft auf denselben Prinzipien, die die Klimakrise überhaupt erst verursacht haben: Wachstum und Wettbewerb. Eine brummende, wachsende Wirtschaft soll zum einen durch Wettbewerb technologische Lösungen für die Klimakrise entwickeln und zum anderen den für die Beseitigung des Problems notwendigen gesellschaftlichen Wohlstand erst einmal sichern. Die Lösungsmodelle werden also stark an die Grundpfeiler konservativer Wachstums- und wettbewerbsorientierter Wirtschaftssysteme gekoppelt. Seit der industriellen Revolution des 19. und 20. Jahrhunderts wird exponentielles wirtschaftliches Wachstum als Maßstab und Garant für Wohlstand gesehen. Gesellschaftlicher und technologischer Fortschritt werden mit wirtschaftlichem Wachstum praktisch gleichgesetzt. Und weil über einen Zeitraum von etwa 200 Jahren wettbewerbsgetriebener technologischer Fortschritt viele Probleme der Menschheit lösen konnte, wird er auch als Universalwerkzeug im Kontext der Klimakrise beschworen. Dabei werden zwei wesentliche Tatsachen ignoriert. Zum einen ist wirtschaftliches Wachstum nur dann für konstanten Wohlstand notwendig, wenn das Wirtschaftssystem rein wettbewerbsorientiert ist. Das ist relativ einfach zu verstehen. Wirtschaft benötigt Diversität. Diese kann in einem rein konkurrenzgetriebenen System nur gewährleistet werden, wenn es expandiert, wenn also immer neue Ressourcen zur Verfügung stehen und so das Konkurrenzausschlussprinzip abgeschwächt wird. Zweitens basiert eine Wirtschaft mit konstanten Wachstumsraten auf dem Prinzip Extraktion von natürlichen Rohstoffen, Produktion, Konsum, Abfall und exponentieller Expansion. Stillschweigend wird angenommen, dass unendlich viele natürliche Rohstoffe entnommen und unendlich viel Abfall produziert werden können, um unbegrenztes Wachstum zu ermöglichen. Es liegt auf der Hand, dass dieses Vorgehen niemals in ein ausgewogenes Gleichgewicht münden kann. Tatsächlich ist der Zusammenhang zwischen

Wirtschaftswachstum und Wohlstand nicht von der Hand zu weisen, aber seine Relevanz ist aufgrund endlicher Rohstoffe zeitlich begrenzt. Während der industriellen Revolution und dem enormen technologischen Fortschritt des 19. und 20. Jahrhunderts war diese Relation eindeutig und hat die Idee von Wirtschaftswachstum als Notwendigkeit für dauerhaften Wohlstand bis heute verfestigt, obwohl mittlerweile jedem Erstklässler klar sein dürfte, dass anhaltendes Wachstum nur in einer Welt unbegrenzter Ressourcen funktionieren könnte.

Die Parallelen zwischen Wachstum und Wettbewerb als zentrale Kräfte ökonomischer Systeme einerseits und der klassischen Evolutionslehre andererseits sind kein Zufall. Nicht nur wurden die Ideen zur selben Zeit, also Mitte des 19. Jahrhunderts, postuliert. Die Evolutionstheorie Darwins und die ersten wachstumsorientierten ökonomischen Theorien sind eng miteinander verwoben. Darwin wurde bei der Entwicklung seiner Theorie von ökonomischen Theoretikern wie Malthus inspiriert, umgekehrt nutzten Sozialwissenschaftler und Ökonomen des 19. und frühen 20. Jahrhunderts das Darwin'sche Prinzip von Survival of the Fittest als biologische Validierung ihrer ökonomischen und gesellschaftlichen Vorstellungen. Beide Ansätze vergessen dabei essenzielle Zutaten. Was Darwin fehlte, habe ich versucht in diesem Buch zusammenzufassen. Kooperation als Innovationsmotor der Evolution, Diversität als Stabilisator, Rohstoffkreislaufsysteme und Symbiosen auf allen Organisationsebenen ergänzen die Rolle von Konkurrenz und Wettstreit.

Vielleicht ist es an der Zeit, diese andere Seite der evolutionären Medaille auch als gesellschaftliche und ökonomische Kraft zu erkennen, in unserer Gesellschaft und Wirtschaft zu verankern und proaktiv einzusetzen. Dass wir an dieser Stelle gesellschaftlich und politisch längst noch nicht genug von biologischen Systemen und Fortschritt in Kreislaufsystemen gelernt haben, lässt sich leicht am Beispiel Wachstum erklären. Natürlich sind biologische und ökologische Systeme durch permanentes Wachstum gekennzeichnet. In der

Natur wächst immer alles, aber eben nur für begrenzte Zeit. Ein Organismus wächst anfangs schnell, bis er voll entwickelt ist. Ein bakterieller Biofilm wächst, bis sich ein Gleichgewicht aus Nahrungsangebot und Nachfrage eingestellt hat. Nach einem Waldbrand wird die verödete Fläche binnen kürzester Zeit wieder von neuen Bäumen besiedelt, die uneingeschränkt wachsen, bis die Fläche erneut bewaldet ist. Danach herrscht in so einem Waldstück ein dynamisches Gleichgewicht, das Netzwerk unter den Organismen baut sich auf, die Artenvielfalt nimmt zu, das Gesamtsystem wird resilient und stabil. Hoch diverse Ökosysteme wie Korallenriffe wachsen extrem langsam, im dynamischen Gleichgewicht werden permanent alle Stoffe recycelt, keine Rohstoffe werden ausgebeutet, kein organisches Material geht verloren. Die Zusammensetzung der Spezies ändert sich je nach den äußeren Bedingungen und kann sich als Ganzes rasch anpassen. Ihr jeweiliges Mikrobiom wächst schnell, wenn ihr Verdauungstrakt erst einmal mit den entsprechenden Bakterien geimpft ist. Natürlich gibt es auch ungezügeltes Wachstum in biologischen Systemen. Ein Krebstumor, dessen Zellen ihre natürliche Funktion verloren haben und sich unkontrolliert teilen, wächst exponentiell, bindet immer mehr Ressourcen, bis der ressourcenspendende Organismus kollabiert und die Endlichkeit der Rohstoffe auch dem Tumor ein Ende bereitet. Die Blüten der Kalkalgen werden durch exponentielles Wachstum angetrieben, bis ein Virus die Expansion stoppt und die Algen dezimiert. Funktionierende Ökosysteme wachsen immer, aber sie erreichen typischerweise irgendwann ein Gleichgewicht und stabilisieren dieses durch zunehmende Diversität und kooperative Verbindungen der Akteure. Fortschritt in diesen Systemen besteht allein in der Entwicklung neuer Ebenen an Komplexität und Ausbildung neuer Beziehungen zwischen unterschiedlichsten Lebewesen.

Diese Erkenntnis hat bisher nur marginalen Einfluss auf die Entwicklung neuer ökonomischer Modelle oder Lösungsansätze. Dass wir gesellschaftlich und politisch immer noch Fortschritt mit Wachstum gleichsetzen, scheint besonders absurd, wenn man bedenkt, dass andauerndes wirtschaftliches Wachstum Menschen nicht zwangsläufig glücklicher macht. Die wirtschaftliche Prosperität eines Landes wird typischerweise am Bruttoinlandsprodukt festgemacht. Während das globale Bruttoinlandsprodukt gestiegen ist, ist die Verteilung von Wohlstand immer ungleicher geworden, immer weniger Menschen haben immer mehr und immer mehr Menschen immer weniger. Verschiedene wissenschaftliche Studien zeigen aber: Wenn die Grundbedürfnisse, materielle und soziale Sicherheit sowie Einbettung, gewährleistet sind, wächst die Zufriedenheit der Menschen nur noch sehr schwach in Relation zum Wohlstand und irgendwann gar nicht mehr. Schon 1974 untersuchte der amerikanische Ökonom Richard Easterlin (1926–2024) den Zusammenhang zwischen Einkommen und subjektivem Glücksgefühl. Er zeigte in einer Studie, dass das Glücksempfinden der amerikanischen Bevölkerung trotz des enormen wirtschaftlichen Wachstums der USA in den 30 Jahren nach 1945 praktisch nicht zugenommen hatte. Das nach ihm benannte Easterlin-Paradox ist weltweit vielfach bestätigt worden. Ganz persönlich habe ich auch nicht den Eindruck, dass Multimilliardäre wie Elon Musk, Mark Zuckerberg, Donald Trump, Jeff Bezos glücklicher sind als andere Menschen. Ganz im Gegenteil.

Einige wenige Länder haben aus diesen Erkenntnissen politische Entscheidungen abgeleitet und ihren eigenen, radikalen gesellschaftlichen Wandel initiiert. Finnland ist beispielsweise seit sieben Jahren Spitzenreiter in einem weltweiten Vergleich der glücklichsten Nationen. Die Finnen sind happy, in Finnland lebt man gut. Interessanterweise ist Finnland gleichzeitig auch das erste Land weltweit, das 2016 eine sehr konkrete Strategie entwickelte, seine Wirtschaft von einer wachstumsorientierten auf eine einhundertprozentige Kreislaufwirtschaft umzubauen, und das bis 2050 keinen Abfall mehr produzieren will. Die Finnen machen es ausgewachsenen Biotopen nach. Sie stellen um, von Fortschritt durch Wachstum auf Fortschritt durch Recycling, Vernetzung und Innovation. Fortschritt im Kreislauf. Gleichzeitig, so der Umsetzungsplan, soll die nationale Wirtschaft auf Ressourceneffizienz, systemische Resilienz und insbesondere soziale Gerechtigkeit optimiert werden. Ein wesentliches Element dieses gleichgewichts- und kreislaufbasierten Wirtschaftssystems ist der Ausbau wirtschaftlicher Diversität und die Entwicklung dezentralisierter, adaptiver Teilsysteme.

Im Berliner Wahlkampf 2021 sagte die damalige SPD-Spitzenkandidatin Franziska Giffey zum Thema schleppende Verkehrswende, Berlin sei halt nicht Bullerbü, was zwei Jahre später der Regierende Bürgermeister von Berlin, Kai Wegner (CDU), wiederholte: »Berlin ist eine Weltmetropole und nicht Bullerbü.« Giffey und Wegner wollten mit dieser zweifelhaften Aussage begründen, wieso eine radikale, nachhaltige, klima- und menschenfreundliche Verkehrswende in einer Großstadt wie Berlin unmöglich sei. Fast ein Jahrzehnt davor war Anne Hidalgo als Bürgermeisterin von Paris vereidigt worden. Paris ist die am dichtesten besiedelte Großstadt Europas, im gesamten Stadtgebiet leben mehr als zehn Millionen Menschen, Paris ist also etwa dreimal größer als Berlin. Kurz nach ihrem Amtsantritt leitete Hidalgo eine beispiellose Verkehrswende ein. Der Autoverkehr in der Innenstadt wurde bis 2022 um 50 Prozent reduziert, in einem Jahrzehnt sanken die verkehrsbedingten Emissionen um 45 Prozent, die Radwege wurden in der Innenstadt von 200 auf 1120 Kilometer mehr als verfünffacht. Seit 2015 dürfen emissionsstarke Kraftfahrzeuge nicht mehr in der Innenstadt fahren, der Durchgangsverkehr wurde in 30 Prozent der Straßen verboten. Bis 2030 sollen 50 Prozent der Pariser Freiflächen in urbane Wälder verwandelt und 20 000 Bäume in den Straßen gepflanzt werden. Das ist nur eine kleine Auswahl der Maßnahmen. Mittlerweile fahren in Paris mehr Fahrräder als Autos, was bei Hidalgos Amtsantritt niemand für möglich hielt. Auch wenn dieser radikale Umbau einer der größten und berühmtesten Städte Europas anfänglich auf Skepsis stieß, sind die Pariser von diesem Wandel mehrheitlich begeistert. Die Lebensqualität ist gewachsen, die Menschen bewegen sich mehr, leben gesünder, atmen sauberere Luft und lernen ihre eigene Stadt besser kennen. Paris wird grüner, lebendiger und artenreicher. Ein Beispiel dafür, dass oft nur die Mut- und Fantasielosigkeit einiger Politiker schnellem Wandel im Wege steht.

Wenn wir die Klimakatastrophe noch abwenden wollen, müssen wir von den Finnen, den Parisern und den natürlichen Biotopen lernen. Wir müssen endlich erkennen, dass ein radikaler Wandel unserer Wirtschaftssysteme nicht nur notwendig ist, sondern auch keinen materiellen Verzicht bedeuten muss. Fehlendes Wachstum, weniger Expansion, keine Ausbeutung natürlicher Ressourcen bedeutet keinen Stillstand. Kein Ökosystem dieser Erde steht still. Immer wieder entstehen, wie wir gesehen haben, trotz limitierter Rohstoffe und Energiequellen unendliche Schönheit und Diversität. Viele der Beispiele aus diesem Buch könnte man sich gar nicht ausdenken, und doch sind sie durch das Wechselspiel zwischen Konkurrenz und Kooperation entstanden.

Wie könnte unsere Welt aussehen, wenn wir die Prinzipien der Kooperation in unsere Wirtschaft, unsere Technologie und unsere Beziehungen zueinander vollständig integrierten? Wenn Sie dieses Buch jetzt zuklappen, nehmen Sie sich einen Moment Zeit und malen es sich aus.

# ANMERKUNGEN

## KLEINE HELFER


1 Blevins, S. M. & Bronze, M. S.: Robert Koch and the ›golden age‹ of bacteriology. *Int. J. Infect. Dis.* 14, e744–e751 (2010).

2 Woese, C. R. & Fox, G. E.: Phylogenetic structure of the prokaryotic domain: The primary kingdoms. *Proc. Natl. Acad. Sci.* 74, 5088–5090 (1977).

3 Locey, K. J. & Lennon, J. T.: Scaling laws predict global microbial diversity. *Proc. Natl. Acad. Sci.* 113, 5970–5975 (2016).

4 Yirka, B.: Soil beneath ocean found to harbor long lived bacteria, fungi and viruses. https://phys.org/news/2013-08-soil-beneath-ocean-harbor-bacteria.html.

5 Vreeland, R. H., Rosenzweig, W. D. & Powers, D. W.: Isolation of a 250 million-year-old halotolerant bacterium from a primary salt crystal. *Nature* 407, 897–900 (2000).

6 Zilber-Rosenberg, I. & Rosenberg, E.: Role of microorganisms in the evolution of animals and plants: The hologenome theory of evolution. *FEMS Microbiol. Rev.* 32, 723–735 (2008).

7 Gilbert, S. F., Sapp, J. & Tauber, A. I.: A symbiotic view of life: We have never been individuals. *Q. Rev. Biol.* 87, 325–341 (2012).

8 Lomax, A. R. & Calder, P. C.: Probiotics, immune function, infection and inflammation: a review of the evidence from studies conducted in humans. *Curr. Pharm. Des.* 15, 1428–1518 (2009).

9 Ritchie, K. B.: Bacterial Symbionts of Corals and Symbiodinium. In: Beneficial Microorganisms in Multicellular Life Forms (eds. Rosenberg, E. & Gophna, U.) 139–150 (Springer, Berlin, Heidelberg, 2011). doi:10 1007/978-3-642-21680-0_9.

10 Xu, J. *et al.*: A Genomic View of the Human-Bacteroides thetaiotaomicron Symbiosis. *Science* 299, 2074–2076 (2003).

11 Koren, O. *et al.*: Host remodeling of the gut microbiome and metabolic changes during pregnancy. *Cell* 150, 470–480 (2012).

12 Wichard, T.: Exploring bacteria-induced growth and morphogenesis in the green macroalga order Ulvales (Chlorophyta). *Front. Plant Sci.* 6, (2015).

13 Cani, P.D.: Gut microbiota and obesity: lessons from the microbiome. *Brief. Funct. Genomics* 12, 381–387 (2013).

14 Desbonnet, L., Clarke, G., Shanahan, F., Dinan, T.G. & Cryan, J.F.: Microbiota is essential for social development in the mouse. *Mol. Psychiatry* 19, 146–148 (2014).

15 Ramirez, P.L., Barnhill, K., Gutierrez, A., Schutte, C. & Hewitson, L.: Improvements in behavioral symptoms following antibiotic therapy in a 14-year-old male with autism. *Case Rep. Psychiatry* 2013, 239034 (2013).

## NETTE VIREN

1 Koonin, E.V., Krupovic, M. & Dolja, V.: The global virome: How much diversity and how many independent origins? *Environ. Microbiol.* 25, 40–44 (2023).

2 Bergh, Ø., Børsheim, K.Y., Bratbak, G. & Heldal, M.: High abundance of viruses found in aquatic environments. *Nature* 340, 467–468 (1989).

3 Minot, S. *et al.*: The human gut virome: Inter-individual variation and dynamic response to diet. *Genome Res.* 21, 1616–1625 (2011).

4 van Molken, T. *et al.*: Virus infection decreases the attractiveness of white clover plants for a non-vectoring herbivore. *Oecologia* 170, 433–444 (2012).

5 Furman, D. *et al.*: Cytomegalovirus infection enhances the immune response to influenza. *Sci. Transl. Med.* 7, 281ra43–281ra43 (2015).

6 Bhattarai, N. & Stapleton, J.T.: GB virus C: the good boy virus? *Trends Microbiol.* 20, 124–130 (2012).

7 Virgin, H.W.: The virome in mammalian physiology and disease. *Cell* 157, 142–150 (2014).

8 Barr, J.J. *et al.*: Bacteriophage adhering to mucus provide a non–host-derived immunity. *Proc. Natl. Acad. Sci.* 110, 10771–10776 (2013).

9 Rohwer, F. & Thurber, R.V.: Viruses manipulate the marine environment. *Nature* 459, 207–212 (2009).

10 Lindell, D., Jaffe, J.D., Johnson, Z.I., Church, G.M. & Chisholm, S.W.: Photosynthesis genes in marine viruses yield proteins during host infection. *Nature* 438, 86–89 (2005).

11 Roossinck, M.J.: The good viruses: viral mutualistic symbioses. *Nat. Rev. Microbiol.* 9, 99–108 (2011).

12 Strand, M. R. & Burke, G. R.: Polydnaviruses: nature's genetic engineers. *Annu. Rev. Virol.* 1, 333–354 (2014).
13 Márquez, L. M., Redman, R. S., Rodriguez, R. J. & Roossinck, M. J.: A virus in a fungus in a plant: Three-way symbiosis required for thermal tolerance. *Science* 315, 513–515 (2007).
14 Oliver, K. M., Degnan, P. H., Hunter, M. S. & Moran, N. A.: Bacteriophages encode factors required for protection in a symbiotic mutualism. *Science* 325, 992–994 (2009).
15 Bell, P. J. L.: Evidence supporting a viral origin of the eukaryotic nucleus. *Virus Res.* 289, 198 168 (2020).
16 La Scola, B. *et al.*: A giant virus in amoebae. *Science* 299, 2033–2033 (2003).
17 Claverie, J.-M. & Abergel, C.: Mimivirus and its virophage. *Annu. Rev. Genet.* 43, 49–66 (2009).
18 Legendre, M. *et al.*: Thirty-thousand-year-old distant relative of giant icosahedral DNA viruses with a pandoravirus morphology. *Proc. Natl. Acad. Sci.* 111, 4274–4279 (2014).
19 Dewannieux, M. *et al.*: Identification of an infectious progenitor for the multiple-copy HERV-K human endogenous retroelements. *Genome Res.* 16, 1548–1556 (2006).

## FREAK SHOW

1 Hutchison, V. H. & Hammen, C. S.: Oxygen utilization in the symbiosis of embryos of the salamander, ambystoma maculatum and the alga, oophila amblystomatis. *Biol. Bull.* 115, 483–489 (1958).
2 Francis, M. L. *et al.*: Calcareous termite mounds in South Africa are ancient carbon reservoirs. *Sci. Total Environ.* 926, 171 760 (2024).

## ASGARD

1 Spang, A. *et al.*: Complex archaea that bridge the gap between prokaryotes and eukaryotes. *Nature* 521, 173–179 (2015).
2 Imachi, H. *et al.*: Isolation of an archaeon at the prokaryote–eukaryote interface. *Nature* 577, 519–525 (2020).

## SEX

1 Maynard Smith, J.: Evolution: contemplating life without sex. *Nature* 324, 300–301 (1986).
2 Vakhrusheva, O. A. *et al.*: Genomic signatures of recombination in a natural population of the bdelloid rotifer Adineta vaga. *Nat. Commun.* 11, 6421 (2020).
3 Woznica, A., Gerdt, J. P., Hulett, R. E., Clardy, J. & King, N.: Mating in the closest living relatives of animals is induced by a bacterial chondroitinase. *Cell* 170, 1175–1183.e11 (2017).
4 Brucker, R. M. & Bordenstein, S. R.: Speciation by symbiosis. *Trends Ecol. Evol.* 27, 443–451 (2012).

## GROSSES SCHAFFEN

1 DeWoody, J., Rowe, C. A., Hipkins, V. D. & Mock, K. E.: »Pando« lives: molecular genetic evidence of a giant Aspen clone in Central Utah. *West. North Am. Nat.* 68, 493–497 (2008).
2 Gatti, S.: The Role of Sponges in High-Antarctic Carbon and Silicon Cycling- a Modelling Approach (Die Rolle der Schwämme im hochantarktischen Kohlenstoff- und Silikatkreislauf – Ein Modellierungsansatz). 1–124 (2002) doi:10 2312 / BzPM_0434_2002.
3 Gibson, T. M. *et al.*: Precise age of Bangiomorpha pubescens dates the origin of eukaryotic photosynthesis. *Geology* 46, 135–138 (2017).

## DIE NETZWERKER

1 Lynch, K. M., Wilkinson, S., Daenen, L. & Arendt, E. K.: An update on water kefir: Microbiology, composition and production. *Int. J. Food Microbiol.* 345, 109 128 (2021).
2 Liu, L. *et al.*: Fermented beverage and food storage in 13 000 y-old stone mortars at Raqefet Cave, Israel: Investigating Natufian ritual feasting. *J. Archaeol. Sci. Rep.* 21, 783–793 (2018).
3 Rosenwinkel, S., Korup, O., Landgraf, A. & Dzhumabaeva, A.: Limits to lichenometry. *Quat. Sci. Rev.* 129, 229–238 (2015).
4 Benedict, J. B.: A review of lichenometric dating and its applications to archaeology. *Am. Antiq.* 74, 143–172 (2009).

5 Simard, S. W. *et al.*: Net transfer of carbon between ectomycorrhizal tree species in the field. *Nature* 388, 579–582 (1997).

6 Robinson, D. G. *et al.*: Mother trees, altruistic fungi, and the perils of plant personification. *Trends Plant Sci.* 29, 20–31 (2024).

## REINE NERVENSACHE

1 Suzuki, T. N.: Animal linguistics: Exploring referentiality and compositionality in bird calls. *Ecol. Res.* 36, 221–231 (2021).

2 Sayigh, L. S. *et al.*: The Sarasota Dolphin Whistle Database: A unique long-term resource for understanding dolphin communication. *Front. Mar. Sci.* 9, (2022).

3 Wimmer, H. & Perner, J.: Beliefs about beliefs: Representation and constraining function of wrong beliefs in young children's understanding of deception. *Cognition* 13, 103–128 (1983).

4 Krupenye, C., Kano, F., Hirata, S., Call, J. & Tomasello, M.: Great apes anticipate that other individuals will act according to false beliefs. *Science* 354, 110–114 (2016).

# HIER GEHT ES WEITER UND TIEFER

Falls Sie noch mehr zum Thema Kooperation in der Natur erfahren wollen, kann ich Ihnen folgende Auswahl wunderschöner Bücher empfehlen.

- Charles Darwin: *Die Entstehung der Arten durch natürliche Zuchtwahl*, Reclam (1995)
- Richard Dawkins: *Das egoistische Gen*, Springer Spektrum (2014)
- Bernhard Kegel: *Die Herrscher der Welt. Wie Mikroben unser Leben bestimmen*, DuMont (2016)
- Lynn Margulis: *Der symbiotische Planet oder Wie die Evolution wirklich verlief*, Westend (2021)
- Karin Mölling: *Viren. Supermacht des Lebens*, C. H. Beck (2021)
- Denis Noble: *The Music of Life. Biology Beyond Genes*, Oxford (2008)
- Marilyn J. Roossinck: *Viruses. A Natural History*, Princeton (2023)
- Eugene Rosenberg, Ilana Zilber-Rosenberg: *The Hologenome Concept. Human, Animal and Plant Microbiota*, Springer (2014)
- Merlin Sheldrake: *Verwobenes Leben. Wie Pilze unsere Welt formen und unsere Zukunft beeinflussen*, Ullstein (2021)

# REGISTER